高等学校土木工程专业"十四五"系列教材

地 基 处 理

王雁冰 徐 薇 杨国梁 编著

中国建筑工业出版社

图书在版编目（CIP）数据

地基处理 / 王雁冰，徐薇，杨国梁编著. —北京：
中国建筑工业出版社，2021.8
高等学校土木工程专业"十四五"系列教材
ISBN 978-7-112-26223-6

Ⅰ.①地… Ⅱ.①王… ②徐… ③杨… Ⅲ.①地基处
理－高等学校－教材 Ⅳ.①TU472

中国版本图书馆 CIP 数据核字(2021)第 114124 号

本书根据高等学校土木工程学科专业指导委员会组织制定的教学大纲编写，比较
系统地介绍了各种地基处理方法的特点及适用范围、加固机理、设计计算、施工工艺
及质量检验，同时注意学科的系统性和技术的新成就及发展。

全书共分为 8 章，包括绪论、换填垫层法、强夯法、预压法、复合地基理论、挤
密桩法、浆液固化法、其他地基处理方法。

本书可作为高等学校土木工程及相关专业的教材，也可供从事地基处理的工程技
术人员阅读参考。

本书配备教学课件，请选用此教材的任课教师通过以下方式索取课件：1. 邮箱：
jckj@cabp.com.cn 或 jiangongkejian@163.com（邮件请注明书名和作者）；2. 电话：
(010) 58337285；3. 建工书院：http://edu.cabplink.com.

* * *

责任编辑：赵　莉　吉万旺
文字编辑：刘颖超
责任校对：焦　乐

高等学校土木工程专业"十四五"系列教材
地　基　处　理
王雁冰　徐　薇　杨国梁　编著

*

中国建筑工业出版社出版、发行（北京海淀三里河路 9 号）
各地新华书店、建筑书店经销
北京红光制版公司制版
廊坊市海涛印刷有限公司印刷

*

开本：787 毫米×1092 毫米　1/16　印张：13¾　字数：340 千字
2021 年 9 月第一版　　2021 年 9 月第一次印刷
定价：**39.00** 元（赠教师课件）
ISBN 978-7-112-26223-6
(37806)

前　言

　　随着经济的快速发展，土木工程的建设规模越来越大，建设标准越来越高，对地基承载力与变形的要求也越来越高。我国地域辽阔，分布着多种多样的地基土，各种地基土物理力学性质差别很大，因此越来越多的工程需要对天然地基进行人工处理，以满足建（构）筑物对地基承载力和变形的要求，保证建（构）筑物的安全和正常使用。地基处理作为一门实用性强的学科，近些年发展很快，已成为土木工程领域的研究热点。

　　本书取材面广，内容丰富，密切结合最新国家规范，反映了国内外常用地基处理方法和新技术应用成果，系统地阐明了各类地基处理方法的加固原理、设计计算、施工技术以及质量检验方法。同时，在每章给出例题和习题，便于读者对目前常用的地基处理方法有一个较为全面的了解，并增长地基处理的专业知识，提高解决实际问题的能力。

　　地基处理课程是土木工程专业的核心专业课，前置课程为工程地质、土力学、基础工程。建议授课学时为48学时，也可根据授课对象调整学时。通过本课程的学习，学生应掌握地基处理设计的基本原理，具备进行一般地基处理设计、施工管理的能力，对于常见的软弱地基、特殊土地基能提出合理可行的地基处理方案。

　　全书共分为8章，第1、2、3、7章由王雁冰编写，第4、6章由徐薇编写，第5、8章由杨国梁编写。全书由王雁冰负责对框架结构进行设计以及统稿、校对、审核工作。

　　本书在编写过程中，借鉴了同行的部分成果资料，未能一一列出，在此一并表示感谢。

　　由于编写人员技术水平以及实践经验的局限性，书中难免存在疏漏之处，敬请读者批评指正。

编者

目　　录

第1章 绪 论

1.1 地基处理的含义和目的

1.1.1 地基处理的含义

各类建（构）筑物一般包括三部分，即上部结构、基础和地基。建（构）筑物建在地层上，全部的荷载由它下面的地层来承担。直接承受建筑物荷载的那一部分地层称为地基，它在上部结构的荷载作用下会产生附加应力和变形。建筑物向地基传递荷载的下部结构称为基础，它将上部结构的荷载传递到地层中去。地基和基础是保障建筑物安全和满足使用要求的关键。

对地质条件良好的地基，可直接在其上修筑建筑物而无须事先对其进行加固处理，此种地基称为天然地基。

在工程建设中，有时会不可避免地遇到不良地质条件或软弱地基，在这样的地基上修筑建筑物，则不能满足其设计和正常使用的要求。同时随着建筑物高度的不断增加，建筑物的荷载不断增大，对地基变形的要求也越来越严格，这使得未经处理的原始地基面临一系列工程问题。

（1）地基承载力及稳定性问题。地基承载力较低，将不能承担上部结构的自重及外荷载，导致地基失稳，出现局部或整体剪切破坏或冲剪破坏。

（2）沉降变形问题。高压缩性地基可能导致建筑物发生过大的沉降量，使其失去使用效能；地基不均匀或荷载不均匀将导致地基沉降不均匀，使建筑物倾斜、开裂、局部破坏，失去使用效能甚至发生整体破坏。

（3）地基渗透破坏问题。土具有渗透性，当地基中出现渗流时，可能导致流土（流砂）和管涌（潜蚀）现象，严重时能使地基失稳、崩溃。

（4）动荷载下的地基液化、失稳和震陷问题。饱和无黏性土地基具有振动液化的特性。在地震、机器振动、爆炸冲击、波浪等动荷载作用下，地基可能因液化、震陷导致地基失稳破坏；软黏土在振动作用下，亦会产生震陷。

针对上述所遇到的地基问题，必须采取一定的措施使地基满足设计要求和使用要求，如：调整基础设计方案；调整上部结构设计方案；对地基进行加固处理，形成人工地基。这些需经人工加固后才可在其上修筑建筑物的地基称为人工地基。对地基进行加固（或改良）称为地基处理（Ground Treatment 或 Ground Improvement），即对不能满足承载力和变形要求的软弱地基进行人工处理。

1.1.2 地基处理的目的

地基处理的目的就是通过采用各种地基处理方法，改善地基土的下述工程性质，达到满足工程设计的要求：

（1）提高地基土的抗剪强度。地基承载力、土压力及人工和自然边坡的稳定性主要取决于土的抗剪强度。因此，为了防止土体发生剪切破坏，需要采取一定措施，提高和增加地基土的抗剪强度。

（2）改善地基土的压缩性。建筑物超过允许值的倾斜、差异沉降将影响建筑物的正常使用，甚至危及建筑物的安全。地基土的压缩模量等指标是反映其压缩性的重要指标，通过地基处理，可改善地基土的压缩模量等压缩性指标，减少建筑物沉降和不均匀沉降，同时也可防止土体侧向流动（塑性流动）产生的剪切变形。

（3）改善地基土的渗透特性。地下水在地基土中运动时，将引起堤坝等地基的渗漏现象；在基坑开挖过程中，也会因土层夹有薄层粉砂或粉土而产生流砂和管涌现象。这些都会造成地基承载力下降、沉降量大及边坡失稳，而渗漏、流砂和管涌等现象均与土的渗透特性密切相关。因此，可采用增加地基土的透水性加快固结，以及降低透水性或减少其水压力（基坑抗渗透）的措施改善地基土的渗透性。

（4）改善地基土的动力特性。在地震运动、交通荷载以及打桩和机器振动等动力荷载作用下，将会使饱和松散的砂土和粉土产生液化，或使邻近地基产生振动下沉，造成地基土承载力丧失，或影响邻近建筑物的正常使用甚至破坏。因此，工程中有时需采取一定的措施防止地基土液化，并改善其动力特性，提高地基的抗震（振）性能。

（5）改善特殊土地基的不良特性。特殊土地基有其不良特性，如黄土的湿陷性、膨胀土的胀缩性和冻土的冻胀性等。因此，在特殊土地基上修筑建筑物时，需要采取一定的措施，以减小不良特性对工程的影响。

1.2　地基处理的对象及其特征

地基处理的对象是软弱地基（Soft Foundation）和特殊土地基（Special Ground）。我国《建筑地基基础设计规范》GB 50007—2011 中规定：软弱地基是指主要由淤泥、淤泥质土、冲填土、杂填土或其他高压缩性土层构成的地基。特殊土地基大部分带有地区特点，它包括软土、湿陷性黄土、膨胀土、红黏土、冻土和岩溶等。

1.2.1　软弱地基

1. 软土

软土（Soft Soil）是淤泥（Muck）和淤泥质土（Mucky Soil）的总称。它是在静水或非常缓慢的流水环境中沉积，经生物化学作用形成的。

软土的特性为天然含水量高、天然孔隙比大、抗剪强度低、压缩系数高、渗透系数小；在外荷载作用下地基承载力低、地基变形大，不均匀变形也大，且变形稳定历时较长，在比较深厚的软土层上，建筑物基础的沉降往往持续数年乃至数十年之久。

设计时，宜利用其上覆较好的土层作为持力层；应考虑上部结构和地基的共同作用；对建筑体型、荷载情况、结构类型和地质条件等进行综合分析，再确定建筑和结构措施及地基处理方法。

施工时，应注意对软土基槽底面的保护，减少扰动；对荷载差异较大的建筑物，宜先建重、高部分，后建轻、低部分。

对活荷载较大如料仓和油罐等构筑物或构筑物群，使用初期应根据沉降情况控制加载速率，掌握加载间隔时间或调整活荷载分布，避免过大不均匀沉降。

2. 冲填土

冲填土（Hydraulic Fill）是指整治和疏浚江河航道时，用挖泥船通过泥浆泵将泥砂夹大量水分吹到江河两岸而形成的沉积土，南方地区称吹填土。

如以黏性土为主的冲填土，因吹到两岸的土中含有大量水分且难于排出而呈流动状态，这类土属于强度低和压缩性高的欠固结土。如以砂性土或其他粗颗粒土所组成的冲填土，其性质基本上和粉细砂相类似，不属于软弱土范畴。

冲填土是否需要处理和采用何种处理方法，取决于冲填土的颗粒组成、土层厚度、均匀性和遇水固结条件等工程性质。

3. 杂填土

杂填土（Miscellaneous Fill）是指由人类活动而任意堆填建筑垃圾、工业废料和生活垃圾而形成的土。

杂填土的成因很不规律，组成的物质杂乱，分布极不均匀，结构松散，因而强度低、压缩性高和均匀性差，一般还具有浸水湿陷性。即使在同一建筑场地的不同位置，其地基承载力和压缩性也有较大差异。

有机质含量较多的生活垃圾和对基础有侵蚀性的工业废料，未经处理不应作为持力层。

4. 其他高压缩性土

其他高压缩性土主要指饱和松散粉细砂和部分粉土，在动力荷载（机械振动、地震等）重复作用下将产生液化；在基坑开挖时会产生管涌。

1.2.2 特殊土地基

1. 湿陷性黄土

在上覆土的自重应力作用下，或在上覆土自重应力和附加应力作用下，受水浸润后土的结构迅速破坏而发生显著附加下沉的黄土，称为湿陷性黄土（Collapsible Loess）。

我国湿陷性黄土广泛分布在甘肃、陕西、黑龙江、吉林、辽宁、内蒙古、山东、河北、河南、山西、宁夏、青海和新疆等地区。由于黄土的浸水湿陷引起建筑物的不均匀沉降是造成黄土地区事故的主要原因，设计时首先要判断地基是否具有湿陷性，再考虑如何进行地基处理。

2. 膨胀土

膨胀土（Expansive Soil）是指黏粒成分主要由亲水性黏土矿物组成的黏性土。它是一种具有吸水膨胀和失水收缩、较大的胀缩变形性能且变形往复的高塑性黏土。利用膨胀土作为建筑物地基时，如果不进行地基处理，常会对建筑物造成危害。

我国膨胀土分布范围很广，在广西、云南、湖北、河南、安徽、四川、河北、山东、陕西、江苏、贵州和广东等地均有不同范围的分布。

3. 红黏土

红黏土（Red Clay）是指石灰岩和白云岩等碳酸盐类岩石在亚热带温湿气候条件下，经风化作用所形成的褐红色黏性土。通常红黏土是较好的地基土，但由于下卧岩面起伏及存在软弱土层，一般容易引起地基不均匀沉降。

我国红黏土主要分布在云南、贵州、广西等地。

4. 季节性冻土

冻土（Frozen Soil）是指气候在负温条件下，其中含有冰的各种土。季节性冻土

（Seasonally Frozen Ground）是指在冬季冻结，而夏季融化的土层。多年冻土或水冻土（Permafrost）是指冻结状态持续三年以上的土层。

季节性冻土因其周期性的冻结和融化，对地基的不均匀沉降和地基的稳定性影响较大。季节性冻土在我国东北、华北和西北广大地区均有分布，占我国领土面积一半以上，其南界西从云南章凤，向东经昆明、贵阳，绕四川盆地北缘，到长沙、安庆、杭州一带。多年冻土分布在东北大、小兴安岭，西部阿尔泰山、天山、祁连山及青藏高原等地，其面积超过我国总面积的20%。

5. 岩溶

岩溶（或称喀斯特）主要出现在碳酸类岩石地区。其基本特性是地基主要受力层范围内受水的化学和机械作用而形成溶洞、溶沟、溶槽、落水洞以及土洞等。建造在岩溶地基上的建筑物，要慎重考虑可能出现的底面变形和地基陷落。

我国岩溶地基广泛分布在贵州和广西两省区。岩溶是以岩溶水的溶蚀为主，由潜蚀和机械塌陷作用而造成的。溶洞的大小不一，且沿水平方向延伸，有的溶洞已经干涸或被泥砂填实，有的有经常性水流。

土洞存在于溶沟发育、地下水在基岩上下频繁活动的岩溶地区，有的土洞已停止发育，有的在地下水丰富地区还可能发展，大量抽取地下水会加速土洞的发育，严重时可引起地面大量塌陷。

1.3　地基处理方法的分类及适用范围

地基处理方法的分类多种多样，对其进行统一的分类是比较困难的。如按时间可分为临时处理和永久处理；按处理深度可分为浅层处理和深层处理；按土性对象可分为砂性土处理和黏性土处理，饱和土处理和非饱和土处理；按处理手段可分为物理处理、化学处理、生物处理；也可按地基处理的加固机理进行分类。一般根据地基处理的加固机理将地基处理方法分为换填垫层法，强夯法，预压法，挤密桩法，加筋法，浆液固化法。

下面简要介绍常用地基处理方法的基本原理，详细内容将在各章节阐述。

1.3.1　换填垫层法

（1）垫层法。其基本原理是挖除浅层软弱土或不良土，分层碾压或夯实土，按回填的材料可分为砂（或砂石）垫层、碎石垫层、干渣垫层、粉煤灰垫层、土（灰土、二灰）垫层等。干渣分为分级干渣、混合干渣和原状干渣；粉煤灰分为湿排灰和调湿灰。垫层法可提高持力层的承载力，减少沉降量；消除或部分消除土的湿陷性和胀缩性；防止土的冻胀作用及改善土的抗液化性。常用机械碾压、平板振动和重锤夯实进行施工。

（2）强夯挤淤法。采用边强夯，边填碎石，边挤淤的方法，在地基中形成碎石墩体。强夯挤淤法可提高地基承载力和减小变形。

1.3.2　强夯法

强夯法在国际上称为动力压实法或动力固结法，通过一般8～30t的重锤（最重可达200t）和8～20m的落距（最高可达40m），对地基土产生很大的冲击能，迫使深层土液化和动力固结，使土体密实，用以提高地基土的强度并降低其压缩性，提高土层的均匀程度，消除土的湿陷性、胀缩性和液化性。

1.3.3 预压法

预压法又称排水固结法，预压法的基本原理是软土地基在附加荷载的作用下，逐渐排出孔隙水，使孔隙比减小，产生固结变形。在这个过程中，随着土体超静孔隙水压力的逐渐消散，土的有效应力增加，地基抗剪强度相应增加，并使沉降提前完成。

预压法主要由排水和加压两个系统组成。按照加载方式的不同，排水固结法又分为堆载预压法、真空预压法、降水预压法和电渗预压法。

（1）堆载预压法。在建造建筑物之前，通过临时堆填土石等方法对地基加载预压，地基中孔隙水被逐渐"压出"而达到预先完成部分或大部分地基沉降，并通过地基土固结提高地基承载力，然后撤除荷载，再建造建筑物。

为了加快堆载预压地基固结速度，常可与砂井法或塑料排水带法等同时应用。如黏土层较薄，透水性较好，也可单独采用堆载预压法。

（2）真空预压法。在黏土层上铺设砂垫层，然后用薄膜密封砂垫层，用真空泵对垫层及砂井抽气，产生一定的真空度，地基中孔隙水被逐渐"吸出"而完成预压过程。

（3）降水预压法。通过降低地下水位使土体中的孔隙水压力减小，从而增大有效应力，使地基产生固结。

（4）电渗预压法。其原理是在土中插入金属电极并通以直流电，由于直流电场作用，土中的水从阳极流向阴极，然后将水从阴极排除，而不让水在阳极附近补充，借助电渗作用可逐渐排除土中的水。在工程上常利用它降低黏性土中的含水量或降低地下水位来提高地基承载力或边坡的稳定性。

1.3.4 挤密桩法

挤密桩法是以振动、冲击或带套管等方法成孔，然后向孔中填入砂、石、土（或灰土、二灰、水泥土）、石灰或其他材料，再加以振实而成为直径较大桩体的方法。按填入材料和施工工艺的不同，可分为砂石桩、土（或灰土）桩、石灰桩、水泥粉煤灰碎石桩、夯实水泥土桩和柱锤冲扩桩。

（1）碎（砂）石桩法。碎石桩和砂桩总称为碎（砂）石桩，国外又称粗颗粒土桩，是指用振动、冲击或水冲等方式在软弱地基中成孔后，再将碎石或砂挤压入已成的孔中，形成大直径的碎（砂）石所构成的密实桩体。

（2）石灰桩法。石灰桩法适用于处理饱和黏性土、淤泥、淤泥质土、素填土和杂填土等地基；用于地下水位以上的土层时，宜增加掺合料的含水量并减少生石灰用量，或采取土层浸水等措施。

（3）土（或灰土）桩法。土（或灰土）桩是利用沉管、冲击或爆扩等方法在地基中挤土成孔，通过"挤"压作用，使地基土得到加"密"，然后在孔中分层填入素土（或灰土）后夯实而成土桩（或灰土桩）。由于该方法主要通过成孔和成桩时实现对桩周土的挤密，因此又称之为挤密桩法。

（4）水泥粉煤灰碎石桩。水泥粉煤灰碎石桩简称CFG桩，是在碎石桩基础上加进一些石屑、粉煤灰和少量水泥，加水拌合制成的一种具有一定黏结强度的桩。

1.3.5 浆液固化法

浆液固化法是指利用水泥浆液、硅化浆液、碱液或其他化学浆液，通过灌注压入、高压喷射或机械搅拌，使浆液与土颗粒胶结起来，以改善地基土的物理和力学性质的地基处理方法。

（1）灌浆法。灌浆法是指利用液压、气压或电化学原理，通过注浆管将可固化浆液以填充、渗透和挤密等方式注入地层中，使浆液与原松散的岩土颗粒或岩石裂隙胶结形成固结体，以达到改善地基岩土体物理力学性质目的的地基处理方法。

（2）高压喷射注浆法。高压喷射注浆法是用高压浆液（如水泥浆）通过钻杆由水平方向的喷嘴喷出，形成喷射流，切割土体并与土拌合形成水泥土加固体的地基改良技术，适用于处理淤泥、淤泥质土、流塑、软塑或可塑黏性土、粉土、砂土、黄土、素填土和碎石土等地层。

（3）水泥搅拌桩法。水泥搅拌桩法是从不断回旋的中空轴端部向周围已被搅松的土中喷出水泥浆，经叶片搅拌而形成水泥土桩。

1.3.6　其他地基处理方法

除上述几种常见的地基处理方法之外，还有土工合成材料、热力学法、托换、纠偏等方法。

（1）土工合成材料。土工合成材料是一种新型的岩土工程材料。它以人工合成的聚合物，如塑料、化纤、合成橡胶等为原料，制成各种类型的产品，置于土体的内部、表面或各层土体之间，发挥加强、保护土体等作用。

（2）热力学法。热力学法具体分为两种方法，分别为冷冻法和热熔法。冷冻法是借助人工制冷手段暂时加固不稳定地层和隔绝地下水的一种特殊施工方法。在有潜力的新方法中，值得重视的是接触热熔法，美国、日本、德国、俄罗斯等国家纷纷以较大的力量投入到对接触热熔法的研究中。

（3）托换。主要包括基础加宽法、墩式托换法、桩式托换法、地基加固法以及综合加固法等。

（4）纠偏。在新建和既有建筑物中，由于各种原因导致了建筑物倾斜，如果倾斜值超过其允许倾斜值，就会影响建筑物的正常使用，对建筑物的安全构成威胁，就应考虑对建筑物进行纠偏（倾）处理。

1.4　地基处理方案确定

地基处理的核心是处理方法的正确选择与实施。对某一具体工程来讲，在选择处理方法时需要综合考虑各种影响因素，如地质条件、上部结构要求、周围环境条件、材料来源、施工工期、施工队伍技术素质与施工技术条件、设备状况和经济指标等。只有综合分析上述因素，坚持技术先进、经济合理、安全适用、确保质量的原则拟订处理方案，才能获得最佳的处理效果。

1.4.1　地基处理方案确定影响因素

地基处理方案的确定受上部结构形式和要求、地基条件、环境因素与施工条件四方面的影响。在制定地基处理方案之前，应充分调查并掌握这些影响因素。

1. 上部结构形式和要求

上部结构形式和要求因素包括建筑物的体型、刚度、结构受力体系、建筑材料和使用要求；荷载大小、分布和种类；基础类型、布置和埋深；基底压力、天然地基承载力和变形容许值等。这些决定了地基处理方案制定的目标。

2. 地基条件

地基条件包括建筑物场地所处的地形及地质成因、地基成层状况；软弱土层厚度、不均匀性和分布范围；持力层位置及状况；地下水情况及地基土的物理力学性质。

各种软弱地基的性状是不同的，现场地质条件随着场地的位置不同也是多变的。即使同种土质条件，也可能具有多种地基处理方案。

如果根据软弱土层厚度确定地基处理方案，当软弱土层厚度较薄时，可采用简单的浅层加固方法，如换填垫层法；当软弱土层厚度较厚时，则可按加固土的特性和地下水位高低采用排水固结法、水泥土搅拌桩法、挤密桩法、振冲法或强夯法等。

如遇砂性土地基，主要考虑解决砂土的液化问题，则一般可采用强夯法、振冲法或挤密桩法等。如遇软土层中夹有薄砂层，则一般不需设置竖向排水井，而可直接采用堆载预压法；另外，根据具体情况也可采用挤密桩法等。如遇淤泥质土地基，由于其透水性差，一般应采用设置竖向排水井的堆载预压法、真空预压法、土工合成材料加固法、水泥土搅拌法等。如遇杂填土、冲填土（含粉细砂）和湿陷性黄土地基，在一般情况下采用深层密实法是可行的。

3. 环境因素

随着社会的发展，环境污染问题日益严重，公民的环境保护意识也逐步提高。常见的与地基处理方法有关的环境污染主要有噪声污染、地下水质污染、地面位移、振动、大气污染以及施工场地泥浆污水排放等。几种主要地基处理方法可能产生的环境问题如表1-1所示，应根据环境要求选择合适的地基处理方案和施工方法。如在居住密集的市区，振动和噪声较大的强夯法几乎是不可行的。

几种主要地基处理方法可能产生的环境影响 表1-1

环境影响 地基处理方法	噪声污染	水质污染	振动	大气污染	地面泥浆污染	地面位移
换填垫层法						
振冲碎石桩法	△		△		○	
强夯置换法	○		○			△
砂石桩（置换）法	△		△			
石灰桩法	△		△	△		
堆载预压法						△
超载预压法						△
真空预压法						△
水泥浆搅拌法					△	
水泥粉搅拌法				△		
高压喷射注浆法		△			△	
灌浆法		△			△	
强夯法	○		○			△
表层夯实法	△		△			

7

环境影响 地基处理方法	噪声污染	水质污染	振动	大气污染	地面泥浆污染	地面位移
振冲密实法	△		△			
挤密砂石桩法	△		△			
土桩、灰土桩法	△		△			
加筋土法						

注：△——影响较小；○——影响较大；空格表示没有影响。

4. 施工条件

施工条件主要包括以下几方面内容：

（1）用地条件。如施工时占地较大，对施工虽较方便，但有时会影响工程造价。

（2）工期。从施工观点，若工期允许较长，这样可有条件选择缓慢加荷的堆载预压法方案；但有时工程要求工期较短，这样就限制了某些地基处理方法的采用。

（3）工程用料。尽可能就地取材，如当地产砂，则应考虑采用砂垫层或挤密砂桩等方案；如当地有石料供应，则应考虑采用碎石桩或碎石垫层等方案。

（4）其他。施工机械的有无、施工难易程度、施工管理质量控制、管理水平和工程造价等因素也是影响采用何种地基处理方案的关键因素。

1.4.2 地基处理方案确定步骤

地基处理方案的确定可按照以下步骤进行：

（1）搜集详细的工程地质、水文地质及地基基础的设计资料。

（2）根据结构类型、荷载大小及使用要求，结合地形地貌、地层结构、土质条件、地下水特征、周围环境和相邻建筑物等因素，初步选定几种可供考虑的地基处理方案。另外，在选择地基处理方案时，应同时考虑上部结构、基础和地基的共同作用，也可选用加强结构措施（如设置圈梁和沉降缝等）和处理地基相结合的方案。

（3）对初步选定的几种地基处理方案，分别从处理效果、材料来源和消耗、施工机具和进度、环境影响等因素，进行技术经济分析和对比，从中选择最佳的地基处理方案。任何一种地基处理方法都不可能是万能的，都有它的适用范围和局限性。另外，也可采用两种或多种地基处理的综合方案。如对某冲填土地基的场地，可进行真空预压联合碎石桩的加固方案——经真空预压加固后的地基承载力特征值约为130kPa，在联合碎石桩后，地基承载力特征值可提高到200kPa，从而满足设计对地基承载力的较高要求。

（4）对已选定的地基处理方案，根据建筑物的安全等级和场地复杂程度，可在有代表性的场地上进行相应的现场试验和试验性施工，其目的是检验设计参数、确定选择合理的施工方法（包括机械设备、施工工艺、用料及配比等各项施工参数）和检验处理效果。如地基处理效果达不到设计要求，应查找原因并调整设计方案和施工方法。现场试验最好安排在初步设计阶段进行，以便及时为施工设计图提供必要的参数。试验性施工一般应在地基处理典型地质条件的场地以外进行，在不影响工程质量问题时，也可在地基处理范围内进行。

复 习 与 思 考 题

1-1 阐述地基处理的含义和目的。

1-2 阐述地基处理的对象及其特征。

1-3 阐述地基处理方法的分类。

1-4 阐述地基处理方法的适用范围和加固效果。

1-5 阐述地基处理方案确定步骤。

第2章 换填垫层法

2.1 概 述

2.1.1 换填垫层法概念

换填垫层法也称为换填法，是当软弱土地基的承载力和变形满足不了建（构）筑物的要求，而软土层的厚度又不是很大时，将基础底面下处理范围内的软弱土层全部或部分挖除，然后分层回填强度较大的砂（碎石、素土、灰土、粉煤灰、高炉干渣）或其他性能稳定、无侵蚀性的材料，并夯实（或振实）至要求的密实度，成为良好的人工地基。换填法也包括低洼地域筑高（平整场地）或堆填筑高（道路路基）。

换填垫层法的优点是：可就地取材、施工简便、机械设备简单、工期短、造价低。换土垫层与原土相比，具有承载力高、刚度大、变形小等优点。

2.1.2 换填垫层法分类

换填垫层按回填材料可分为：砂垫层、砂石垫层、碎石垫层、素土垫层、灰土垫层、二灰垫层、干渣垫层和粉煤灰垫层等。

换填垫层法按施工机械可分为：重锤夯实法、机械碾压法和振动压实法。

2.1.3 换填垫层法适用范围

《建筑地基处理技术规范》JGJ 79—2012 中规定：换填垫层适用于浅层软弱土层或不均匀土层的地基处理。工程实践表明，换填垫层法主要用于浅层软弱地基处理，包括淤泥、淤泥质土、素填土、杂填土和吹填土等地基及暗沟、暗塘等，还有低洼区域的填筑；还适用于一些特殊土的处理，如湿陷性黄土、膨胀土、季节性冻土的处理。实践还表明，换土垫层还可以有效地处理某些荷载不大的建筑物地基问题，如一般 3 层或 4 层的楼房、路堤、油罐和水闸等的地基。

浅层处理和深层处理很难明确划分界限，一般可认为地基浅层处理的范围大致在地面以下 5m 以内。浅层人工地基的采用不仅取决于建筑物荷载的大小，而且在很大程度上与地基土的物理力学性质有关。与深层处理相比，地基浅层处理一般使用比较简单的工艺技术和施工设备，耗费较少量的材料。

换土垫层法的处理深度常控制在 3～5m 范围以内。若换土垫层太薄，则其作用不甚明显，因此处理深度不应小于 0.5m。换填法各种垫层的适用范围如表 2-1 所示。

换填法各种垫层的适用范围　　　　　　　　　　　　　　表 2-1

垫层种类	适用范围
砂垫层（碎石、砂砾）	中、小型建筑工程的浜、塘、沟等局部处理；软弱土和水下黄土处理（不适用于湿陷性黄土）；也可有条件用于膨胀土地基
素土垫层	中小型工程，大面积回填，湿陷性黄土

垫层种类	适用范围
灰土垫层	中小型工程，膨胀土，尤其是湿陷性黄土
粉煤灰垫层	厂房、机场、港区路域和堆场等大、中、小型工程的大面积填筑
干渣垫层	中小型建筑工程。尤其适用于地坪、堆场等大面积地基处理和场地平整、铁路等路基处理
土工合成材料加筋垫层	适用于护坡、堤坝、道路、堆场、高填方及建(构)筑物垫层等

虽然不同材料的垫层，其应力分布稍有差异，但从试验结果分析其极限承载力还是比较接近的。通过沉降观测资料发现，不同材料垫层的特点基本相似，故可将各种材料的垫层设计都近似地按砂垫层的计算方法进行计算。但对湿陷性黄土、膨胀土、季节性冻土等某些特殊土采用换土垫层处理时，其主要处理目的是消除地基土的湿陷性、膨胀性和冻胀性，所以在设计时需考虑解决问题的关键也应有所不同。

2.2 垫层加固机理

2.2.1 垫层的作用

垫层的作用主要体现在以下几个方面：

(1) 提高浅层地基承载力。浅基础的地基承载力与持力层的抗剪强度有关。一般来说，地基中的剪切破坏是从基础底面开始的，并随着应力的增大逐渐向纵深发展。如果以抗剪强度较高的砂或其他填筑材料代替软弱的土，可提高地基的承载力，并将建筑物基础压力扩散到垫层以下的软弱地基，避免地基破坏。

(2) 减少地基的变形量。一般地基浅层部分沉降量在总沉降量中所占的比例是比较大的。以条形基础为例，在相当于基础宽度的深度范围内的沉降量约占总沉降量的50%。如以密实砂或其他填筑材料代替上部软弱土层，就可以减少这部分的沉降量。由于砂垫层或其他垫层对应力的扩散作用，使作用在下卧层土上的压力较小，会相应减少下卧层土的沉降量。

(3) 加速软土层的排水固结。在荷载的作用下，建筑物的不透水基础直接与软弱土层相接触时，软弱土层地基中的水被迫绕基础两侧排出，使基底下的软弱土不易固结，形成较大的孔隙水压力，还可能产生塑性破坏。砂垫层和砂石垫层等垫层材料透水性大，软弱土层受压后，垫层可作为良好的排水面，迅速消散基础下面的孔隙水压力，加速垫层下软弱土层的固结并提高其强度，避免地基土塑性破坏。用透水材料作垫层相当于增设了一层水平排水通道，即垫层起排水作用。在建筑物施工过程中，孔隙水压力消散加快，有效应力增加也加快，有利于提高地基承载力，增加地基的稳定性，加快施工进度，减小工后沉降。

(4) 防止土的冻胀。粗颗粒的垫层材料孔隙大，不易产生毛细管现象，可以防止寒冷地区土中结冰所造成的冻胀。这时，砂垫层的底面应满足当地冻结深度的要求。

(5) 消除膨胀土的胀缩作用。在膨胀土地基上采用换土垫层法时，一般可选用砂、碎石、块石、煤渣或灰土等作为垫层，但是垫层的厚度应根据变形计算确定，一般不小于

300mm，且垫层的宽度应大于基础的宽度，而基础两侧宜用与垫层相同的材料回填。

（6）消除湿陷性黄土的湿陷作用。在黄土地区，常采用素土、灰土或二灰土垫层处理湿陷性黄土，用于消除1～3m厚黄土层的湿陷性。

（7）局部换填处理暗浜和暗沟。在城市建筑场地，有时会遇到暗浜和暗沟。此类地基具有土质松软、均匀性差、有机质含量较高等特点，其承载力一般满足不了建筑物的要求。一般处理的方法有基础加深、短柱支承和换填垫层，而换填垫层法适用于处理深度不大、处理范围较大、土质较差、无法直接作为基础持力层的情况。

提高浅层地基承载力、减少地基的变形量和加速软土层的排水固结，这是换填垫层法在处理一般软弱地基时的主要作用，但在某些工程中也可能几种作用同时发挥。

2.2.2　土的压实机理

土的压实是指土体在压实能量作用下，土颗粒克服粒间阻力，产生位移，使土中空隙减小，密度增加。土的压实性是指土在压实能量作用下能被压密的特性。影响土的压实性的因素很多，主要有含水量、击实功及土的级配等。

1. 土的压实机理——普洛特（Proctor）假说

当黏性土的含水量较小时，土粒表面的结合水膜很薄（主要是强结合水），颗粒间很大的分子力阻碍着土的压实，这时压实效果就比较差；当含水量增大时，结合水膜逐渐增厚，粒间联结力减弱，水起着润滑的作用，使土粒在相同压实能量作用下易于移动而挤密，这时压实效果较好；但当土样含水量增大到一定程度后，孔隙中出现自由水，压实时孔隙水不易排出，形成较大的孔隙水压力，阻止土粒的靠拢，所以压实效果又趋下降，这就是土的压实机理。

2. 最优含水率

工程实践表明，要使土的压实效果最好，其含水量一定要适当。在高含水量时，土中多余水分在夯击时很难快速排出而在土孔隙中形成水团，削弱了土颗粒间的黏结，使土粒润滑而变得易于移动，夯击或碾压时会出现类似弹性变形的"橡皮土"现象；在低含水量时，水被土颗粒吸附在土粒表面，土颗粒因无毛细管作用而互相联结很弱，土粒在受到夯击等冲击作用下容易分散而难于获得较高的密实度。因此，填土的压实存在最优含水量的问题。

工程上，对垫层碾压质量的检验，要求能获得填土的最大干密度 ρ_d，一般可通过室内击实试验确定 ρ_{dmax}。

在标准击实方法条件下，对于不同含水量的土样，可得到不同的干密度（ρ_d），可绘制出土的干密度（ρ_d）和制备土样含水量（w）之间的关系曲线，在该曲线上干密度 ρ_d 的峰值为最大干密度 ρ_{dmax}，与之对应的制备土样含水量为最优含水量 w_{op}，如图2-1所示。从图中曲线看出，饱和土（S_r＝100%）的理论曲线高于制备土样的试验曲线，这是因为理论曲线假定土中孔隙完全被水充满，而无空气存在，但实际土样中的空气不可能被完全排出，故实际土样的干密度小于理论值。

不同土样，其击实试验效果是不同的，黏粒含量多的土，因土粒间的引力较大，只有在含水量较大时，才可达

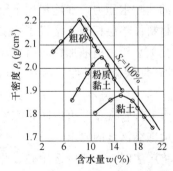

图 2-1　砂土和黏土的压实曲线

到最大干密度的压实状态，如黏土的 w_{op} 大于粗砂的 w_{op}。

如果改变压实功，曲线的基本形态基本不变，但曲线位置会发生移动，如图 2-2 所示。一般在加大压实功时，最大干密度 ρ_{dmax} 将增大，最优含水量 w_{op} 却减少。这说明压实功越大，越容易克服土颗粒之间的引力，使之在较低含水量时达到更大的密实程度。

由于现场施工的土料土块大小不均，含水量和铺填厚度又很难控制均匀，其压实效果要比室内击实试验差。因此，对于现场土的压实，以压实系数 λ_c（土的控制干密度 ρ_d 与最大干密度 ρ_{dmax} 之比）和施工含水量 $w = w_{op} \pm (2\% \sim 3\%)$ 来控制填土的工程质量。

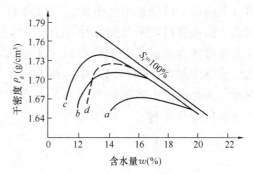

图 2-2　现场碾压与室内击实试验的比较
a—碾压 6 遍；b—碾压 12 遍；c—碾压 24 遍；
d—室内击实试验

压实系数计算公式为

$$\lambda_c = \rho_d / \rho_{dmax} \tag{2-1}$$

$$\rho_{dmax} = \frac{\rho_w d_s}{1 + 0.01 w_{op} d_s} \tag{2-2}$$

式中　ρ_d——现场土的实际控制干密度（g/cm^3）；

ρ_{dmax}——土的最大干密度（g/cm^3）；

ρ_w——水的密度，可取 $\rho_w = 1.0 g/cm^3$；

d_s——土粒相对密度；

w_{op}——土的最优含水量。

3. 击实功

击实功是用击数来反映的，如用同一种土料，在同一含水量下分别用不同击数进行击实试验，就能得到一组随击数不同的含水量与干密度关系曲线，从而得出以下结论。

（1）对于同一种土，最优含水量和最大干密度随击实功而变化；击实功越大，得到的最优含水量越小，相应的最大干密度越高。但干密度增大不与击实功增大成正比，故试图单纯地用增大击实功来提高干密度是不可行的，有时还会引起填土面出现所谓的"光面"。

（2）含水量超过最优含水量后，击实功的影响随含水量的增加而逐渐减小。

（3）压实曲线和饱和曲线（土在饱和状态时的含水量与干密度的关系曲线）不相交，且压实曲线永远在饱和曲线的下方。这是因为在任何含水量下，土都不会被压实至完全饱和状态，即击实后土内总留存一定量的封闭气体，故土是非饱和的，相应于最大干密度的饱和度在 80% 左右。

4. 土的级配

级配良好的土压实性较好，这是因为不均匀土内粗颗粒形成的孔隙有足够的细土粒填充，因而能获得较高的干密度；均匀级配的土压实性较差，因为均匀土内粗颗粒形成的孔隙很少有细土粒填充。此压实特性可由室内击实试验得到。

但工程实践表明，垫层填土、路堤施工填筑的情况与室内击实试验的条件是有差别的。室内击实试验是用锤击的方法使土体密度增加。实际上击实试验是土样在有侧限的击实筒内进行，不可能发生侧向位移，力作用在有侧限的土体上，则夯实会均匀，且能在最优含水量状态下获得最大干密度，而现场施工的土料土块大小不一，含水量和铺填厚度很难控制均匀，实际压实土的均匀性较差。因此，施工现场所能达到的干密度一般都低于击实试验所获得的最大干密度。对现场土的压实，应以压实系数与施工含水量进行控制。

2.3　垫层设计计算

垫层的设计内容主要包括垫层厚度和宽度两方面，要求有足够的厚度以置换可能被剪切破坏的软弱土层，有足够的宽度防止砂垫层向两侧挤出。

一般情况下，砂（石）垫层厚度要求不小于30cm，并须在基底下形成一个排水面，以保证地基土排水路径的畅通，促进软弱土层的固结，提高地基强度。

2.3.1　砂垫层的设计

1. 垫层的厚度确定

如图 2-3 所示，垫层厚度 z 应根据垫层底部下卧土层的承载力确定，并符合下式要求：

$$p_z + p_{cz} \leqslant f_{az} \tag{2-3}$$

式中　p_z——相应于荷载效应标准组合时，垫层底面处的附加压力值（kPa）；

　　　p_{cz}——垫层底面处土自重压力值（kPa）；

　　　f_{az}——垫层底面处经深度修正后的地基承载力特征值（kPa）。

垫层底面处的附加压力设计值 p_z 可按压力扩散角 θ 进行简化计算，即

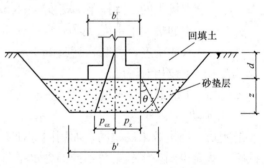

图 2-3　砂垫层剖面图

条形基础　　　　　　$$p_z = \frac{b(p_z - p_c)}{b + 2z\tan\theta} \tag{2-4}$$

矩形基础　　　　　　$$p_z = \frac{bl(p_k - p_c)}{(b + 2z\tan\theta)(l + 2z\tan\theta)} \tag{2-5}$$

式中　b——矩形基础或条形基础底面的宽度（m）；

　　　l——矩形基础底面的长度（m）；

　　　p_k——相应于荷载效应标准组合时，基础底面处的平均压力值（kPa）；

　　　p_c——基础底面处土的自重压力值（kPa）；

　　　z——基础底面下垫层厚度（m）；

　　　θ——垫层的压力扩散角（°），宜通过试验确定，当无试验资料时，可按表 2-2 选用。

压力扩散角 θ（°）

表 2-2

z/b \\ 换填材料	中砂、粗砂、砾砂、圆砾、角砾、石屑、卵石、碎石、矿渣	粉质黏土、粉煤灰	灰土
0.25	20	6	28
≥0.50	30	23	

注：1. 当 $z/b<0.25$ 时，除灰土取 $\theta=28°$外，其余材料均取 $\theta=0°$，必要时，宜由试验确定。

2. 当 $0.25<z/b<0.5$ 时，θ 值可内插求得。

《建筑地基处理技术规范》JGJ 79—2012 规定，换填垫层的厚度应根据置换软弱土的深度以及下卧土层的承载力确定，厚度不宜小于 0.5m，也不宜大于 3m。

2. 垫层的宽度确定

砂垫层的宽度一方面要满足应力扩散的要求，另一方面要防止垫层向两边挤动。常用的经验方法是扩散角法，设垫层厚度为 z，垫层底宽按基础底面每边向外扩出考虑，那么条形基础下砂垫层底宽应不小于 $z\tan\theta$，即

$$b' \geqslant b + 2z\tan\theta \qquad (2\text{-}6)$$

式中　b'——垫层底面宽度（m）；

　　　θ——压力扩散角（°），可按表 2-2 采用，当 $z/b<0.25$ 时，仍按 $z/b=0.25$ 取值。

垫层顶面每边宜比基础底面大 0.3m，或从垫层底面两侧向上按当地开挖基坑经验的要求放坡，整片垫层的宽度可根据施工的要求适当加宽。

3. 垫层承载力的确定

经换填处理后的地基，由于理论计算方法尚不完善，垫层的承载力宜通过现场荷载试验确定，若对于一般工程可直接用标准贯入试验、静力触探和取土分析法等。

砂垫层的承载力宜通过现场荷载试验确定，当无试验资料时，可根据垫层的压实系数（为土的控制干重度与最大干重度的比值，土的最大干重度可采用击实试验确定）按表 2-3 选用。

各种垫层的承载力

表 2-3

施工方法	换填材料类别	压实系数 λ_c	承载力特征值 f_{ak}（kPa）
碾压、振密或夯实	碎石、卵石	≥0.97	200～300
	砂夹石（其中碎石、卵石占全重的 30%～50%）		200～250
	土夹石（其中碎石、卵石占全重的 30%～50%）		150～200
	中砂、粗砂、砾砂、角砾、圆砾		150～200
	粉质黏土		130～180
	灰土	≥0.95	200～250
	粉煤灰	≥0.95	120～150
	石屑	≥0.97	120～150
	矿渣	—	200～300

注：1. 压实系数小的垫层，承载力标准值取低值，反之取高值；原状矿渣垫层取低值，分级矿渣或混合矿渣垫层取高值。

2. 表中压实系数是使用轻型击实试验测定土的最大干密度 ρ_{dmax}时给出的压实控制值，采用重型击实试验时，对粉质黏土、灰土、粉煤灰及其他材料，压实标准应力压实系数 $\lambda_c \geqslant 0.94$。

3. 矿渣垫层的压实系数可根据满足承载力设计要求的试验结果，按最后两遍压实的压陷差确定。

4. 压实系数 λ_c 为土控制干密度 ρ_d 与最大干密度 ρ_{dmax} 的比值，土的最大干密度宜采用击实试验确定，碎石或卵石的最大干密度可取 $(2.1\sim2.2)\times10^3 \text{kg/m}^3$。

4. 沉降计算

对于垫层下存在软弱下卧层的建筑，在进行地基变形计算时应考虑邻近基础对软弱下卧层顶面应力叠加的影响。当超出原地面标高的垫层或换填材料的重度高于天然土层重度时，宜早换填，并应考虑其附加的荷载对建筑及邻近建筑的影响。

垫层地基的变形由垫层自身变形和下卧层变形组成。粗粒换填材料的垫层在满足垫层的厚度、宽度及承载力的前提下，在施工期间垫层的自身变形已基本完成，其值很小。因而对于碎石、卵石、砂夹石、砂和矿渣垫层，在地基变形计算中，可以忽略垫层自身部分的变形值，仅考虑其下卧层的变形；但对于细粒材料，尤其是厚度较大的换填垫层，应计入垫层自身的变形；对沉降要求严或垫层厚的建筑，应计算垫层自身的变形。有关垫层的模量应根据试验或当地经验确定，无试验资料或经验时，可参照表 2-4 选用。

各种垫层的模量（MPa） 表 2-4

垫层材料 \ 模量	压缩模量 E_s	变形模量 E_0
粉煤灰	8～20	—
砂	20～30	—
碎石、卵石	30～50	—
矿渣	—	35～70

注：压实矿渣的 E_s/E_0 比值可按 1.5～3 取用。

垫层下卧层的变形量可按《建筑地基基础设计规范》GB 50007—2011 的有关规定计算。下卧层顶面承受换填材料本身的压力超过原天然土层压力较多的工程，地基下卧层将产生较大的变形。因此，在工程条件许可时，宜尽早换填，以使大部分地基变形在其上部结构施工之前完成。如考虑下卧层的瞬时沉降，则软弱下卧层的总沉降量 s 计算公式如下：

$$s = s_d + s_e \leqslant [s] \tag{2-7}$$

$$s_d = \sum \frac{1.5}{E_{si}}(\sigma_z - \sigma_m h_i) \tag{2-8}$$

$$s_e = \sum \frac{e_1 - e_2}{1 + e_1} h_i \tag{2-9}$$

$$\sigma_m = \frac{1}{3}(\sigma_x + \sigma_y + \sigma_z) \tag{2-10}$$

式中　$[s]$——建筑物的允许沉降量；

　　　s_d——地基瞬时沉降，软土在加荷瞬时，水还来不及排出，因侧向变形产生的沉降；

　　　s_e——地基主固结沉降；

　　　h_i——各分层土的厚度；

　　　e_1——自重作用下土的孔隙比；

　　　e_2——加上部荷载作用后土的孔隙比；

　　　E_{si}——土层的压缩模量；

　　　σ_m——土层的平均三向附加应力；

σ_z——土层竖向附加应力；

σ_x、σ_y——土层横向附加应力。

5. 垫层材料的选用

（1）砂石。砂石垫层材料宜选用碎石、卵石、角砾、圆砾、砾砂、粗砂、中砂或石屑（粒径小于 2mm 的部分不应超过总重的 45%），级配良好且不含植物残体、垃圾等杂质，其含泥量不应超过 5%；当使用粉细砂或石粉（粒径小于 0.075mm 的部分不超过总重的 9%）时，应掺入不少于总重 30% 的碎石或卵石；砂石的最大粒径不宜大于 50mm，对湿陷性黄土地基，不得选用砂石等透水材料。

（2）粉质黏土。粉质黏土中有机质含量不得超过 5%，不得含有冻土或膨胀土；当含有碎石时，其粒径不宜大于 50mm；对湿陷性黄土或膨胀土地基的粉质黏土垫层，土料中不得夹有砖瓦和石块。

（3）灰土。灰土体积配合比宜为 2∶8 或 3∶7。土料宜用粉质黏土，不得含有松软杂质，并应过筛，其颗粒不得大于 15mm，不宜使用块状黏土和砂质粉土。石灰宜用新鲜的消石灰，其颗粒不得大于 5mm。

（4）粉煤灰。粉煤灰可用于道路、堆场和小型建（构）筑物等的换填垫层，垫层上宜覆土 0.3～0.5m。粉煤灰垫层中采用掺加剂时，应通过试验确定其性能及适用条件；垫层中的金属构件、管网宜采取适当防腐措施；作为建筑物垫层的粉煤灰还应符合有关放射性安全标准的要求；大量填筑粉煤灰时应考虑对地下水和土壤的环境影响。

（5）矿渣。垫层矿渣是指高炉重矿渣，可分为分级矿渣、混合矿渣及原状矿渣。矿渣垫层主要用于堆场、道路和地坪，也可用于小型建（构）筑物地基。矿渣的松散重度不小于 $11kN/m^3$，有机质及含泥总量不超过 5%。设计、施工前必须对选用的矿渣进行试验，在确认其性能稳定并符合安全规定后方可使用。作为建筑物垫层的矿渣应符合放射性安全标准的要求。易受酸、碱影响的基础或地下管网不得采用矿渣垫层。填筑矿渣时，应考虑对地下水和土壤的环境影响。

（6）其他工业废渣。工业废渣的粒径、级配和施工工艺等应通过试验确定。在有可靠试验结果或成功工程经验时，质地坚硬、性能稳定、无腐蚀性和放射性危害的工业废渣等均可用于填筑换填垫层。

（7）土工合成材料。由分层铺设的土工合成材料与地基土构成加筋垫层。土工合成材料的品种、性能及填料的土类应根据工程特性和地基土条件，按照《土工合成材料应用技术规范》GB/T 50290—2014 的要求，通过设计并进行现场试验后确定。作为加筋的土工合成材料应采用抗拉强度较高、受力时伸长率不大于 4%～5%、耐久性好、抗腐蚀的土工格栅、土工格室、土工垫或土工织物等土工合成材料；垫层填料宜用碎石、角砾、砾砂、粗砂、中砂或粉质黏土等材料。当工程要求垫层具有排水功能时，垫层材料应具有良好的透水性。在软土地基上使用加筋垫层时，应保证建筑稳定并满足允许变形的要求。

【例 2-1】某 4 层混合结构，承重墙为 240mm 厚的砖墙，传至基础顶部的竖向力 F_k = 180kN/m，地基的表层为 1.2m 厚的杂填土，γ = 17.5kN/m^3；其下为 7.8m 厚的淤泥，含水量 w = 50%，承载力特征值 f_{ak} = 75kPa。地下水位深度为 1.0m，基础埋深 d = 0.8m，试设计该墙基的砂垫层（中砂天然重度 γ = 18kN/m^3，饱和重度为 γ_{sat} = 20kN/m^3）。

【解】（1）计算基础宽度和基底附加压力 p_0

垫层材料选用中砂，取其承载力特征值 $f_{ak}=200kPa$，$\gamma=18kN/m^3$，$\gamma'=10kN/m^3$，宽度修正系数 $\eta_b=3.0$，深度修正系数 $\eta_d=4.4$，经深度修正后的地基承载力特征值为

$$f_a=f_{ak}+\eta_d\gamma_0(d-0.5)=200+4.4\times17.5\times(0.8-0.5)=223.1kPa$$

$$b=\frac{F_k}{f_a-\gamma_G d}=\frac{180}{223.1-20\times0.8}=0.8692m，取\ b=1.0m$$

因 $b=1.0m<3.0m$，故地基承载力特征值不需再进行宽度修正，基础宽度满足设计要求。基础底面处附加压力为

$$p_0=\frac{F_k+G_k}{A}-\gamma_0 d=\frac{180+1.0\times1.0\times0.8\times20}{1.0\times1.0}-17.5\times0.8=182.0kPa$$

（2）确定垫层底面淤泥的承载力特征值 f_{az}

设垫层厚 $z=1.6m$，由《建筑地基基础设计规范》GB 50007—2011 查得淤泥的宽度修正系数 $\eta_b=0$，深度修正系数 $\eta_d=1.0$，软弱下卧层顶面以上土的加权平均重度为

$$\gamma_m=\frac{0.8\times17.5+0.2\times18+1.4\times10}{2.4}=13.17kN/m^3$$

因此，垫层底面处经深度修正后的地基承载力特征值为

$$\begin{aligned}f_{az}&=f_{ak}+\eta_d\gamma_m(d+z-0.5)\\&=75+1.0\times13.17\times(2.4-0.5)\\&=100.02kPa\end{aligned}$$

（3）计算垫层底面处的自重应力 p_{cz} 和附加压力 p_z

$$p_{cz}=0.8\times17.5+0.2\times18+1.4\times10=31.6kPa$$

因 $z/b=1.6/1.0=1.6>0.5$，查表2-2，取 $\theta=30°$

$$p_z=\frac{bp_0}{b+2z\tan\theta}=\frac{1.0\times182.0}{1.0+2\times1.6\times\tan30°}=63.92kPa$$

（4）验算垫层厚度 z

$$p_z+p_{cz}=31.6+63.92=95.52kPa<f_{az}=100.02kPa$$

故垫层厚度 $z=1.6m$ 满足设计要求。

（5）确定垫层宽度按压力扩散角计算

$$b'=b+2z\tan\theta=1.0+2\times1.6\tan30°=2.85m$$

可取 $b'=3.0m$。

该建筑无需验算地基变形。

2.3.2 素土（或灰土、二灰）垫层设计

土料采用黏性土和塑性指数大于4的粉土，有机质含量小于5%，粒径小于15mm且过筛。石灰应用Ⅲ级以上新鲜的块灰，使用前1~2d消解并过筛。素土和灰土垫层的铺填厚度，应按夯实机具种类选择；素土和灰土垫层底层的铺填厚度，既能满足该层的压密条件，又能防止破坏及扰动下卧湿陷性黄土的结构；素土和灰土垫层材料最优含水量宜控制在 $w_{op}\pm2\%$ 范围内。

在用素土和灰土垫层处理湿陷性黄土地基的施工过程中，要合理安排施工程序，保证工程质量和施工进度。在垫层处理前，必须将坑穴探查清楚，并处理妥善；建筑场地的防洪工程应提前施工，并应在汛期前完成；当基坑或基槽挖至设计深度或标高时，应进行验

槽；深基坑的开挖与支护，必须进行勘察与设计；当发现地基浸水湿陷和建筑物产生裂缝时，应暂时停止施工，切断有关水源，查明浸水的原因和范围，对建筑物的沉降和裂缝加强观测，经处理后方可继续施工；管道和水池等施工完毕，必须进行水压试验。

素土和灰土垫层处理湿陷性黄土地基的应用已有重大突破，即施工设备已采用了挖掘机、装载机和大吨位的振动压路机，素土和灰土铺垫采用了旋耕机，使工程质量显著提高。

根据地基检测的结果，目前素土垫层的地基承载力特征值普遍达 180kPa 以上，灰土垫层的地基承载力特征值普遍达 250kPa 以上，且有良好的均匀性。

机械化程度的提高，使得灰土垫层法施工速度加快，成本降低，素土和灰土垫层法应用范围进一步扩大。

2.3.3 粉煤灰垫层设计

作为燃煤电厂废弃物的粉煤灰也是一种良好的地基处理材料，该材料的物理、力学性能可满足地基处理工程设计的技术要求，使得利用粉煤灰作为地基处理材料已成为岩土工程领域的一项新技术。

粉煤灰类似于砂质粉土，粉煤灰垫层的应力扩散角 $\theta = 21.7°$。粉煤灰垫层的最大干密度和最优含水量在设计和施工前，应按照土工试验方法标准中的击实试验法测定。

粉煤灰的内摩擦角、黏聚力、压缩模量和渗透系数，随粉煤灰的材料性质和压实度而变化，应该通过室内土工试验确定。

2.3.4 矿渣垫层设计

干渣（简称矿渣）又称高炉重矿渣，是高炉熔渣经空气自然冷却或经热泼淋水处理后得到的渣，可以作为一种换土垫层的填料。

素土垫层或灰土垫层、粉煤灰垫层和干渣垫层的设计可以根据砂垫层的设计原则，再结合各自的垫层特点和场地条件与施工机械条件，确定合理的施工方法和选择各种设计计算参数，并可参照有关的技术和文献资料。

2.4 施 工 技 术

2.4.1 按密实方法和施工机械分类

根据密实方法和施工机械，换填垫层法可分为机械碾压法、重锤夯实法和振动压实法。垫层施工应根据不同的换填材料选择施工机械。

1. 机械碾压法

机械碾压法是采用各种压实机械来压实地基土。此法常用于基坑底面积宽大且开挖土方量较大的工程。

机械碾压法的施工设备有平碾、振动碾、羊足碾、振动压实机、蛙式夯、插入式振动器和平板振动器等。一般粉质黏土、灰土宜采用平碾、振动碾或羊足碾；中小型工程也可采用蛙式夯、柴油夯，砂石等宜用振动碾；粉煤灰宜采用平碾、振动碾、平板振动器、蛙式夯；矿渣宜采用平板振动器或平碾，也可采用振动碾。

工程实践中，对垫层碾压质量的检验，要求获得填土最大干密度。其关键在于施工时控制每层的铺设厚度和最优含水量，并宜采用击实试验确定。所有施工参数（如施工机械、铺填厚度、碾压遍数与填筑含水量等）都必须由工地试验确定。在施工现场相应的压实功能下，由于现场条件终究与室内试验不同，因而对现场应以压实系数 λ_c 与施工含水量进行控制。不具备试验条件的场合，可按表 2-5 选用垫层的每层铺填厚度及压实遍数。

垫层的每层铺填厚度及压实遍数 表 2-5

施工设备	每层铺填厚度(mm)	压实遍数
平碾（8～12t）	200～300	6～8
羊足碾（5～16t）	200～350	8～16
蛙式夯（200kg）	200～250	3～4
振动碾（8～15t）	600～1300	6～8
振动压实机（2t，振动力 98kN）	1200～1500	10
插入式振动器	200～500	—
平板振动器	150～250	—

为获得最佳夯压效果，宜采用垫层材料的最优含水量 w_{op} 作为施工控制含水量。对于粉质黏土和灰土，现场可控制在最优含水量 $w_{op} \pm 2\%$ 的范围内；当使用振动碾压时，可适当放宽下限范围值，即控制在最优含水量 w_{op} 的 $-6\% \sim +2\%$ 范围内。

最优含水量可按《土工试验方法标准》GB/T 50123—2019 中轻型击实试验的要求求得。在缺乏试验资料时，也可近似取 0.6 倍液限含水量值，或按照经验采用塑限含水量 $w_{op} \pm 2\%$ 的范围值作为施工含水量的控制值。粉煤灰垫层不应采用浸水饱和施工法，其施工含水量应控制在最优含水量 $w_{op} \pm 4\%$ 的范围内。若土料湿度过大或过小，应分别予以晾晒、翻松、掺入吸水材料或洒水湿润以调整土料的含水量。

为了保证有效压实深度，机械碾压速度控制范围为：平碾 2km/h；羊足碾 3km/h；振动碾 2km/h；振动压实机 0.5km/h。

2. 重锤夯实法

重锤夯实法是用起重机将夯锤提升到某一高度，然后自由落锤，不断重复夯击以加固地基。重锤夯实法一般适用于地下水位距地表 0.8m 以上稍湿的黏性土、砂土、湿陷性黄土、杂填土和分层填土。重锤夯实法的主要设备为起重机械、夯锤、钢丝绳和吊钩等。当直接用钢丝绳悬吊夯锤时，起重机的起重能力一般应大于锤重的 3 倍。采用脱钩夯锤时，起重能力应大于夯锤重量的 1.5 倍。

夯锤宜采用圆台形，如图 2-4 所示。锤重宜大于 2t，锤底面单位静压力宜为 15～20kPa；夯锤落距宜大于 4m。垫层施工中，增大夯击功或夯击遍数可提高夯击效果，但当土被夯实到某一密度时，再增加夯击功或夯击遍数，土的密度不再增大，有时反而降低。因此，应进行现场试验，确定符合夯击密实度要求的最少夯击遍数、最后下沉量（最后两击的平均下沉量）、总下沉量及有效夯实深度等。黏性土、粉土及湿陷性黄土最后下沉量不超过 10mm、砂土不超过 5mm 时应停止夯击。施工时夯击遍数应比试夯时确定的最少夯击遍数增加 1～2 遍，由实践经验知，夯实的有效影响深度约为锤底直径的 1 倍。

重锤夯实法施工要点如下：

（1）重锤夯实施工前应在现场试夯，试夯面积不小于 10m×10m，试夯层数不少于 2 层。

（2）夯击前应检查坑（槽）中土的含水量，如含水量偏高，可采用翻松、晾晒、均匀掺入吸水材料（干土、生石灰）等措施；如含水量偏低，可预先洒水湿润并待渗透均匀后再夯击。

（3）施工时夯打方法。在条基或大面积基坑内夯击时，第 1 遍宜一夯挨一夯进行，第 2 遍应在第 1 遍的间隙点夯击；如此反复，最后 2 遍应一夯压半夯；在独立柱基基坑内，宜采用先外后里或先周围后中间的顺序进行夯打；当基坑底面标高不同时，应先深后浅逐层夯实。

（4）注意边坡稳定及夯击对邻近建筑物的影响，必要时应采取有效措施。

3. 平板振动法

平板振动法是使用振动压实机来处理无黏性土或黏粒含量少、透水性较好的松散杂填土地基的一种方法。如图 2-5 所示，振动压实机的工作原理是由电动机带动 2 个偏心块以相同速度反向转动，由此产生较大的垂直振动力。这种振动机的频率为 1160～1180r/min，振幅为 3.5mm，激振力可达 50～100kN。

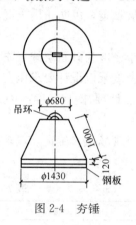

图 2-4　夯锤

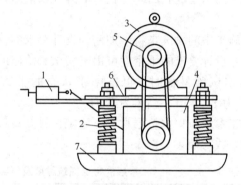

图 2-5　振动压实机示意图

1—操纵机构；2—弹簧减振器；3—电动机；4—振动器；

5—振动机槽轮；6—减振架；7—振动夯板

该振动压实机可通过操纵机构使之前后移动或转弯。振动压实的效果与填土成分、振动时间等因素有关，一般振动时间越长，效果越好，但振动时间超过某一值后，振动引起的下沉基本稳定，再继续振动就不能起到进一步压实的作用。为此，需要施工前进行试振，得出稳定下沉量和时间的关系。对主要由炉渣、碎砖、瓦块组成的建筑垃圾，振动时间约在 1min 以上；对含炉灰等的细粒填土，振动时间为 3～5min，有效振实深度为 1.2～1.5m。施工时若地下水位太高，将影响振实效果。

振实范围应从基础边缘放出 0.6m 左右，先振基槽两边，后振中间，其振动的标准是以振动机原地振实不再继续下沉为合格，并辅以轻便触探试验检验其均匀性及影响深度。振实后地基承载力宜通过现场荷载试验确定。一般经振实的杂填土地基承载力可达 100～120kPa。

2.4.2　按垫层材料分类

1. 砂石垫层施工

（1）砂石垫层施工宜采用振动碾和振动压实机等机具，其压实效果、分层铺填厚度、压实遍数、最优含水量等，应根据具体施工方法及施工机具等通过现场试验确定。

（2）对于砂石料则可根据施工方法不同按经验控制适宜的施工含水量，即当用平板式振动器时可取 15%～20%；当用平碾或蛙式夯时可取 8%～12%；当用插入式振动器时，宜为饱和的碎石、卵石。因此，对于碎石及卵石应充分浇水湿透后夯压。

（3）垫层底部存在古井、古墓、洞穴、旧基础、暗塘等软硬不均的部位时，应先予清理，再用砂石或好土逐层回填夯实，经检查合格后，再铺填垫层。

（4）严禁扰动垫层下卧的淤泥和淤泥质土层，防止践踏、受冻、浸泡或暴晒过久。在卵石或碎石垫层的底部宜设置 150～300mm 厚的砂层，以防止下卧淤泥和淤泥质土层表面的局部破坏。如淤泥和淤泥质土层厚度过小，在碾压荷载下抛石能挤入该土层底面时，可先在软弱土层面上堆填块石、片石等，然后将其压入以置换或挤出软弱土。

（5）砂石垫层的底面宜铺设在同一标高上。如果深度不同，基底土层面应挖成阶梯或斜坡搭接，并按先浅后深的顺序施工，搭接处应夯压密实。垫层竣工后，应及时施工基础、回填基坑。

（6）地下水高于基坑底面时，宜采取排降水措施，注意边坡稳定，以防止坍土混入砂石垫层中。

砂石垫层施工中的关键是将砂加密到设计要求的密实度。干密度为砂石层施工质量控制的技术标准。设计要求的干密度可由击实试验给出的最大干密度乘以设计要求压实系数求得。在无击实试验材料时，可把中密状态的干密度作为设计要求干密度：中砂为 $1.6t/m^3$；粗砂为 $1.7t/m^3$；碎石和卵石为 $2.0～2.2t/m^3$。

垫层的施工参数应根据垫层材料、施工机械及设计要求通过现场试验确定，以求获得最大压实效果，或参照表 2-6 选用。

垫层的每层铺筑厚度及压实遍数   表 2-6

施工设备	每层铺填厚度（m）	压实遍数
平碾（8～12t）	0.2～0.3	6～8（矿渣 10～12）
羊足碾（5～16t）	0.2～0.35	8～16
蛙式夯（200kg）	0.2～0.25	3～4
振动碾（8～15t）	0.6～1.3	6～8
插入式振动器	0.2～0.5	—
平板振动器	0.15～0.25	—

2. 土垫层施工

（1）素土及灰土料垫层的施工，其施工含水量应控制在 $w_{op}±2%$ 的范围内。w_{op} 可通过室内击实试验确定，或根据当地经验取用。

（2）土垫层施工时，不得在柱基、墙角及承重窗间墙下接缝，上下两层的缝距不得小于 0.5m，接缝处应夯压密实，灰土、二灰土应拌合均匀并应当日铺填压实，灰土压实后 3d 内不得受水浸泡，冬季应防冻。

（3）其他要求参见砂垫层的施工要点。

3. 粉煤灰垫层施工

（1）粉煤灰材料

粉煤灰是燃煤电厂中磨细煤粉在锅炉中燃烧后从烟道排出并被收尘器收集的物质，其

主要成分是 SiO_2、Al_2O_3 和 Fe_2O_3 等。粉煤灰通常为球状颗粒、不规则多孔玻璃颗粒、微细颗粒、钝角颗粒和含碳颗粒等。粉煤灰颗粒尺寸变化范围大，从几百微米到几微米，比表面积一般为 $2500\sim7000cm^2/g$，相对密度为 $2.01\sim2.22$。我国根据粉煤灰的细度和烧失量将其分为三个等级：Ⅰ级粉煤灰，0.045mm 方孔筛筛余量小于 12%，烧失量小于 5%；Ⅱ级粉煤灰，0.045mm 方孔筛筛余量小于 20%，烧失量小于 8%；Ⅲ级粉煤灰，0.045mm 方孔筛筛余量小于 45%，烧失量小于 15%。

电厂排放的粉煤灰是由大量的球状玻璃珠和少量的莫来石、石英等结晶物质组成的。根据粉煤灰的矿物组成和特性，将其分为高钙粉煤灰和低钙粉煤灰两大类。按《粉煤灰混凝土应用技术规程》DG/TJ 08-230—2006 的规定，当粉煤灰的氧化钙含量大于 8% 或游离氧化钙含量大于 1% 时，视为高钙粉煤灰。我国绝大多数电厂排放的粉煤灰都是低钙的，低钙粉煤灰简称为粉煤灰。

粉煤灰的化学成分是由原煤的成分和燃烧条件决定的。根据我国 40 个大型电厂的资料，粉煤灰的化学成分的变化范围如表 2-7 所示。

我国粉煤灰的化学成分（质量分数）　　　　　　　　　　　表 2-7

化学成分	SiO_2	Al_2O_3	Fe_2O_3	CaO	MgO	SO_3	烧失量
变化范围(%)	20~62	10~40	3~9	1~45	0.2~5	0.02~4	0.6~51

燃煤电厂排出的湿排粉煤灰、调湿灰及干排粉煤灰均适用于作粉煤灰垫层的填筑材料，但不应混入植物、生活垃圾和有机质等杂物。装运时粉煤灰含水量以 15%~25% 为宜。

（2）施工要点

1）粉煤灰的最大干密度和最优含水量与粉煤灰颗粒粗细、形态结构和压实能量有关，应由室内击实试验确定。施工时分层摊铺，逐层振密或压实。

2）粉煤灰垫层在地下水位以下施工时，应采取排（降）水措施，严禁在饱和和浸水状态下施工，更不宜采用水沉法施工。

3）在软土地基上填筑粉煤灰垫层时，应先铺填 20cm 左右厚的粗砂或高炉干渣，以免表层土体扰动，同时有利于下卧土层的排水固结，并切断毛细水上升。

4）每一层粉煤灰垫层验收合格后，应及时铺筑上层或采用封层，以防干燥松散起尘污染环境，并禁止车辆在其上行驶。

4. 干渣垫层施工

用于垫层的干渣应符合下列规定：稳定性合格；松散密度不小于 $1.1t/m^3$；泥土与有机质含量不大于 5%。对于一般的场地平整，干渣质量可不受上述指标限制。

干渣垫层施工采用分层压实法。压实可用平板振动法和机械碾压法。小面积施工宜采用平板振动器振实。电动机功率大于 1.5kW，每层虚铺厚度 200~250mm，振捣遍数由试验确定，以达到设计密实度为准。大面积施工宜采用 8~12t 压路机，每层虚铺厚度不大于 300mm；也可采用振动压路机碾压，碾压遍数均由现场试验确定。根据冶金部门对矿渣垫层的研究，无论是采用碾压施工还是采用振动法施工，当满足压实条件时，均可获得很高的变形模量而能满足工程要求。

5. 土工合成材料垫层施工

土工合成材料上的第 1 层填土摊铺宜采用轻型推土机或前置式装载机。一切车辆、施工机械只允许沿路堤的轴线方向行驶。

回填填料时，应采用后卸式货车沿加筋材料两侧边缘倾卸填料，以形成运土的交通便道，并将土工合成材料张紧。填料不允许直接卸在土工合成材料上面，必须卸在已摊铺完毕的土面上；卸土高度以不大于1m为宜，以免造成局部承载力不足。卸土后应立即摊铺，以免出现局部下陷。

第1层填料宜采用推土机或其他轻型压实机具进行压实，只有当已填筑压实的垫层厚度大于60cm后，才能采用重型机械压实。

6. 聚苯乙烯板块垫层施工

聚苯乙烯板块施工时，宜按施工放样的标志沿中线向两边采用人工或轻型机具把聚苯乙烯泡沫（EPS）准确就位，不允许重型机械或拖拉机在EPS块体上行驶。EPS块体和块体之间应分别采用连接件单面爪（底部或顶部）、双面爪（块体之间）和"L形"金属销钉连接紧密。

2.5 质量检验

垫层的施工质量检验分为施工质量检验和竣工验收。可利用贯入仪、轻型动力触探或标准贯入试验检验。

1. 检验方法选用原则

对粉质黏土、灰土、粉煤灰和砂石垫层，施工质量可用环刀法、贯入仪、静力触探、轻型动力触探或标准贯入试验检验，对砂石、矿渣垫层可用重型动力触探检验，并均应通过现场试验以设计压实系数所对应的贯入度为标准检验垫层的施工质量。压实系数也可采用环刀法、灌砂法、灌水法或其他方法检验。

垫层施工质量检验必须分层进行，应在每层的压实系数符合设计要求后铺填上层土。

竣工验收宜采用载荷试验检验垫层质量，为保证载荷试验的有效影响深度不小于换填垫层处理的厚度，载荷试验压板的边长或直径不应小于垫层厚度的1/3。

《建筑地基基础工程施工质量验收标准》GB 50202—2018规定对灰土、砂、砂石地基质量检验的标准如表2-8所示。

灰土、砂、砂石地基质量检验标准　　　　　　　　　　　　　　　表2-8

项目	序号	检查项目	允许偏差或允许值	检查方法
主控项目	1	地基承载力	设计要求	按规定方法，检查检测报告
	2	配合比	设计要求	按拌合时体积比
	3	压实系数	设计要求	现场实测
一般项目	1	石灰粒径	≤5mm	筛分法
	2	土(砂石)中有机质含量	≤5%	试验室焙烧法
	3	砂石料含泥量	≤5%	水洗法
	4	土颗粒粒径	≤15mm	筛分法
	5	含水量(最优含水量)	±2%	烘干法
	6	分层厚度偏差(与设计要求比较)	±50mm	水准仪

2. 检验点数量

条形基础下垫层每 10~20m 不应少于 1 个检验点；独立桩基、单独基础下垫层不应少于 1 个检验点；其他基础下垫层每 50~100m² 不应少于 1 个检验点。采用贯入仪或动力触探检验垫层的施工质量时，每分层检验点的间距应小于 4m。

竣工验收采用载荷试验检验垫层承载力时，每个单体工程不宜少于 3 个检验点；对于大型工程则应按单体工程的数量或工程的面积确定检验点数。

3. 常用检测方法

(1) 环刀法。用容积不小于 200cm³ 的环刀压入每层 2/3 的深度处取样，取样前测点表面应刮去 30~50mm 厚的松砂，环刀内砂样不应包含尺寸大于 10mm 的泥团和石子。测定的干密度应不小于该砂石料在中密状态下的干密度值（中砂为 1.55~1.6t/m³，粗砂为 1.7t/m³，砾石、卵石为 2.0~2.2t/m³）。

(2) 贯入测定法。先将砂垫层表面 3cm 左右厚的砂刮去，然后用贯入仪、钢叉或钢筋以贯入度的大小来定性地检查砂垫层质量。在检验前应先根据砂石垫层的控制干密度进行相关性试验，以确定贯入度值。

1) 钢筋贯入法。用直径为 20mm、长度为 1250mm 的平头钢筋，自 700mm 高处自由落下，插入深度以不大于根据该砂的控制干密度测定的深度为合格。

2) 钢叉贯入法。用水撼法使用的钢叉，自 500mm 高处自由落下，其插入深度以不大于根据该砂控制干密度测定的深度为合格。

复 习 与 思 考 题

2-1 什么是换土垫层法？换土垫层法的原理是什么？

2-2 换填垫层有哪些主要作用？

2-3 换填垫层法常用的材料有哪些？如何选用换填材料？

2-4 如何确定砂垫层的厚度和宽度？

2-5 对灰土和素土垫层材料的要求是什么？

2-6 对碎石和矿渣垫层材料的要求是什么？

2-7 矿渣垫层的特性是什么？

2-8 碎石垫层和矿渣垫层各有什么构造要求？

2-9 粉煤灰垫层具有什么特点？

2-10 某砖混结构办公楼承重墙下为条形基础，宽 1.2m，埋深 1.0m，承重墙传到基顶的荷载 F_k = 180kN/m。地表为厚 1.5m 的杂填土，天然重度 γ = 17.0kN/m³；下面为淤泥质土，其承载力特征值 f_{ak} = 72kPa。试设计该墙基的垫层。

2-11 某办公楼设计砖混结构条形基础，上部建筑物作用于基础上的中心荷载为 F_k = 250kN/m。地基土表层为杂填土，厚 1m，重度 γ = 18.2kN/m³；第 2 层为淤泥质粉质黏土，厚 8.4m，重度 γ = 17.6kN/m³；地基承载力特征值 f_{ak} = 85kPa；地下水位深 3.5m。试确定该基础的底面宽度、砂垫层的厚度和砂垫层的底面宽度（垫层材料采用粗砂，承载力特征值 f_{ak} = 150kPa）。

第3章 强 夯 法

3.1 概　述

强夯法（Dynamic Consolidation）是法国 Menard 技术公司于 1969 年首创的一种地基加固方法，又名动力固结法或动力压实法。这种方法是反复将夯锤［质量一般为（1.0～6.0）×10^4kg］提到一定高度使其自由落下（落距一般为 10～40m），给地基以冲击和振动能量，从而提高地基的承载力，降低土的压缩性，改善砂土的抗液化条件，消除湿陷性黄土的湿陷性等。同时，夯击能还可提高土层的均匀强度，减小将来可能出现的差异沉降。由于强夯法具有加固效果显著，适用土类广，施工简单、经济、快速等特点，我国自 20 世纪 70 年代引进此法后迅速在全国推广使用。大量工程实践证明，强夯法用于处理碎石土、砂土、低饱和度的粉土与黏性土、湿陷性黄土、素填土和杂填土等地基，一般均能取得较好的效果。对于软土地基，一般说来处理效果不显著。

国外关于强夯法的适用范围有比较一致的看法。Smoltczyk 在第八届欧洲土力学及基础工程学术会议上的深层加固总报告中指出，强夯法只适用于塑性指数 $I_p \leqslant 10$ 的土。《建筑地基处理技术规范》JGJ 79—2012 中规定：强夯法适用于处理碎石土、砂土、低饱和度的粉土与黏性土、湿陷性黄土、素填土和杂填土等地基。

强夯置换法是采用在夯坑内回填块石、碎石等粗颗粒材料，用夯锤夯击形成连续的强夯置换墩。强夯置换法是 20 世纪 80 年代后期开发的方法，适用于高饱和度的粉土与软塑～流塑的黏性土等地基上对变形控制要求不严的工程。强夯置换法具有加固效果显著、施工期短、施工费用低等特点。强夯置换法一般处理效果良好，个别工程因设计、施工不当，加固后会出现下沉较大或墩体与墩间土下沉不等的情况。因此，《建筑地基处理技术规范》JGJ 79—2012 特别强调，采用强夯置换法前必须通过现场试验确定其适用性和处理效果，否则不得采用。

目前，强夯法已应用于工业与民用建筑、仓库、油罐、储仓、公路和铁路路基、飞机场跑道及码头等工程地基问题的处理。在某种程度上比机械的、化学的和其他力学的加固方法更为广泛和有效。国外有研究资料表明，经强夯处理的砂性土地基，其承载力可提高为 3～6 倍，压缩性可降低为原来的 1/11～1/3。它的适用范围十分广泛，不但能在陆地上施工，而且也可在水下夯实。其缺点是施工时噪声和振动较大，不宜在人口密集的城市内使用。

3.2　强夯法加固地基的机理

关于强夯法加固地基的机理，国内外学者从不同的角度进行了大量的研究，看法很不一致。这主要是由土的类型多、不同类型土的性能不同和加固效果的影响因素很多造成的。从土自身来说，土的类型（饱和土、非饱和土、砂性土、黏性土）、土的结构（颗粒大小、形状、级配）、构造（层理）、密实度、黏聚力、渗透性等均影响加固效果。从土的外部来说，单击夯击能（锤重、落距）、单位面积夯击能、锤底面积、夯点分布、分遍、特殊措施（预打砂井、夯坑填料）等也都影响加固效果，可对其从机理上做出不同的解释。

关于强夯机理有以下 4 种解释：①宏观机理和微观机理。宏观机理是从加固区土所受冲击力、应力波的传播、土的强度对土加密的影响做出解释。微观机理是对冲击力作用下，土微观结构的变化，如土颗粒的重新排列、连接做出解释。宏观机理是外部表现，微观机理是内部依据。②应区别饱和土和非饱和砂性土。饱和土存在孔隙水排出，土才能压实固结这一特殊问题。③应区别黏性土和砂性土。它们的渗透性不同，黏性土存在固化黏聚力，砂性土则不然。④应区别一些特殊土，如黄土、填土、淤泥等，它们都具有各自的特殊性能，所以加固机理、方法和采取措施也不同。

以上 4 种解释中，本章以宏观机理和微观机理解释为主线条，其他解释互为补充，这样可以形成较系统的解释。

3.2.1 宏观机理

1. 非饱和土的加固机理

先对非饱和土的加固机理做出解释，是因为它的许多解释适用于饱和土，具有共同的解释，起提纲挈领的作用。在下面引用的一些资料中，有一些是对饱和土作出的研究，但它也适用于非饱和土，所以也加以引用。

日本的坂口旭曾对夯实土做出一地基固结模式图，认为地基夯实后，地基土可分为 4 层：第 1 层，在夯坑底以上，是受扰动的松弛隆胀区；第 2 层，土中应力超过地基土的极限强度，固结程度最高；第 3 层，土中应力在土的极限强度和屈服值之间，是固结效果迅速下降的区域；第 4 层，土中应力在屈服界限内，基本没有固结。据此，建立计算加固深度的方法，首先根据锤击能原理，计算锤底压力。即设锤重为 M，落距为 h，单击夯沉量为 Δh，效率系数为 η（振动、回弹等损耗），η 可取 0.5～1.0，则冲击能 E_0 为

$$E_0 = \eta Mh \tag{3-1}$$

设锤底动压力为 p_d，锤底面积为 A，则地基吸收能量 E 为

$$E = \frac{1}{2} p_d A \Delta h \tag{3-2}$$

设 $E = E_0$，则

$$p_d = 2\eta Mh / (\Delta hA) \tag{3-3}$$

其次，将求得的 p_d 作为静荷载，利用半无限弹性地基公式计算土中动应力 σ_d 分布，与旁压试验测得的屈服强度 p_y 比较，土中动应力与屈服强度线交点的深度，即为计算加固深度。该法虽与地基土变形在夯击时已处于弹塑性状态不符，也与动应力与静荷应力的传播不符，但可作为一个近似估计加固深度的方法，对压实区是土破坏区的解释则从宏观上揭示了夯击能的加固作用。

H. Brandl 和 W. Sadgorski 根据在奥地利连接东西欧的一条公路路基强夯试验得出如

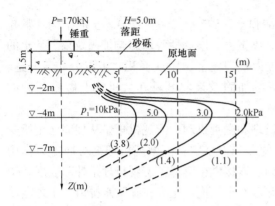

图 3-1 在垂直投影面上第一个应力峰值 p_1 的
土中动应力 σ_d 分布和等压线

注："°" 表示（p_2 值），即第二峰值的应力分布。

图 3-1 所示的土中动应力 σ_d 分布图。

该路基原地表下由泥炭、泥炭似的砂质粉土、砂土互层组成，总厚度 6~18m，是非常不均匀的有机质土，含水量很高，达到 100% 以上，压缩模量很低，仅 0.2~1.0MPa，强夯时地表填了 1.5m 的砂砾石，由测得动应力 σ_d 看，动应力比较小，这是因为测点距夯点中心 4m 以上且仪表埋置较深。从动应力等值线图，我们可以看到在锤底的动应力扩散很慢，到 2m 以下扩散加快，与静载的应力等值图是以竖向为长轴的似椭圆不同，动应力水平向扩散快而竖向衰减快，似一苹果形，这可以从锤底土层由于夯击土结构破坏，侧向挤压力加大得到解释。

根据以上国外试验资料从土动应力场可归纳为如图 3-2 所示强夯法加固地基模式图。由于巨大的冲击力远超过土的强度使土体产生冲击破坏，土体产生较大的瞬时沉降，锤底土形成土塞向下运动，因锤底下的土中压力超过土的强度，土结构破坏。由于土结构破坏，土软化，侧压力系数增大，侧压力增大，土不仅被竖向压密而且被侧向挤密，这一主压实区就是图 3-2 中的 A 区，即土的破坏压实区。这一区域的土应力 σ（动应力加自重应力）超过土的极限强度 σ_f，土被破坏后压实。由于土被破坏，侧挤作用加大，因此水平加固区宽度也大，故加固区不同于静载土中应力椭圆形分布而变为水平宽度大的苹果形。在该区外为次压实区，该区土应力小于土的极限强度 σ_f，而大于土的弹性极限 σ_1，即图 3-2 中的 B 区，该区土可能被破坏，但未被充分压实，或仅被破坏而未压实，测试中可表现为与夯前相比干密度有小量增长或不增长。其他力学原位测试可表现为数据波动（增长、下降或不变），故也可称为破坏削弱区，由于动应力远大于原来土的自重应力，坑底土侧向挤出时，坑侧土在侧向分力作用下将隆起，形成被动破坏区，这就是图 3-2 中的 C 区。夯坑越深，土固化黏聚力越大，则被动土压力越大，土不容易破坏隆起；反之，则容易隆起。B 区外为 D 区，这一区由于土动应力影响小，已不能破坏土结构，故不再压实或挤密，但强夯引起的振动可使这一区产生效应，对黏性土，因其具有黏聚力，土粒在振动影

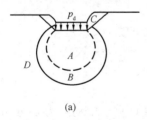

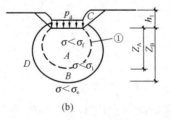

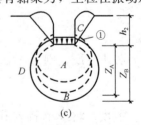

图 3-2 强夯地基加固模式图

（a）前数次加固区正扩大；（b）加固区形成；（c）加固区形成，等速下沉，加固区下移

A—夯实区 $\sigma > \sigma_f$；B—次夯实区 $\sigma < \sigma_f$，$\sigma > \sigma_1$；C—压密，挤密，松动区；D—振动影响区；

σ—土主应力；σ_f—土极限强度；σ_1—土弹性极限；Z_A—土主压实区深度范围；

Z_B—次压实区深度范围；p_d—锤底动应力；

①—加固区形成时主加固区位置

响下难以错动落入新的平衡位置，故振动影响不足以改变土的结构而产生振密作用。对砂土、粉土及非黏性土，其黏聚力低，在振动波的作用下，土粒受剪而错动，落入新的平衡位置，松砂类土可振密，而密砂可能变松。因此这类土除夯点加固深度较大外，邻近的地面也可震陷，甚至危害邻近建筑，使其震陷而产生裂缝。

2. 饱和土加固机理

饱和土是二相土，土由固体颗粒及液体（通常为水）组成。

传统的饱和土固结理论为太沙基（Terzaghi）固结理论。这一理论假定水和土粒本身是不可压缩的，因为水的压缩系数很小，为 $5 \times 10^{-4} \mathrm{MPa}^{-1}$，土颗粒本身的压缩系数更小，约为 $6 \times 10^{-5} \mathrm{MPa}^{-1}$，而土体的压缩系数通常为 $0.05 \sim 1 \mathrm{MPa}^{-1}$，各相差 $100 \sim 1000$ 倍，当压力为 $100 \sim 600 \mathrm{kPa}$、土颗粒体积变化小于土体体积变化的 $1/400$ 时，可忽略土颗粒与水的压缩，认为固结就是孔隙体积缩小及孔隙水排出。饱和土在冲击荷载作用下，水不能及时排出，故土体积不变而只发生侧向变形。因此，夯击时饱和土造成侧面隆起，重夯时形成"橡皮土"。

强夯理论则不同，Menard 根据强夯的实践认为，饱和二相土实际并非二相土，二相土的液体中存在一些封闭气泡，占土体总体积的 $1\% \sim 3\%$，在夯击时，这部分气体可压缩，因而土体积也可压缩。气体体积缩小的压力应符合波义耳-马略特定律，这一压力增量与孔隙水压力增量一致。因此，冲击使土结构破坏，土体积缩小，液体中气泡被压缩，孔隙水压力增加。孔隙水渗流排出，水压减少，气泡膨胀，土体又可以二次夯击压缩。夯击时土结构破坏，孔压增加，这时土产生液化及触变，孔压消散，土触变恢复，强度增长。若一遍压密过小，土结构破坏丧失的强度大，触变恢复增加的强度小，则夯击后的承载力反而减少；但若二遍夯击，土进一步压密，则触变恢复增加的强度大，依次增加遍数可以获得预想的加固效果，这就是饱和土加固的宏观机理。此机理由 Menard 提出如图 3-3 的动力固结模型及图 3-4 的强夯阶段土体强度变化图。

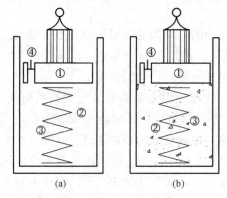

图 3-3 太沙基模型与动力固结模型对比图
（a）太沙基模型：①—无摩擦活塞；
②—不可压缩的液体；③—定比弹簧；
④—液体排出的孔径不变
（b）Menard 动力固结模型：①—有摩擦活塞；
②—含少量气泡，液体可压缩；③—不定比弹簧；
④—变孔径

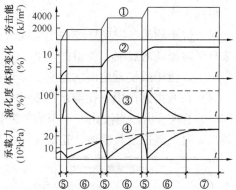

图 3-4 强夯阶段土体强度变化图
①—夯击能与时间的关系；②—体积变化与时间的关系；③—孔隙水压力与完全液化压力之比随时间的变化；④—极限压力与时间的关系；⑤—液化及强度丧失过程；⑥—孔隙水压消散及强度增长过程；⑦—触变的恢复过程

（1）强夯的动力模型。Menard动力固结模型的特点为：①有摩擦的活塞。夯击土被压缩后含有空气的孔隙水具有滞后现象，气相体积不能立即膨胀，也就是夯坑较深的压密土被外围土约束而不能膨胀，这一特征用摩擦的活塞表示。重夯时加密土很浅，侧向不能约束加固土，土发生侧向隆胀，气相立即恢复，不能形成孔压，土不能压密。②液体可压缩。由于土体中有机物的分解及土毛细管弯曲影响，土中总有微小气泡，其体积为土体总体积的1%～3%，这是强夯时土体产生瞬间压密变形的条件。③不定比弹簧。夯击时的土体结构被破坏，土粒周围的弱结合水由于振动和温度影响，定向排列被打乱及束缚作用降低，弱结合水变为自由水，随孔隙水压力降低，结构恢复，强度增加，因此弹簧刚度是可变的；④变孔径排水活塞。夯击能以波的形式传播，同时夯锤下土体压缩，产生对外围土的挤压作用，使土中应力场重新分布，土中某点拉应力大于土的抗拉强度时，出现裂缝，形成树枝状排水网络。强夯使夯坑及邻近夯坑涌水冒砂可表明这一现象，这是变排水孔径的理论基础。

（2）土强度的增长过程机理。如图3-4所示，地基土强度增长规律与土体中孔隙水压力的状态有关。在液化阶段，土的强度降到零；孔隙水压力消散阶段，为土的强度增长阶段；第⑦阶段为土的触变恢复阶段。经验表明，如果以孔隙水压力消散后测得的数值作为新的强度基值（一般在夯击后1个月），则6个月后，强度平均增加20%～30%，变形模量增加30%～80%。

（3）夯击能的传递机理。半空间表面上竖向夯击能传给地基的能量是由压缩波（P波）、剪切波（S波）和瑞利波（R波）联合传播的。体波（压缩波与剪切波）沿着一个半球波面径向地向外传播，而瑞利波则沿着一个圆柱波阵面径向地向外传播。

压缩波的质点运动是属于平行于波阵方向的一种推拉运动，这种波使孔隙水压力增加，同时还使土粒错位；剪切波的质点运动引起和波阵面方向正交的横向位移；瑞利波的质点运动则是由水平和竖向分量所组成。剪切波和瑞利波的水平分量使土颗粒间受剪，可使土得到密实。

对于位于均质各向同性弹性半空间表面上竖向振动的、均匀的圆形振源，由于瑞利波占来自竖向振动的总输入能量的2/3，以及瑞利波随距离的增加而衰减要比体波慢得多的这些事实，位于或接近地面的地基土，瑞利波的竖向分量起到松动的作用。

（4）在夯击能作用下孔隙水的变化机理。图3-5为土的渗透系数与液化度关系曲线。由图3-5不难看出，当液化度小于临界液化度 α_i 时，渗透系数比例随液化度线性增长，当它超出 α_i 时，渗透系数骤增，这时土体出现大量裂隙，形成良好的排水通道。这些排水面一般垂直于最小应力方向。由于夯击点成网络布置，夯击能相互叠加，所以在夯击点周围就产生了垂直破裂面，夯坑周围就出现冒气冒水现象。

随着孔隙水压力逐渐消失，土颗粒就重新组合，此时土中液体流动又恢复到正常状态，即符合达西定律。此外，当孔隙水压力低于侧向总应力时，排水面就闭合。

（5）强夯时间效应理论。饱和黏性土是

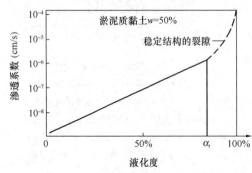

图3-5 土的渗透系数与液化度关系曲线

具有触变的。当强夯后土的结构被破坏时，强度几乎降到零（图3-6）。随着时间的推移，强度又逐渐恢复。这种触变强度的恢复称为时间效应。图3-6为土体在强夯以后第17天、31天和118天的十字板强度值。

总之，动力固结理论与静态固结理论相比，有如下的不同之处：①荷载与沉降的关系具有滞后效应；②由于土中气泡的存在，孔隙水具有压缩性；③土颗粒骨架的压缩模量在夯击过程中不断地改变，渗透系数也随时间变化。

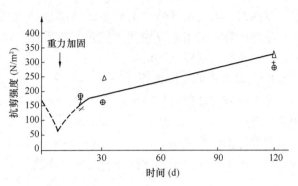

图3-6 地基土抗剪强度增长与时间关系

另外，研究工作表明，强夯作用所导致的砂性土的液化，能够降低地基在未来地震作用下的液化势。就是说，经过几次强夯液化后，虽然地基土的密度增加不多，但却能降低在未来地震作用下发生液化的可能性。

此外，Gambin认为：强夯法与一般固结理论不同之处在于前者应该将土体假设为非弹性、各向异性的、处于动态反映下的土体，应该区分饱和土与非饱和土；强夯作用下的加荷与卸荷（冲击荷载下）、土的应力应变曲线也是不同的，它表现明显的滞后效应。图3-7表示一般情况下的应力分布（预压荷载），图3-8则表示冲击荷载（强夯）作用下的应力分布。

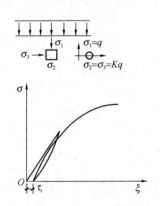

图3-7 静力荷载预压下的应力分布

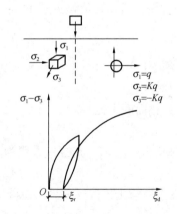

图3-8 冲击荷载作用下的应力分布

3. 黏性土加固机理

黏性土的特征是颗粒细、渗透系数小，并且有黏聚力，特别是湿陷性黄土，它在天然含水量时具有很高的黏聚力，因而强度很高、非饱和黏性土加固时，由于其黏聚力高，侧向地面不容易隆起，夯坑可以较深。其加固范围仅限于图3-2中的A区、B区，而D区常无影响。其A区的加固深度也较小，这是由于动应力难以破坏强度高的土结构。对于填土，由于固化黏聚力小，A区加固深度常较大。当土的含水量增高时，特别是饱和的粉土，土的固化黏聚力小，加固深度也较大。但此时应注意分遍夯击，每遍所用单位面积夯击能不能过大，限于加固区水中气泡被全部压缩，每遍过大的夯击能只能使侧面土隆起。对饱和度大的非饱和土，应注意加固后会转变为饱和土，如果需要继续加固，也应分遍夯击。

对高饱和土的深厚黏性土地基，当渗透系数很小（小于 $10^{-6}\,\mathrm{cm/s}$），由于渗透路径长，排水困难，采用强夯加固应慎重。当采取夯坑加填粒料，增设砂井等缩短排水距离时，也必须经过试验。

4. 无黏性土的加固机理

关于强夯法加固无黏性土，Scott 与 Pearce 曾用理想模型来预估地基土在强烈冲击作用下的反应。

对理想弹性非饱和土，Scott 和 Pearce 于 1975 年曾用理想模型来预估地基土在强烈冲击作用下的反应。他们把锤体视为集总质块 M，在冲击地面时，土体初始应力为

$$\sigma_0 = \rho c v \tag{3-4}$$

式中　σ_0——土体与锤接触面处的竖向初始应力；

　　　c——土体中的膨胀波速；

　　　v——落锤的冲击速度。

他们认为，地表的平均应力 σ 与平均沉降值 u 以及半径为 a 的范围接触面上的速度 $\dot{u}$ 有关，即

$$\pi a^2 \sigma = R\dot{u} + ku \tag{3-5}$$

式中　R——阻尼常数；

　　　k——弹簧常数，其值接近于 Boussinesq 法对静荷载所推导的公式，即

$$k = \frac{2aE}{1-\mu^2} \tag{3-6}$$

式中　μ——泊松比；

　　　E——弹性模量；

　　　a——接触面的半径。

$$R = 0.6\pi a^2 \rho c \tag{3-7}$$

从而，对某总质块 M，其减速方程为

$$-M\ddot{u} = R\ddot{u} + k\dot{u} \tag{3-8}$$

因此，在夯锤与土体接触面处，沉降 u 以及接触面处土体的平均应力 σ 分别为

$$u = \frac{v}{\omega}\mathrm{e}^{-(R/2M)t}\sin\omega t \tag{3-9}$$

和

$$\sigma = \frac{Sv}{\pi a^2 \omega}\mathrm{e}^{-\frac{R}{2M}t}\cos\left(\omega t - \cos^{-1}\frac{R\omega}{k}\right) \tag{3-10}$$

式中　ω——角频率。此角频率是将土体视为弹簧时，在锤与土体接触面处，且在考虑阻尼后锤体自由振动时共振下的角频率的修正值；ω^2 为 $\left(\dfrac{k}{M} - \dfrac{R^2}{4M^2}\right)$；

　　　v——落锤的冲击速度；

　　　M——落锤的质量。

这种形式的表面沉降，用图 3-9 中曲线 B 表示，而相应的表面应力，则用图 3-10 中的曲线 A 表示。

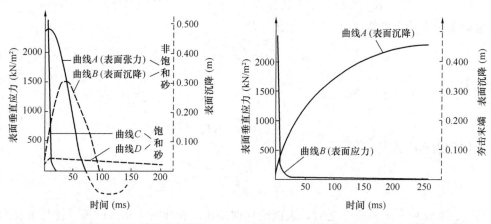

图 3-9 弹性模型锤底处的应力和沉降　　图 3-10 一维弹塑性介质模型夯击表面处的
应力和位移

关于夯锤冲击作用下弹塑性非饱和土地基土的反应，如果将土体视为三维的介质，则因为土体变形太大，以致侧面土的抗剪作用难以确定。但是，当冲击的动量矩很大时，夯锤将对上部的土层进行冲切，并且包含一个向下的被击实的土体材料。此时击实区是逐渐增大的，一般呈圆柱状，在计算时，可忽略击实区向侧面发展的那一部分。这样就可以按照一维衰减来考虑。

在冲击的一瞬间，由于锤与土体接触面处，地基土最初形变尚小时，土具有弹性的性质，由应力波的反应所产生的应力量级是上升的。当应力量级达到了某一量值 σ_L 时（此 σ_L 值为弹性极限值），在地基表面处的土颗粒将具有速度 v_s，并伴随着辐射应力波，此波将以接近于初始弹性体的地震膨胀波速 c，向下方传入土介质中。此波伴有压力波前，其轴向应力由式（3-11）给出，即

$$\sigma_L = \rho c v_s \tag{3-11}$$

应力波的辐射，几乎立刻就伴随表面土粒的进一步加速作用。以便使表面土层达到与重锤瞬间速度相同的值。

如果 Z 是稳态增长的击实材料前沿的瞬间位置，则作用在锤底表面处的减速应力将为

$$-m \frac{\mathrm{d}}{\mathrm{d}t}(\dot{u} - v_s) = \rho_c \frac{\mathrm{d}}{\mathrm{d}t}\left[(Z - u)\frac{\mathrm{d}}{\mathrm{d}t}(u - v_s t)\right] + \sigma_L \tag{3-12}$$

式中　m——$M/\pi a^2$ 值；

　　　ρ_c——击实密度。

距离 Z 值以及 u 值的关系可用式（3-13）表达，即

$$Z = k(u - v_s t) + v_s t \tag{3-13}$$

其中

$$k = \frac{\rho_c}{\rho_c - \rho}$$

此关系可用以消去 Z，其结果为

$$m = \frac{\mathrm{d}}{\mathrm{d}t}(\dot{u} - v) + k\rho\frac{\mathrm{d}}{\mathrm{d}t}\left[(u - v_s t)\frac{\mathrm{d}}{\mathrm{d}t}(v - v_s t)\right] + \sigma_L = 0 \qquad (3\text{-}14)$$

表面变位 u 值由解算式（3-14）得出，故

$$u = v_s t + \frac{m(F - 1)}{k\rho} \qquad (3\text{-}15)$$

其中

$$F = \left(1 + \frac{2k\rho}{m}t - \frac{\sigma_L}{m^2}t^2\right)^{\frac{1}{2}} \qquad (3\text{-}16)$$

土体的表面应力为：

$$\sigma = \frac{\sigma_L + k\rho(v - v_s)^2}{F^3} \qquad (3\text{-}17)$$

经过时间 $t = \frac{m(v - v_s)}{\sigma_L}$ 之后，表面运动即停止。在此时击实区的最终深度 h 值可用求算 $(Z - u)$ 的值得出

$$h = \frac{m}{\rho_0}\left\{\left[1 + \frac{k\rho(v - v_s)^2}{\sigma_L}\right]^{\frac{1}{2}} - 1\right\} \qquad (3\text{-}18)$$

以上是对无黏性土进行的理论分析，针对图 3-2 而言，无黏性土由于没有固化黏聚力，图 3-2 中的 A 区、B 区常较大，B 区显示压密作用急速减少。夯击时，夯坑容易塌陷，提锤不会握裹，夯坑深度可较大，故总加固深度常较大。同时振动作用可使 D 区振密（或松动），可加大加固区深度并可引起周围土震陷场地发生环裂，引起邻近建筑下沉。密砂在覆盖压力小时可能变松，松砂则变密。

3.2.2 微观机理

微观机理是研究土的颗粒形状、大小、排列、矿构成分、土粒连接、孔隙等特征及它们与土体强度、变形、渗透性的关系，对宏观现象的认识更为本质和深刻。

奥尔森（Olseh）的研究表明土体渗透性的变化可以反映土体结构的变化。根据 Kozeny-Carman 方程

$$k = \frac{1}{k_0 s^2}\left(\frac{e^3}{1 + e}\right) \qquad (3\text{-}19)$$

得出

$$k_0 s^2 = \frac{1}{k}\left(\frac{e^3}{1 + e}\right) \qquad (3\text{-}20)$$

式中　k——绝对渗透系数；

　　k_0——取决于土体中孔隙的形状以及实际水流路径与土层厚度的比值；

　　s——土颗粒的比表面积；

　　e——天然孔隙比。

奥尔森已经说明了 $k_0 s^2$ 这一项对于土颗粒排列是一个很好的量测指标，换句话说，就是土体中颗粒排列越接近于平行，可用于水流通过的平均孔隙就越小，水流的弯曲程度就越大，因而渗透系数就越小，$k_0 s^2$ 就越大。

下面简单介绍一下潞城山西化肥厂经 6250kN·m 能级强夯后土的微观结构研究成

果，以便我们更好地认识强夯后土的微观机理。图 3-11（a）、（b）为强夯前后的渗透系数 k 和 k_0s^2 沿深度的变化。从图 3-11（a）可以看出，夯击后土颗粒排列的平行度在深度 9m 内有增加，7m 内有显著增加，增加的幅度沿深度递减。

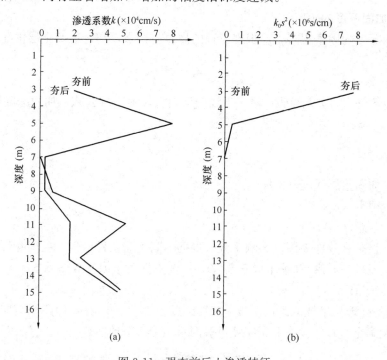

图 3-11　强夯前后土渗透特征

（a）强夯前后渗透系数沿深度的变化；（b）强夯前后土 k_0s^2 沿深度的变化

通过对夯后潞城黄土的观察分析，可以总结如下：

（1）强夯使至少深度 11m 内的土结构发生了明显的变化。在深度 9m 以内，夯后的土颗粒重新排列成比夯前更为密实的状态；土粒排列的平行度有了不同程度的增强，离地表越近，增强的程度越高，见图 3-2 中的主压区 A 区。在深度 10～13m，夯后的土体结构比夯前显得松散，见图 3-2 中的次压实区 B 区。

（2）以上这些颗粒排列的情况与强夯前后的渗透系数和 k_0s^2 的变化吻合程度相当好，这说明了渗透系数和 k_0s^2 是衡量强夯前后黄土中颗粒排列平行程度和密实度的很好的指标。

（3）在加固效果最好、夯后深度 3～7m 的土体中出现了较小的土颗粒沿大颗粒环向平行排列而形成的漩涡状结构。这种漩涡状结构是夯后其他各段土体中所没有的，而夯后土体的工程力学性质得到显著改善的根本原因就在于这种微结构的存在。

（4）强夯前后土体中各类孔隙相对数量的变化说明，强夯后得到加固的土体，其原来的特大孔隙经夯击后消除了，大孔隙和小孔隙经夯击后减少。夯后工程力学性质变得差一点的那段土体，其孔径大于 $50\mu m$ 的特大孔隙和大孔隙在夯后增加了。潞城黄土中的孔隙特别是孔径大于 $5\mu m$ 的前 3 类孔隙与土体的物理力学性质之间的关系如此密切，这反映了土中孔隙是影响黄土工程力学性质的主要因素之一，此外，也可作为检验强夯加固效果好坏的一个重要指标。

3.3 设计计算——强夯参数的确定及确定原则

3.3.1 加固深度的确定

影响加固深度的因素很多，应根据工程的规模与特点，结合地基土层情况，来确定强夯处理深度。

1. 公式计算

根据我国各单位的实践经验，修正了法国梅纳最初提出的公式，加固深度按式（3-21）计算：

$$H = k\sqrt{\frac{Wh}{10}} \tag{3-21}$$

式中 H——加固土层深度（m）；

W——锤重（kN）；

h——落距（m）；

k——强夯有效加固深度影响系数（根据不同土质条件取值：一般黏性土、砂土取 0.45～0.6；高填土取 0.6～0.8；湿陷性黄土取 0.34～0.5）。

2. 经验统计值

《建筑地基处理技术规范》JGJ 79—2012 规定，强夯法的有效加固深度应根据现场试夯或当地经验确定，在缺少试验资料或经验时可按表 3-1 预估。

强夯法的有效加固深度（m） 表 3-1

单击夯击能（kN·m）	碎石土、砂土等粗颗粒土	粉土、黏性土、湿陷性黄土等细粒土	单击夯击能（kN·m）	碎石土、砂土等粗颗粒土	粉土、黏性土、湿陷性黄土等细粒土
1000	5.0～6.0	4.0～5.0	5000	9.0～9.5	8.0～8.5
2000	6.0～7.0	5.0～6.0	6000	9.5～10.0	8.5～9.0
3000	7.0～6.0	6.0～7.0	8000	10.0～10.5	9.0～9.5
4000	8.0～9.0	7.0～8.0			

注：强夯法的有效加固深度应从起夯面算起。

3. 现场试夯

按式（3-6）与表 3-2 初步确定强夯的有效加固深度与夯击功能的关系，选用强夯的重锤与落距，最终以现场试夯为准。

4. 影响 k 值的因素研究

（1）单位面积上施加的总夯击能（不包括满夯）及遍数

增大单位面积夯击能不仅增大了加固深度，也增大了上层强度，与饱和土固结理论一致。对饱和黏性土及含水量大的湿陷性黄土，增加夯击遍数，不仅逐遍增大土的强度及密实度，也增大有效加固深度。但含水量大的非饱和土第 1 遍的夯击效果大，遍数可较少，而分遍夯的效果不及饱和土分遍夯作用显著。

（2）土本身结构强度影响

从有效加固深度影响系数的比较可知，填土最大，一般黏性土、砂土次之，黄土较小，与这些土的结构强度相反，结构强度大的土 k 值小。

（3）锤底面积

当单击夯击能相同时，锤底面积大，则锤底动应力大，夯坑浅，因分布面积大，衰减慢，锤底影响深度大。当锤底面积小时，锤底动应力小，夯坑深，因分布面积小，衰减快，锤底影响深度小。

（4）混凝土锤与铸铁锤对比

夯击时，混凝土锤由于重心较高，接地不稳，冲击后夯坑开口较大，夯坑较深，坑侧壁摩擦小。铸铁锤落地稳，夯坑开口较小，夯坑较深后侧壁摩阻大，且夯坑塌土容易堆在锤顶，堵塞气孔而引起提锤困难，两者加固作用相差不大。

（5）土层分布影响

一些工程实测表明，当土层上层较下层硬，或中间层有薄层硬层的下部软弱土，其下部软弱土加固效果较差，尤其下部软弱土分布深时加固效果差。

3.3.2 单位面积夯击能

1. 总单位面积夯击能

单击夯击能为夯锤重 W 与落距 h 的乘积。锤重和落距越大，加固效果越好。整个加固场地的总夯能量（即锤重×落距×总夯击数）除以加固面积称为总单位面积夯击能。强夯的总单位面积夯击能应根据地基土类别、结构类型、荷载大小和要求处理的深度等综合考虑，并可通过试验确定。在一般情况下，对粗颗粒土可取 $1000 \sim 3000 \text{kN} \cdot \text{m/m}^2$，对细颗粒土可取 $1500 \sim 4000 \text{kN} \cdot \text{m/m}^2$。

强夯加固地基似乎有一个加固深度或密实度的极限值，加固极限使强夯加固时也相应有一总极限单位面积夯击能（或称饱和夯击能），它不仅与土类型有关，还与加固深度有关，当加固深度大时，采用的单击能大，锤底面积大，总极限单位面积夯击能也大。

2. 每遍单位面积夯击能

对饱和土需要分遍夯击，这是因为每一遍夯击也存在一极限夯击能，根据 Menard 饱和土夯击时液化，孔隙水压力升高的观点，人们大都认为（理论上），每遍极限夯击能为地基中孔隙水压力到达土的自重应力时的夯击能，此时土已液化，称之为每遍最佳夯击能或饱和夯击能。单遍夯击饱和夯击能（或其夯击数）可通过相似工程类比决定或根据以下3 条原则之一通过试夯决定。

（1）坑侧不隆起（包括不向夯坑内挤出），或每击隆起量小于每击夯沉量，这表明土仍可挤压。

（2）夯坑不得过深，以免造成提锤困难，为增大加固深度，必要时在夯坑内加填粗粒料，形成土塞，增加锤击数。

（3）每击夯沉量不得过小，过小无加固作用。

3.3.3 孔隙水压力增长和消散规律

测定孔隙水压力的意义为：①研究加固机理，了解土体动力固结时孔隙水压力增长、消散与固结的关系；②研究加固深度和范围；③确定两遍夯击的间歇时间。

1. 孔隙水压力的增长特征

依据实测可知，对不同类型土，孔隙水压力的产生、增长、消散规律是不同的。

在黏性土中由于土的透水性差，在夯次间歇时间内，孔隙水压力来不及消散，孔隙水压力逐次增长，并趋于稳定值，表示锤底主压实区已形成。增加夯次，或使土隆起，或使主压实区下移，已不增加锤底主压实区的挤压力和范围，只要夯坑不隆起，加固仍有效。

在砂土中，孔隙水压力往往经一二锤即达最大值，以后也不累积增长，而是在二击间歇期消散。

在非饱和黄土中，在介绍机理时已说明强夯时结合水可转化为自由水，产生渗流及孔隙水压力。根据山西化肥厂实测，孔隙水压力滞后产生，在单点夯中滞后4天，群夯中滞后6天达到最大值。

2. 孔隙水压力的消散特征

(1) 与土的类别有关，砂土渗透系数大，一般2～3h即可消散完，黏性土渗透差，一般需1周以上。

(2) 与周围排水条件有关。在单点夯中，土体周围侧面均可排水，孔隙水压力消散快，在群夯中，只能上下排水，孔隙水压力消散慢，如太原面粉二厂强夯，单点夯12h消散，群夯8天以上只消散90%，山西化肥厂群夯消散需1个月，夯坑填砂，加打砂井，排水纸板可缩短排水时间。

3. 分遍的间隔时间

根据上述孔隙水压力的消散特征，分遍的间隔时间为：对非饱和土，透水性好的砂土可连续夯击；一般透水性较好的黏性土为1～2周，透水性差的黏性土、淤泥质土为不少于3～4周。

3.3.4 夯点间距与分遍

1. 夯点间距

由前述加固机理的介绍可知，主要压实区是夯坑底下 $(1.5～2)D$（其中 D 为锤底直径），侧面至坑心计起 $(1.3～1.7)D$，考虑加固区的搭接，夯点间距一般取 $(1.7～2.5)D$，密实度要求高时，取较小值；反之取大值。

2. 夯点布置

为有效加固深层土，加大土的密实度，强夯常需分遍夯击。为便于说明，将不同时间夯击的夯点称为批。将同一批夯点间隔一定时间夯击称为遍。图3-12所示为常用的夯点布置，其中图3-12（a）为一批方格布置，适用于地下水位深、含水量低、场地不容易隆起的土；图3-12（b）、（c）为二批布置，适用于加固一般饱和土，夯击时场地易隆起及夯坑容易涌土时。图3-12（b）为梅花点布置，多用于要求加固土干密度大时，如清除液化；图3-12（d）为三批方格布置，适用于软弱的淤泥、泥炭土和场地隆起时。

对单层厂房和多层建筑，可沿柱列线布置，每个基础或纵横墙交叉点至少布置一个夯点，并应对称。故常采用等边三角形、等腰三角形布置。

3. 夯击次数

强夯处理范围应大于建筑物基础范围，每边超出基础外缘的宽度，宜为基底下处理深度 H 的 $1/3～1/2$，并不宜小于3m。

夯点的夯击次数，应按现场试夯得到的夯击次数和夯沉量关系确定，并应同时满足下列条件：①最后两击的平均夯沉量不宜大于下列数值：当单击夯击能小于4000kN·m时

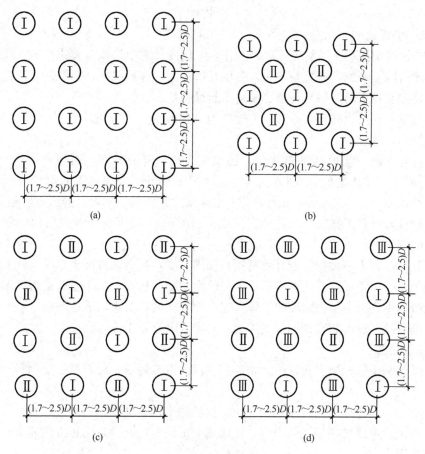

图 3-12　夯点布置

(a) 一批方格布置；(b) 二批梅花布置；(c) 二批方格布置；(d) 三批方格布置

为 50mm；当单击夯击能为 4000～6000kN·m 时为 100mm；当单击夯击能大于6000kN·m时为 200mm。②夯坑周围地面不应发生过大的隆起。③不因夯坑过深而发生提锤困难。

4. 夯点分遍

当需要逐遍加密饱和土或高含水量土以加大土的密实度，或夯坑要求较深，起锤困难，加料时对每一夯点需分遍夯击，以使孔隙水压力消散。各批夯点的遍数累计加上满夯组成总的夯击遍数。一般每个夯点夯击 1～3 遍。根据试验，第二批、第三批夯点，特别是梅花点的夯击遍数可比第一批夯点减少遍数，这时可增大或不增大其每遍的击数。对于软弱土，每批夯点需分遍时的第一遍击数，常以控制场地隆起，起锤困难设定击数，一般选用 5～10 击而无需控制夯沉量。对每一夯点的最后一遍，为使场地均匀有效压密，可以用最后两击的平均贯入度来控制，其值可经试夯根据检验的加固效果，确定适当值，以控制大面积施工。

5. 满夯

满夯的作用是加固表层，即加固单夯点间未压密土，深层加固时的坑侧松土及整平夯坑填土，需加固深度可达 3～5m 或更大，故满夯单击能可选用 500～1000kN·m 或更大，布点选用一夯挨一夯交错相切或一夯压半夯，每点击数 5～10 击，并控制最后二击夯沉量，宜小于 3～5cm。

3.3.5 夯锤

（1）夯锤可用混凝土及铸钢（铁）制作，它们的加固效果没有大的差别。混凝土锤重心较高，冲击后晃动大，夯坑易塌土，夯坑开口较大，容易起锤，容易损坏。铸钢锤则相反，特别是夯坑较深时，塌土锤顶容易造成起锤困难。

（2）夯锤形状可为圆形、方形。方锤落地方位改变，与夯坑形状不一致，影响效果。圆形无此弊病，故现多用圆锤。

（3）锤底面积一般根据锤重决定，锤重为 100～250kN 时，可取锤底静压力 25～40kPa。细粒土，单击能低，宜取较小值。细粒土、黄土，单击能高宜取较大值。以上适用于单击夯击能小于 8000kN·m 时，若夯击能加大，锤重应加大，静压力值相应加大。

（4）夯锤宜设若干排气孔，孔径宜取 250～500mm，孔径过小容易堵孔，丧失作用。

3.3.6 起夯面

为使强夯加密土不被挖除，有效利用其加固深度，起夯面可高于基底或低于基底。高于基底是预留一压实高度，使夯实后表面与基底为同一标高。低于基底是当要求加固深度加大，能级达不到所需加固深度时，降低起夯面。在满夯时再回填至基底以上，使满夯后与基底标高一致，这时满夯加固深度加大，需增大满夯单击能。

3.3.7 垫层

对软弱饱和土或地下水很浅时，常需在表面铺设砂砾石，碎石垫层厚 0.5～1.5m，其作用如下：

（1）形成一覆盖压力，减少坑侧隆起，使坑侧土得到加固。

（2）夯击后形成坑底易透水土塞，从而增大加固深度，并可防止夯坑涌土，有利于坑底土孔隙水压力消散。

（3）利于施工机械行走。

3.3.8 强夯时的场地变形及振动影响

强夯的巨大冲击能可使夯击区附近的场地下沉和隆起，并以冲击波向外传播，使附近的场地振动，从而使建筑物振动，危害建筑物及人的身心健康，因此强夯对建筑物的影响，可以分为场地变形及振动两个方面。

1. 强夯的场地变形

强夯引起的场地变形可以分为沉陷、隆起及震陷。

（1）强夯时夯坑附近的地表变形（沉陷、隆起）随土质、土的含水量差异不同。在饱和软土中，夯坑附近将隆起；在黄土中则与含水量有关，含水量大时的开始几击，夯坑浅时地表有几毫米的隆起及外移，随后转为下沉及产生向坑心的位移；对砂土、灰渣等松散土则主要引起沉降。

（2）强夯震陷对建筑的影响。在黏性土中，特别是黄土中，距夯坑 5m 外的场地位移变形不大，建筑物不受振动影响，不产生震陷。而在灰渣地基中，距夯坑 50m 处也有 4mm 的沉降，即振动引起的震陷比较均匀，这在强夯方案选择时应予考虑。

2. 强夯场地振动对建筑物影响

（1）强夯振动的特征。强夯为一点振源，两击间隔几分钟以上，为一自由振动，与地震影响不同。

强夯时地面振动的周期随土质不同而变化，一般为 $0.04 \sim 0.2s$，常见为 $0.08 \sim 0.12s$，土质松软振动周期长，土质坚硬振动周期短，并随与振源的距离增大而增长，与爆破振动相似。

强夯时随着夯击遍数增加，场地得到加固，振动振幅加大。

强夯的振动幅值随与夯点距离增大而急剧衰减，幅值均在 $10 \sim 15m$ 范围内急剧衰减。

（2）强夯振动对建筑物的影响。由上述强夯的振动特征可知，强夯引起的振动与地震显著不同，因此危害也不同。一般认为，强夯振动对建筑物的危害与爆破相当，危害判别标准现在很不统一，有的以爆破地震烈度表控制；有的以地表振动速度控制；有的建议以加速度控制，控制值也相差很大。

3. 强夯振动、噪声对人的影响

强夯时产生振动与噪声，对人的生理、心理均产生影响，垂直振动、水平振动随着楼层增高而增大，故高层的住户感觉振动大。对强夯时室外噪声的测试表明，60m 外噪声仍超出国家规定。

3.4 施工工艺及施工要点

为使强夯加固地基得到预想的加固效果，正确适宜地组织施工，加强施工管理非常重要。地质多变及强夯设计参数的经验性，甚至气象条件也可影响施工，因此需要调整施工工艺。下边简要介绍施工中的一些要点：

（1）编制施工组织与管理计划。为此应熟悉工程概况；了解设计意图、目标，建设单位的工期要求；调查场地的工程地质条件、施工环境（包括对周围的危险及干扰）；了解砂石料来源价格等，然后编制施工方案、施工进度计划、概预算及施工中应采取的措施。

（2）在了解研究强夯设计意图及设计方案的基础上，提出意见，使方案更趋完善合理。

（3）施工机具。

1）吊车。采用单缆起吊，吊车起重量应为锤重的 3 倍以上，此法施工效率高，但需大吨位吊车，国外已设计了各种强夯专用吊车。

采用多缆起吊可使用小型吊车，但需采用自动脱钩装置，这时吊车起重量应大于锤重的 1.5 倍，为了实现小吊车大能级的强夯，许多部门还增设龙门架以支撑稳定吊臂或以缆绳稳定吊臂。

2）夯锤。夯锤可采用铸钢（铸铁）锤，外包钢板的混凝土锤。铸钢锤可制作为组合式，以便调整锤重。

排气孔：气孔小，下落阻力大，入坑时产生气垫，影响夯击效果。且容易堵孔，清孔难，起锤困难，因此气孔不宜过小。

3）自动脱钩装置。当起重机将夯锤吊至设计高度时，要求夯锤自动脱钩，使夯锤自由下落夯击地基。

自动脱钩装置有 2 种：一种是利用吊车副卷扬机的钢丝绳，吊起特制的焊合件，使锤脱钩下落；另一种是采用定高度自动脱锤索，效果良好。

4）辅助机械。辅助机械包括推土机、碾压机等。

（4）强夯施工可按下列步骤进行：

1）清理并平整施工场地。

2）标出第一遍夯点位置，并测量场地高程。

3）起重机就位，使夯锤对准夯点位置。

4）测量夯前锤顶高程。

5）将夯锤起吊到预定高度，待夯锤脱钩自由下落后放下吊钩，测量。

6）重复步骤5），按设计规定的夯击次数及控制标准，完成一个夯点的夯击。

7）重复步骤3）～6），完成第一遍全部夯点的夯击。

8）用推土机将夯坑填平，并测量夯后场地高程。

9）在规定的间隔时间后，按上述步骤逐次完成全部夯击遍数最后用低能量满夯两遍，将场地表层松土夯实，并测量夯后场地高程。

（5）夯击过程的记录及数据。

1）每个夯点的每击夯沉量、夯击深度、开口大小、夯坑体积、填料量都必须记录。

2）场地隆起，下沉记录，特别是邻近有建筑物时。

3）每遍夯后场地的夯沉量、填料量记录。

4）附近建筑物的变形监测。

5）孔隙水压力增长、消散监测，每遍或每批夯点的加固效果检测，为避免时效的影响，最有效的是检验干密度。此外为静力触探，以及时了解加固效果。

6）满夯前根据设计基底标高，考虑夯沉预留量并整平场地，使满夯后接近设计标高。

（6）对每个夯点的最后一遍夯击及满夯，应控制最后二击的贯入度符合设计或试验要求值。

（7）强夯施工中应特别注意的几个问题。

1）为了使强夯后的地表达到设计基底标高，强夯常推掉一层表土在基坑内进行，这时应防止雨水流入基坑，强夯场地也应保持平整，不使雨水汇入低凹处，因为即使降雨100mm，也仅使雨过地皮湿，不影响强夯，但集中汇聚于一处，将使表层或局部地区含水量过大，造成翻浆难以解决，导致强夯施工困难，这时需挖除或填料。

2）当现场地表土软弱或地下水位较高，夯坑底积水影响施工时，宜采用人工降低地下水位或铺填一定厚度的松散性材料，使地下水位低于坑底面以下2m。坑内或场地积水应及时排除。

3）强夯施工前，应查明场地范围内的地下构筑物和地下管线的位置及标高等，并采取必要的措施，以免强夯施工对其造成损坏。当强夯施工所产生的振动，对邻近建筑物或设备产生有害的影响时，应采取防振或隔振措施。

4）在饱和软弱土地基上施工，应保证吊车的稳定，因此有一定厚度的砂砾石、矿渣等粗粒料垫层是必要的。这应根据需要设置，粗粒料粒径不应大于10cm，也不宜用粉细砂。在液化砂基中强夯，为防止夯坑涌砂流土，宜用碎石、卵石等填料而不宜用砂。

5）注意吊车、夯锤附近人员的安全。为防止飞石伤人，吊车驾驶室应加防护网，起锤后，人员应在10m以外并戴安全帽，严禁在吊臂前站立。

3.5 效 果 检 验

为了对强夯过的场地做出加固效果的评价，检验是否满足设计的预期目标，强夯后的检测是必须进行的项目。

(1) 检验的数量应根据场地的复杂程度和建筑物的重要性确定，在简单场地上的一般建筑物，每个建筑物地基不少于 3 处。对复杂场地应根据场地变化类型，每个类型不少于 3 处。强夯面积超过 1000m² 时，每增加 1000m²，应增加 1 处。

(2) 强夯检验的项目和方法。对于一般工程，应用两种或两种以上方法综合检验，如室内土工试验测定处理后土体的物理力学指标、现场十字板剪切试验、动力触探试验、静力触探试验、旁压试验、波速试验和载荷试验；对于重要工程，应增加检验项目，必须做现场大型载荷试验；对液化场地，应做标贯试验。检验深度应超过设计处理深度。

(3) 强夯检验应在场地施工完成经时效后进行。对粗粒土地基，应充分使孔隙水压力消散，一般间隔时间可取 1~2 周；对饱和细粒粉土、黏性土则需孔隙水压力消散、土触变恢复后进行，一般需 3~4 周。由于孔隙水压力消散后土体积变化不大，取土检验孔隙比及干密度比较准确。土触变尚未完全恢复容易重受扰动，故动力触探振动容易引起对探杆的握裹力，常使测值偏大。一般说静力触探效果较好，可作为主要的使用方法。越深层，触变恢复及固结的时间越长，10~15m 深度范围夯击 3 个月以后其触变仍显著增长，浅层由于夯坑填砂而迅速稳定。

(4) 强夯场地地表夯击过程中标高变化较大，勘察检验时需认真测定孔口标高，换算为统一高程，以便于夯前夯后测定成果对比。

复 习 与 思 考 题

3-1 试述强夯法加固地基的机理。

3-2 强夯时为减少对周围邻近建筑物的振动影响，在夯区周围常采用何种措施？

3-3 什么是最佳夯击能？如何确定在黏性土及无黏性土地基中进行强夯施工的最佳夯击能？

3-4 在砂性土地基与黏性土地基中进行强夯施工，各遍间的间歇时间有何不同？

第4章 预 压 法

4.1 概　述

预压法又称排水固结（Drainage Consolidation）法，指直接在天然地基或在设置有袋装砂井（Packed Sand Drain）、塑料排水带（Prefabricated Vertical Drain，PVD）等竖向排水体的地基上，利用建筑物自重分级加载或在建筑物建造前对场地先行加载预压，使土体中孔隙水排出，提前完成土体固结沉降，逐步增加地基强度的一种软土地基加固方法。

预压法由加压系统和排水系统两部分组成。加压系统通过预先对地基施加荷载，使地基中的孔隙水产生压力差，从饱和地基中自然排出，进而使土体固结；排水系统则通过改变地基原有的排水边界条件，增加孔隙水排出的途径，缩短排水距离，使地基在预压期间尽快完成设计要求的沉降量，并及时提高地基土强度。排水固结系统如图4-1所示。

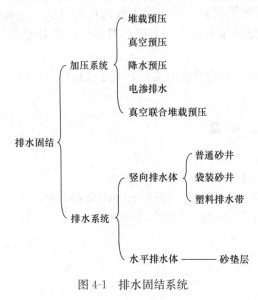

图 4-1　排水固结系统

加压系统的选取取决于预压的目的，如果预压是为了减小建筑物的沉降，通常采用预先堆载加压，使地基沉降产生在建筑物建造之前；但若预压的目的主要是增加地基强度，则一般采用自重加压，即放慢施工速度或增加土的排水速率，使地基强度增长与建筑物自重的增加相适应。

排水系统由水平排水垫层和竖向排水体构成。当软土层较薄或土的渗透性较好而施工期允许较长，可仅在地面铺设一定厚度的砂垫层，然后加载。当工程上遇到透水性很差的深厚软土层，可在地基中设置砂井等竖向排水体，地面铺以排水砂垫层，构成排水系统，加快土体固结。

预压法适用于处理淤泥质土、淤泥及冲填土等饱和黏性土地基。对于砂土和粉土，因透水性良好，无需用砂井排水固结处理地基。砂井法特别适用于含水平夹砂或粉砂层的饱和软土地基。对于泥炭及透水性极小的流塑状态饱和软土，在很小的荷载作用下，地基土就出现较大的剪切蠕变，排水固结效果差，不宜只用砂井法。砂井法只能加速主固结而不能减少次固结，克服次固结可利用超载的方法。真空预压法适用于能在加固区形成（包括采取措施后形成）负压边界条件的软土地基；对塑性指数大于25且含水量大于85%的淤泥，应通过现场试验确定其适用性；加固土层上覆盖有厚度大于5m以上的回填土或承载力较高的黏性土层时，不宜采用真空预压加固。降低地下水位、真空预压和电渗法由于不增加剪应力，地基不会产生剪切破坏，所以它们适用于很软弱的黏土地基。

采用预压法加固地基，除了要有砂井（袋装砂井或塑料排水带）的施工机械和材料外，还必须要有：①预压荷载；②预压时间；③适用的土类等条件。预压荷载是其中的关键问题，因为施加预压荷载后才能引起地基土的排水固结。然而施加一个与建筑物相等的荷载并非轻而易举的事，许多工程因无条件施加预压荷载而放弃采用砂井预压处理地基转而采用真空预压、降水预压及电渗排水等加固措施。

4.2　预压法加固机理

由土力学可知，土在某一荷载作用下，孔隙水逐渐排出，土体随之压缩，土体的密实度和强度随时间逐步增长，这一过程称之为土的固结过程，即孔隙水压力消散、有效应力增长的过程。

假定地基内某点的总应力为 σ，有效应力为 σ'，孔隙水压力为 u，则三者遵循有效应力原理，它们的关系为

$$\sigma = \sigma' + u \tag{4-1}$$

此时固结度 U 表示为

$$U = \frac{\sigma'}{\sigma} = \frac{\sigma - u}{\sigma} = 1 - \frac{u}{\sigma} \tag{4-2}$$

则加荷后土的固结过程表示为

　　$t=0$ 时，$u=\sigma$，$\sigma'=0$，$U=0$

　　$0<t<\infty$ 时，$\sigma'+u=\sigma$，$0<U<1$

　　$t=\infty$ 时，$u=0$，$\sigma'=\sigma$，$U=1$

预压法就是利用排水固结规律，通过加压系统和排水系统改变地基应力场中的总应力 σ 和孔隙水压力 u 来达到增大有效应力、压缩土层的目的。

4.2.1　堆载预压加固机理

堆载预压（Preloading with Surcharge of Fill）是指先在地基中设置砂井、塑料排水带等竖向排水体，然后利用建筑物本身重量分级逐渐加载，或建筑物建造前，在场地先行加载预压，使土体中的孔隙水缓慢排出，土层逐渐固结，地基发生沉降，同时强度逐步提高的过程。

堆载预压的加固机理可用图 4-2 来说明。图 4-2 为地基土室内压缩曲线，土样的天然状态为曲线上 a 点，其孔隙比为 e_0，天然固结压力 σ'_0。在外加荷载 $\Delta\sigma'$（$\Delta\sigma' = \sigma'_1 - \sigma'_0$）作用下变化到 c 点，孔隙比为 e_1，减

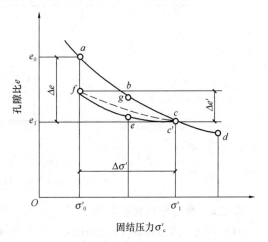

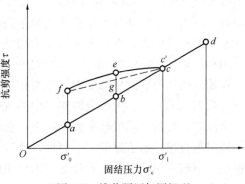

图 4-2　堆载预压加固机理

少了 Δe，曲线 abc 为压缩曲线。与此同时，抗剪强度与固结压力成比例地由 a 点提高到 c 点。如此时卸荷，则土样膨胀，图中 cef 曲线为卸荷膨胀曲线。如从 f 点再加压 $\Delta\sigma'$，土样再压缩，沿虚线变化到 c'，其相应的强度包络线如图 4-2 所示。从再压缩曲线 fgc' 可清楚地看出，固结压力同样从 σ'_u 增加 $\Delta\sigma'$，而孔隙比减少值为 $\Delta e'$，$\Delta e'$ 比 Δe 小得多。这说明，如在建筑场地先加一个等于上部建筑物自重的压力进行预压，使土层固结（相当于压缩曲线上从 a 点变化到 c 点），然后卸除荷载（相当于膨胀曲线由 c 点变化到 f 点）再造建筑物（相当于在压缩曲线上从 f 点变化到 c' 点），这样，建筑物引起的沉降即可大大减小。如果预压荷载大于建筑物荷载，则效果更好。因为经过超载预压，当土层的固结压力大于使用荷载下的固结压力时，原来的正常固结黏土处于超固结状态，而使土层在使用荷载作用下的变形大为减少。

必须指出，地基土层的排水固结效果除与预压荷载有关外，还与排水边界条件密切相关。根据太沙基一维固结理论，$t=(T_v/C_v)H^2$，即黏性土地基达到一定固结度所需时间与其最大排水距离的平方成正比。当地基的固结土层较厚或者渗透途径较长时，达到设计要求的固结度所需要的时间长达几年甚至几十年之久。为了加速固结，最有效的办法是在天然土层中增加排水途径、缩短排水距离。如图 4-3 所示，在天然地基中设置竖向排水体来增加排水途径、缩短排水距离是加速地基排水固结行之有效的方法。

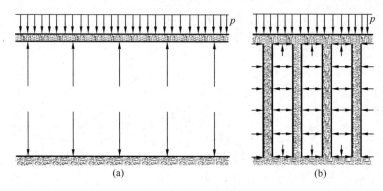

图 4-3 排水法原理

（a）竖向排水情况；（b）砂井地基排水情况

4.2.2 真空预压加固机理

真空预压（Vacuum Preloading）指在软土地基中打设竖向排水体后，在地面铺设排水用砂垫层（Sand Cushion）和抽气管线，然后在砂垫层上铺设不透气的封闭膜使其与大气隔绝，再用真空泵抽气，使排水系统维持较高的真空度，利用大气压力作为预压荷载，增加地基的有效应力，以利于土体排水固结。

用真空预压法加固软土地基时，在地基上施加的不是实际重物，而是把大气作为荷载。

在抽气前，薄膜内外都受大气压力作用，土体孔隙中的气体与地下水面以上都处于大气压力状态。抽气后，薄膜内砂垫层中的气体首先被抽出，其压力逐渐下降，薄膜内外形成一个压差，使封闭膜紧贴于砂垫层上，这个压差称为"真空度"。砂垫层中形成的真空度，通过垂直排水通道逐渐向下延伸，同时真空度又由垂直排水通道向其四周的土体传递与扩展，引起土中孔隙水压力降低，形成负的超静孔隙水压力。所谓负的是指形成的孔隙水压力小于原大气状态下的孔隙水压力，其增量值是负的。从而使土体孔隙中的气和水由

46

土体向垂直排水通道渗流，最后由垂直排水通道汇至地表砂垫层中被泵抽出（图4-4）。

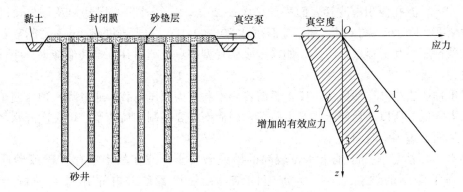

图 4-4　真空预压加固机理
1—总应力线；2—原来水压线；3—降低后的水压线

在堆载排水预压法中，虽然也是土体孔隙中的水向垂直排水通道中汇集，然而二者引起土中的水发生渗流的原因却有本质的不同。真空排水预压法是在不施加外荷载的前提下，以降低垂直排水通道中的孔隙水压力，使之小于土中原有的孔隙水压力，形成渗流所需的水力梯度；而堆载排水预压法却是通过施加外荷载，增加总应力，增加土中孔隙水压力，并使之超过垂直排水通道中的孔隙水压力，使土中的水向垂直排水通道中汇流。

真空预压适用于均质黏性土及含薄粉砂夹层黏性土等，尤其适用于新吹填土地基的加固。对于在加固范围内有足够补给水源的透水层，而又没有采取隔断措施时，不宜采用该法。

该法具有不需大量堆载材料，不需分级加压，可以在很软的地基上使用以及工期较短等优点；缺点是工序复杂，工程费用较高，预压效果受到一定局限，预压区周边效果相对较差，同时由于真空抽水最大高度为10m，淤泥层厚度小于8m时预压效果较好，但厚度大于8m时则有所减弱，厚度越大则越明显，当淤泥中存在砂层时四周需增设密封墙。

4.2.3　降水预压加固机理

降水预压是借助于井点抽水降低地下水位，以增加土的有效自重应力，从而达到预压的目的。

井点降水一般是先用高压射水将井管外径为38～50mm、下端具有长约1.7m的滤管沉到所需深度，并将井管顶部用管路与真空泵相连，借助真空泵吸力使地下水位下降，形成漏斗状的水位线，如图4-5所示。

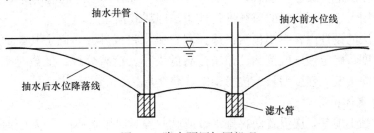

图 4-5　降水预压加固机理

井点间距视土质而定，一般为 0.8～2.0m，井点可按实际情况进行布置。滤管长度一般取 1～2m，滤孔面积占滤管表面积的 20%～25%，滤管外包两层滤网及棕皮，以防止滤管被堵塞。降水 5～6m 时，预压荷载可达 50～60kPa，相当于堆高 3m 左右的砂石，相对于堆载预压，其工程量小得多。如采用多层轻型井点或喷射井点等其他降水方法，则其效果更为显著。

降水预压法与真空预压法一样，不需要用堆载作为预压荷载，通过降水预压使土中孔隙水压力降低，所以不会使土体发生破坏，因而不需要控制加荷速率，可一次降水至预定深度，从而缩短固结时间。

降水预压法最适用于地下水位较高的砂或砂质土，或在软土中存在砂或砂质土的情况。对于深厚的软黏土层，为加速固结，往往设置砂井并采用井点法降低地下水位。

4.2.4　电渗预压加固机理

电渗预压加固（Electro-Osmosis Stabilization）是在土中插入金属电极并通以直流电，由于直流电场作用，土中的水分从阳极流向阴极，将水在阴极排出且无补充水源的情况下，引起土层的压缩固结。电渗预压与降水预压一样，是在总应力不变的情况下，通过减小孔隙水压力来增加土的有效应力作为固结压力，所以不需要用堆载作为预压荷载，也不会使土体发生破坏。

在饱和粉土或粉质黏土地基、正常固结黏土及孔隙水电解浓度低的情况下，应用电渗预压法是既经济而又有效的。在工程上主要用于降低饱和黏土中的含水量或地下水位，提高土坡或基坑边坡的稳定性，联合堆载预压法加速饱和黏土地基的固结沉降，提高强度等。

4.3　预压法的设计与计算

预压法的设计，实质上是根据上部结构荷载的大小、地基土的性质及工期要求合理安排加压系统与排水系统，使地基在预压过程中快速排水固结，缩短预压时间，从而减小建筑物在使用期间的沉降量和不均匀沉降，同时增加一部分强度，以满足逐级加荷条件下地基的稳定性。

4.3.1　堆载预压法设计计算

堆载预压法一般用填料、砂石等散粒材料作为预压荷载。但为了增加地基强度，加强其稳定性，也可利用建筑物自重作为预压荷载，如水池通常利用充水作为预压荷载，堤坝常以其自重有控制地分级逐步加载，直至设计标高。有时为了使地基在受压过程中快速排水固结，可采用大于使用荷载的荷载进行预压，即超载预压。

堆载预压法的设计内容主要包括：选择塑料排水带或砂井，确定其断面尺寸、间距、排列方式和深度；确定预压区范围、预压荷载的大小、荷载分级、加载速率和预压时间；计算地基土的固结度、强度增长、抗滑稳定性和变形。

1. 竖向排水体设计

对深厚软黏土地基，应设置塑料排水带或砂井等竖向排水体。当软土层厚度不大或软土层含较多薄粉砂夹层，且固结速率能满足工期要求时，可不设置竖向排水体。

（1）竖向排水体材料选择

竖向排水体可采用普通砂井、袋装砂井和塑料排水带，若竖向排水体深度超过 20m，建议采用袋装砂井和塑料排水带。砂井的砂料应选用中粗砂，其黏粒含量不应大于 3%。

（2）竖向排水体平面布置

1）竖向排水体直径和间距。竖向排水体直径和间距主要根据土的固结性质和施工期限的要求确定。排水体的截面尺寸取决于能否及时排水，若直径过小，则施工困难；若直径过大，并不能明显增加固结速率。从原则上讲，为达到同样的固结度，缩短排水体间距比增加排水体直径效果要好，即井径和井间距的关系是"细而密"比"粗而稀"好。

一般地，普通砂井直径为 300～500mm，袋装砂井直径为 70～120mm。塑料排水带的当量换算直径可按下式进行计算

$$d_{\mathrm{p}} = \frac{2(b+\delta)}{\pi} \tag{4-3}$$

式中 d_{p}——塑料排水带当量换算直径（mm）；

　　　b——塑料排水带宽度（mm）；

　　　δ——塑料排水带厚度（mm）。

设计时，竖向排水体的间距 l 通常按井径比 n 确定（$n=d_{\mathrm{e}}/d_{\mathrm{w}}$，$d_{\mathrm{e}}$ 为有效排水直径，d_{w} 为竖向排水体的直径，对塑料排水带可取 $d_{\mathrm{w}}=d_{\mathrm{p}}$）。一般普通砂井的间距可按 $n=6\sim8$ 选用，塑料排水带或袋装砂井的间距可按 $n=15\sim22$ 选用。

2）竖向排水体排列。竖向排水体在平面上可布置成正三角形或正方形，其相应的有效排水范围分别为正六边形和正方形（图 4-6）。为简化计算，将其有效排水范围简化为等效圆，则竖井的有效排水直径 d_{e} 和竖井间距 l 的关系为

正三角形排列时　　　$$d_{\mathrm{e}} = \sqrt{\frac{2\sqrt{3}}{\pi}}\,l = 1.05l \tag{4-4}$$

正方形排列时　　　　$$d_{\mathrm{e}} = \sqrt{\frac{4}{\pi}}\,l = 1.13l \tag{4-5}$$

式中 d_{e}——竖井的有效排水直径（mm）；

　　　l——竖井间距（mm）。

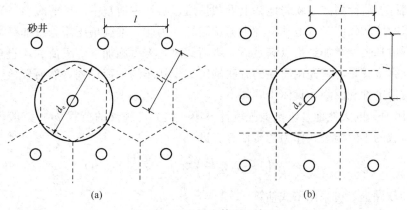

图 4-6　竖向排水体平面布置

（a）正三角形排列；（b）正方形排列

（3）竖向排水体深度和布置范围

竖向排水体深度主要根据土层的分布、地基中附加应力的大小、建筑物对地基的稳定性、变形要求及工期来确定，一般为 $10\sim25\mathrm{m}$。

1）软土层不厚、底部有透水层时，竖向排水体应尽可能穿透软土层。

2）当深厚的高压缩土层间有砂层或砂透镜体时，竖向排水体应尽可能打至砂层或砂透镜体，而采用真空预压时应尽量避免竖向排水体与砂层相连，以免影响真空效果。

3）对于无砂层的深厚地基，可根据其稳定性及建筑物在地基中造成的附加应力与自重应力之比值确定（一般为 $0.1\sim0.2$）。

4）对以地基抗滑稳定性控制的工程，竖向排水体深度通过稳定性分析来确定，且至少应超过最危险滑动面 $2\mathrm{m}$。

5）对以变形控制的工程，竖向排水体深度应根据在限定的预压时间内需完成的变形量来确定。竖向排水体宜穿透受压土层。

竖向排水体的布置范围一般比建筑物基础范围稍大为好。扩大的范围可由基础的轮廓线向外增大 $2\sim4\mathrm{m}$。

2. 地表砂垫层设计

在竖向排水体顶部应铺设排水砂垫层，以保证地基固结过程排出的水能够顺利地通过砂垫层迅速排出，使受压土层的固结能够正常进行，以利于提高地基处理效果，缩短固结时间。

（1）垫层材料。垫层材料宜采用透水性良好的中粗砂，黏粒含量不应大于 3%，砂料中可含有少量粒径小于 $50\mathrm{mm}$ 的砾石。砂垫层的干密度应大于 $1.5\mathrm{g/cm^3}$，其渗透系数宜大于 $1\times10^{-2}\mathrm{cm/s}$。

（2）垫层厚度。排水砂垫层的厚度首先应满足地基对其排水能力的要求；其次，当地基表面承载力很低时，砂垫层还应具备持力层的功能，以承担施工机械荷载。陆上施工时，砂垫层厚度不应小于 $0.5\mathrm{m}$；水下施工时，一般为 $1\mathrm{m}$。砂垫层的宽度应大于堆载宽度或建筑物底宽，并伸出竖向排水体外边线 2 倍竖向排水体直径。在砂料贫乏地区，可采用连通竖向排水体的纵、横砂沟代替整片砂垫层。

3. 预压荷载确定

（1）制订加荷计划。在软弱地基上堆载预压，必然在地基中产生剪应力，当这种剪应力超过地基的抗剪强度时，地基将发生剪切破坏。为此，堆载预压需分级加荷，等到前期荷载作用下地基强度增加到足以满足下一级荷载时，方可施加下一级荷载，直至加到设计荷载。其计算步骤是，首先用简便的方法确定一个初步的加荷计划，然后校核这一加荷计划下地基的稳定性和沉降，具体步骤如下：

1）利用地基的天然地基土抗剪强度计算第一级允许施加的荷载 p_1。一般可根据斯开普敦极限荷载的半经验公式作为初步估算，即

$$p_1 = \frac{5c_\mathrm{u}}{K}\left(1+0.2\frac{B}{A}\right)\left(1+0.2\frac{D}{B}\right)+\gamma D \tag{4-6}$$

对饱和软黏土，可采用下式估算

$$p_1 = \frac{5.14c_\mathrm{u}}{K}+\gamma D \tag{4-7}$$

对长条形填土，可根据 Fellenius 公式估算

$$p_1 = \frac{5.52c_u}{K}$$ (4-8)

式中 K——安全系数，建议采用 $1.1 \sim 1.5$；

c_u——天然地基土不排水抗剪强度（kPa），由无侧限、三轴不排水试验或原位十字板剪切试验确定；

D——基础埋深（m）；

A、B——基础的长边和短边长度（m）；

γ——基底标高以上土的重度（kN/m^3）。

2）计算第一级荷载 p_1 作用下地基强度增长值。在 p_1 荷载作用下经过一段时间预压，地基强度逐渐提高，地基强度为

$$c_{u1} = \eta(c_u + \Delta c'_u)$$ (4-9)

式中 η——强度折减系数，一般取 $\eta = 0.75 \sim 0.9$；

$\Delta c'_u$——p_1 作用下因地基固结而增长的强度（kPa）。

3）计算 p_1 作用下达到所定的固结度（一般取 70%）所需要的时间，目的在于确定第一级荷载停歇的时间，或第二级荷载开始施加的时间。

4）根据第二步所得的地基强度 c_{u1} 确定第二级所能施加的荷载 p_2，p_2 可按下式近似估算

$$p_2 = \frac{5.52c_{u1}}{K}$$ (4-10)

同样，求出在 p_2 作用下地基固结度达 70% 的强度及所需要的时间，然后计算第三级所施加的荷载。依次按上述步骤计算出每级荷载和每一级荷载的停歇时间，直至达到设计荷载。

5）按上述加荷计划进行每一级荷载下的地基稳定性计算。如果稳定性不满足要求，需调整加荷计划。

6）计算预压荷载下地基的最终沉降量和预压期间的沉降量，以确定预压荷载卸除的时间。如果预压工作期内，地基沉降量不满足设计要求，则应采用超载预压，需调整加荷计划。

（2）地基固结度计算。固结度计算是堆载预压设计中制订加荷计划的一个重要环节，根据每级荷载下不同时间的固结度，可推算地基强度的增长值，分析地基的稳定性，确定相应的加荷计划，估算加荷期间地基的沉降量，确定预压荷载的期限等。

1）瞬时加荷条件下的固结度计算。

图 4-7 为堆载预压时竖向排水体固结度计算模型，每个竖向排水体的有效影响范围可用等效圆柱体来表示，等效圆柱体有效影响直径为 d_e，高度为 $2H$，竖向排水体直径为 d_w，饱

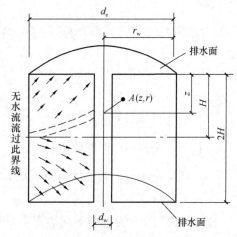

图 4-7 地基固结度计算模型

和软黏土层上、下面均为排水面，在加荷条件下，土层中的孔隙水沿径向和竖向渗流，土层固结。

固结度计算是建立在太沙基固结理论和巴伦固结理论基础上的。固结理论假定：①每个砂井的有效影响范围为一圆柱体，且不考虑施工过程中所引起的井阻和涂抹作用；②荷载为大面积连续均布荷载，地基中附加应力分布不随深度变化；③一次性瞬时施加荷载，加荷开始时，外荷载全部由孔隙水压力承担，固结过程就是孔隙水排出的过程；④地基土体仅发生竖向变形，土体的压缩系数和渗透系数为常数。

设圆柱体内任意点 $A(r, z)$ 处的孔隙水压力为 u，径向渗透系数为 k_h，竖向渗透系数为 k_v，则固结微分方程为

$$\frac{\partial u}{\partial t} = C_v \frac{\partial^2 u}{\partial z^2} + C_h \left[\frac{\partial^2 u}{\partial r^2} + \frac{1}{r} \left(\frac{\partial u}{\partial r} \right) \right] \tag{4-11}$$

式中　t——时间；

C_v——竖向固结系数，$C_v = \dfrac{k_v(1+e)}{ar_w}$，$a$ 为土体压缩系数；

C_h——径向固结系数，$C_h = \dfrac{k_h(1+e)}{ar_w}$。

式（4-11）用分离变量法求解，可分解为

$$\frac{\partial u_z}{\partial t} = C_v \frac{\partial^2 u_z}{\partial z^2} \tag{4-12}$$

$$\frac{\partial u_r}{\partial t} = C_h \left[\frac{\partial^2 u_r}{\partial r^2} + \frac{1}{r} \left(\frac{\partial u_r}{\partial r} \right) \right] \tag{4-13}$$

将式（4-12）、式（4-13）分别求解，得到竖向排水平均固结度 U_z 和径向排水平均固结度 U_r，然后再求出在竖向排水和径向排水联合作用下整个竖向排水体有效影响范围内的总平均固结度 U_{rz}。

a. 竖向排水平均固结度 U_z。某一时间 t 时的竖向排水平均固结度 U_z 可按下式计算

$$U_z = 1 - \frac{8}{\pi^2} \sum_{m=1,3,\cdots}^{m=\infty} \frac{1}{m^2} e^{-\frac{m^2\pi^2}{4}T_v} \tag{4-14}$$

式中　U_z——竖向排水平均固结度（%）；

m——正奇整数（1，3，5，…）；

e——自然对数底；

T_v——竖向固结时间因素，$T_v = \dfrac{C_v t}{H^2}$，其中 t 为固结时间（s）；H 为土层的竖向排水距离，双面排水时为固结土层厚度的一半，单面排水时为固结土层厚度（m）。

图 4-8 和图 4-9 为根据不同边界条件绘制的 U_z-T_v 关系曲线。计算竖向固结度时，先求得时间因素 T_v，再根据边界条件查图即可求得 U_z。

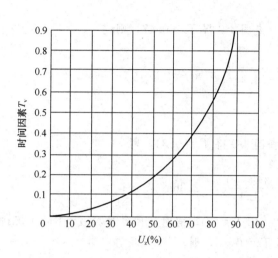

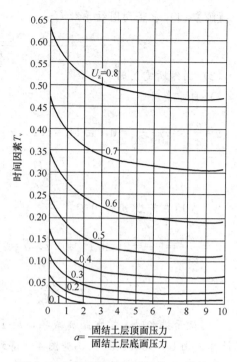

图 4-8 双面排水条件下 U_z 和 T_v 的关系 　　图 4-9 各种边界条件下 U_z 和 T_v 的关系

当 $U_z > 30\%$ 时，可采用下式计算

$$U_z = 1 - \frac{8}{\pi^2} \mathrm{e}^{-\frac{\pi^2}{4}T_v} \qquad (4\text{-}15)$$

【例 4-1】厚度 $H = 10\mathrm{m}$ 黏土层，上覆透水层，下卧不透水层，在均布荷载 p_0 作用下其附加应力为：地表处 $p_0 = 240\mathrm{kPa}$，10m 处 $p_{10} = 80\mathrm{kPa}$，如图 4-10 所示。黏土层的初始孔隙比 $e_1 = 0.8$，$\gamma_{sat} = 20\mathrm{kN/m^3}$，压缩系数 $a = 0.00025\mathrm{kPa^{-1}}$，渗透系数 $k = 0.02\mathrm{m/a}$。试求：(1) 在自重条件下固结度达 $U_z = 0.7$ 时所需要的历时 t；(2) 在均布荷载 p_0 作用下，$U_z = 0.7$ 时所需要的历时 t；(3) 若将此黏土层下部改为透水层，则 $U_z = 0.7$ 时所需历时 t。

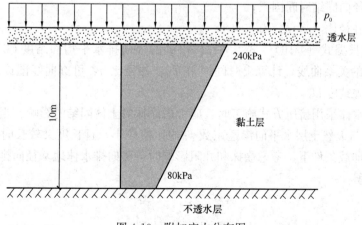

图 4-10 附加应力分布图

【解】（1）求竖向固结系数 C_v

$$C_v = \frac{k(1+e_1)}{a\gamma_w} = \frac{0.02 \times (1+0.8)}{0.00025 \times 10} = 14.4 \text{m}^2/\text{a}$$

（2）固结所需历时 t

1）自重条件下

$a = \frac{\sigma_上}{\sigma_下} = \frac{0}{10 \times 20} = 0$，由 $U_z = 0.7$，$a = 0$ 查图 4-9 得 $T_v = 0.47$，则

$$t = \frac{T_v H^2}{C_v} = \frac{0.47 \times 10^2}{14.4} = 3.26\text{a}$$

2）在均布荷载 p_0 作用下

$a = \frac{p_0}{p_{100}} = \frac{240}{80} = 3$，由 $U_z = 0.7$，$a = 3$ 查图 4-9 得 $T_v = 0.34$，则

$$t = \frac{T_v H^2}{C_v} = \frac{0.34 \times 10^2}{14.4} = 2.36\text{a}$$

3）双面排水时，排水距离减半，故 $H = 10/2 = 5$m；同时，固结度按 $a = 1$ 的工况进行计算。由 $U_z = 0.7$，$a = 1$，查图 4-9 得到 $T_v = 0.38$，则

$$t = \frac{T_v H^2}{C_v} = \frac{0.34 \times 5^2}{14.4} = 0.66\text{a}$$

b. 径向排水平均固结度 U_r。某一时间 t 时的径向排水平均固结度 U_r 计算公式为

$$U_r = 1 - e^{-\frac{8T_h}{F}} \tag{4-16}$$

$$T_h = \frac{C_h}{d_e^2} t \tag{4-17}$$

$$F = \frac{n^2}{n^2-1} \ln n - \frac{3n^2-1}{4n^2} \tag{4-18}$$

式中　C_h——径向固结系数（cm^2/s）；

　　　　t——固结时间（s）；

　　　　T_h——径向固结时间因素；

　　　　n——井径比（$n = d_e/d_w$）。

图 4-11 为根据式（4-16）～式（4-18）得到的径向排水平均固结度 U_r，与时间因素 T_h、井径比 n 的关系曲线。计算出时间因素 T_h、井径比 n，可查曲线图或直接计算得到径向排水平均固结度 U_r。

当竖向排水体采用挤压方式施工时，应考虑涂抹对土体固结的影响。当竖向排水体的纵向通水量 q_w 与天然土层水平向渗透系数 k_h 的比值较小，且长度又较长时，尚应考虑井阻影响。瞬时加载条件下，考虑涂抹和井阻影响时，竖向排水体地基径向排水平均固结度 U_r 可按下式计算

$$U_r = 1 - e^{-\frac{8C_h}{Fd_e^2}t} \tag{4-19}$$

$$F = F_n + F_s + F_r \tag{4-20}$$

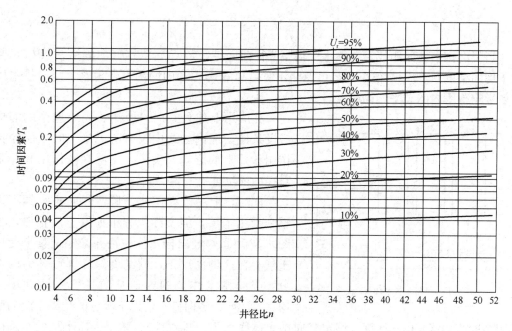

图 4-11　径向排水平均固结度 U_r 与时间因素 T_h 及井径比 n 的关系曲线

$$F_n = \ln n - \frac{3}{4} \tag{4-21}$$

$$F_s = \left(\frac{k_h}{k_s} - 1\right)\ln s \tag{4-22}$$

$$F_r = \frac{\pi^2 L^2}{4}\,\frac{k_h}{q_w} \tag{4-23}$$

式中　k_h——天然土层水平向渗透系数（cm/s）；

　　　k_s——涂抹区土的水平向渗透系数（cm/s），可取 $k_s = (1/5 \sim 1/3)\,k_h$；

　　　s——涂抹区直径 d_s 与竖向排水体直径 d_w 的比值，可取 $s = 2.0 \sim 3.0$，对中等灵敏黏性土取低值，对高灵敏黏性土取高值；

　　　L——竖向排水体长度（cm）；

　　　q_w——竖向排水体纵向通水量，为单位水力梯度下单位时间的排水量（cm³/s）。

c. 总平均固结度 U_{rz}。根据卡里罗（Carrillo）理论证明，可得由径向、竖向共同排水引起的总平均固结度，其计算式为

$$U_{rz} = 1 - (1 - U_r)(1 - U_z) \tag{4-24}$$

将式（4-15）、式（4-16）代入式（4-24），则得 $U_{rz} > 30\%$ 时总平均固结度为

$$U_{rz} = 1 - \frac{8}{\pi^2}\,\mathrm{e}^{-\left(\frac{8C_h}{Fd_e^2} + \frac{\pi^2 C_v}{4H^2}\right)t} \tag{4-25}$$

令

$$\beta = \frac{8C_h}{Fd_e^2} + \frac{\pi^2 C_v}{4H^2}$$

则

$$U_{rz} = 1 - \frac{8}{\pi^2}\,\mathrm{e}^{-\beta t} \tag{4-26}$$

由式（4-26）可得固结时间 t

$$t = \frac{1}{\beta}\ln\frac{8}{\pi^2(1-U_{rz})} \tag{4-27}$$

当竖向排水体间距较密、软土层很厚或径向固结系数 C_h 远大于竖向固结系数 C_v，竖向平均固结度 U_z 的影响很小，常可忽略不计，可只考虑径向固结度作为整个竖向排水体有效影响范围内的总平均固结度。

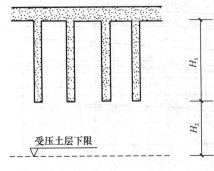

图 4-12　竖向排水体未穿透

在应用上述公式时，应注意固结理论的前提假设条件，理论公式中没有考虑施工时土层涂抹作用和井阻的影响，实际上土层涂抹作用和井阻对径向固结度有一定影响。

同时，上述计算模型是假定竖向排水体穿透整个受压土层，但实际工程中如果土层很厚，如图 4-12 所示，竖向排水体往往并未穿透整个受压土层。在这种情况下，固结度的计算可分为两部分：竖向排水体范围内地基的平均固结度按式（4-26）计算；竖向排水体以下部分的受压土层的竖向固结度按式（4-15）计算（假定竖向排水体底面为一排水面）；整个受压土层的平均固结度 U 按下式计算：

$$U = QU_{rz} + (1-Q)U_z \tag{4-28}$$

式中　U_{rz}——竖向排水体范围内土层的平均固结度（%）；

　　　U_z——竖向排水体以下部分土层的平均固结度（%）；

　　　Q——竖向排水体深度与整个受压土层厚度的比值，即 $Q = H_1/(H_1+H_2)$；

　　　H_1、H_2——竖向排水体深度及竖向排水体以下部分的受压土层厚度（m）。

【例 4-2】有一厚 15m 的饱和软黏土层，其下卧层为透水性良好的砂层，砂井在软土层中贯穿至下部砂层，砂井直径 $d_w = 350\text{mm}$，砂井间距 $l = 2\text{m}$，以正三角形布置，经测定土层的竖向固结系数 $C_v = 4.5\text{m}^2/\text{a}$，径向固结系数 $C_h = 4.5\text{m}^2/\text{a}$，试求加载预压 3 个月的平均固结度。

【解】（1）竖向固结度

由于下卧层为透水性良好的砂层，排水距离为 $H = 15/2 = 7.5\text{m}$

竖向时间因数　　　　$T_v = \dfrac{C_v t}{H^2} = \dfrac{4.5 \times 0.25}{7.5^2} = 0.02$

由 $T_v = 0.02$，$a = 1$ 查图 4-9 得 $U_z = 0.17$

（2）径向固结度

有效排水直径　　　　$d_e = 1.05l = 1.05 \times 2 = 2.1\text{m}$

井径比　　　　　　　$n = \dfrac{d_e}{d_w} = \dfrac{2.1}{0.35} = 6$

径向时间因数　　　　$T_h = \dfrac{C_h}{d_e^2}t = \dfrac{4.5}{2.1^2} \times 0.25 = 0.26$

由 $T_h = 0.26$，$n = 6$ 查图 4-11 得 $U_r = 0.84$

（3）根据卡里罗公式（4-24）计算平均固结度

$$U_{rz} = 1 - (1-U_r)(1-U_z) = 1 - (1-0.84) \times (1-0.17) = 86.7\%$$

（4）根据式（4-26）计算平均固结度

$$F = \frac{n^2}{n^2-1}\ln n - \frac{3n^2-1}{4n^2} = \frac{6^2}{6^2-1} \times \ln 6 - \frac{3\times 6^2-1}{4\times 6^2} = 1.1$$

$$\beta = \frac{8C_h}{Fd_e^2} + \frac{\pi^2 C_v}{4H^2} = \frac{8\times 4.5}{1.1\times 2.1^2} + \frac{\pi^2\times 4.5}{4\times 7.5^2} = 7.62$$

$$U_{rz} = 1 - \frac{8}{\pi^2}\,e^{-\beta t} = 1 - \frac{8}{3.14^2} \times e^{-7.62\times 0.25} = 87.9\%$$

2）分级加荷条件下的固结度计算。在实际工程中，为保证堆载预压过程中地基的稳定性，其预压荷载多为分级逐渐施加。但以上固结度的计算都是假设荷载是一次瞬间加足的，因此，必须对求得的固结时间关系和沉降时间关系加以修正。修正的方法有改进的太沙基法和改进的高木俊介法，后者为《建筑地基处理技术规范》JGJ 79—2012 推荐使用的方法。

① 改进的太沙基法

对于分级加荷的情况，改进的太沙基法假定：a. 每一级荷载增量 Δp_i 所引起的固结过程是单独进行的，与上一级荷载所引起的固结度无关；b. 总固结度等于各级荷载增量作用下固结度的叠加；c. 每一级荷载增量 Δp_i 在等速加荷经过时间 t 的固结度与在 $t/2$ 时瞬间加荷的固结度相同，即计算固结的时间为 $t/2$；d. 在加荷停止后，在恒载作用期间的固结度，即时间 $t>T_i'$（T_i' 为第 i 级荷载增量 Δp_i 加载结束时的时间）的固结度和在 $\frac{T_i+T_i'}{2}$

瞬时加荷 Δp_i 经过时间 $\left(t-\frac{T_i+T_i'}{2}\right)$ 的固结度相同；e. 所求得的固结度仅是对本级荷载增量而言的，对总荷载还要按荷载的比例进行修正。

图 4-13 为二级等速加荷的情况，图中实线是按瞬时加荷条件用太沙基理论计算的地基固结过程（U_t-t）关系曲线，虚线表示二级等速加荷条件的修正固结过程曲线。

下面推导二级等速加荷的平均固结度公式（图 4-14）：

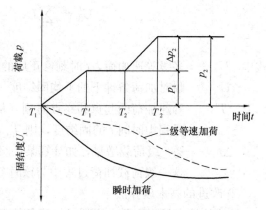

图 4-13　二级等速加荷与瞬时加荷的固结过程

当 $T_1<t<T_1'$（$T_1=0$）时

$$U'_t = U_{rz\left(\frac{t-T_1}{2}\right)}\frac{p'}{p_2} = U_{rz\left(\frac{t}{2}\right)}\frac{p'}{p_2} \tag{4-29}$$

当 $T_1'<t<T_2$（$p_1=\Delta p_1$）时

$$U'_t = U_{rz\left(t-\frac{T_1+T_1'}{2}\right)}\frac{p_1}{p_2} = U_{rz\left(t-\frac{T_1'}{2}\right)}\frac{p_1}{p_2} \tag{4-30}$$

当 $T_2<t<T_2'$ 时

$$U'_t = U_{rz\left(t-\frac{T_1+T_1'}{2}\right)}\frac{p_1}{p_2} + U_{rz\left(\frac{t-T_2}{2}\right)}\frac{p''}{p_2} = U_{rz\left(t-\frac{T_1'}{2}\right)}\frac{p_1}{p_2} + U_{rz\left(\frac{t-T_2}{2}\right)}\frac{p''}{p_2} \tag{4-31}$$

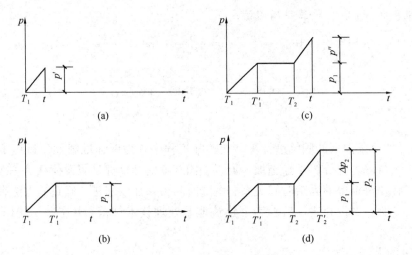

图 4-14　二级等速加荷过程

当 $t > T'_2$ 时

$$U'_t = U_{rz\left(t - \frac{T_1 + T'_1}{2}\right)} \frac{p_1}{p_2} + U_{rz\left(\frac{t - T_2 + T'_2}{2}\right)} \frac{\Delta p_2}{p_2} = U_{rz\left(t - \frac{T'_1}{2}\right)} \frac{p_1}{p_2} + U_{rz\left(\frac{t - T_2 + T'_2}{2}\right)} \frac{\Delta p_2}{p_2} \quad (4\text{-}32)$$

对多级荷载，可依次类推，并归纳如下式

$$U'_t = \sum_{i=1}^{n} U_{rz\left(t - \frac{T_i + T'_i}{2}\right)} \frac{\Delta p_i}{\sum\limits_{i=1}^{n} \Delta p_i} \quad (4\text{-}33)$$

式中　U'_t——多级等速加荷，t 时刻修正后的平均固结度（%）；

U_{rz}——瞬时加荷条件下的平均固结度（%）；

T_i、T'_i——等速加荷的起点和终点时刻（从 0 点起，$T_1 = 0$），如计算某一级荷载加荷
过程中时间 t 的固结度，则 T'_i 改为 t；

Δp_i——第 i 级荷载增量，如计算某一级荷载加荷过程中某一时刻 t 的固结度，则为
这一级荷载加荷过程中与该时刻相对应的荷载。

② 改进的高木俊介法

该法的特点是不需要求得瞬时加荷条件下地基的固结度，而是直接求得修正后的平均
固结度。修正后的平均固结度为

$$U'_t = \sum_{i=1}^{n} \frac{q_i}{\sum\limits_{i=1}^{n} \Delta p_i} \left[(T'_i - T_i) - \frac{\alpha}{\beta} e^{-\beta t} (e^{\beta T'_i} - e^{\beta T_i}) \right] \quad (4\text{-}34)$$

式中　U'_t——t 时多级等速加荷修正后的平均固结度（%）；

q_i——第 i 级荷载的平均加荷速率（kPa/d）；

T_i、T'_i——等速加荷的起点和终点时刻（从 0 点起，$T_1 = 0$），如计算某一级荷载加荷
过程中时间 t 的固结度，则 T'_i 改为 t；

$\sum \Delta p_i$——各级荷载的累计值（kPa）；

α、β——参数，见表 4-1。

58

参数	排水固结条件			说明
	竖向排水条件	径向排水条件	竖向和径向排水固结（竖井穿透土层）	
α	$\dfrac{8}{\pi^2}$	1	$\dfrac{8}{\pi^2}$	
β	$\dfrac{\pi^2 C_v}{4H^2}$	$\dfrac{8C_h}{Fd_e^2}$	$\dfrac{\pi^2 C_v}{4H^2}+\dfrac{8C_h}{Fd_e^2}$	$F=\dfrac{n^2}{n^2-1}\ln n-\dfrac{3n^2-1}{4n^2}$； C_h 为径向排水固结系数（cm^2/s）； C_v 为竖向排水固结系数（cm^2/s）； H 为双面排水距离（cm）

（3）地基土强度增长估算。饱和软土地基在预压荷载的作用下排水固结，其抗剪强度逐渐提高。但预压荷载同时在地基中产生剪应力，当这种剪应力超过地基的抗剪强度时，地基将发生剪切破坏。因此，如果能适当地控制加荷速率，使由于固结而增长的地基强度与剪应力的增长相适应，则地基稳定。

目前常用的估算地基土强度增长的方法有：

1）有效应力法。曾国熙于 1975～1981 年提出有效应力法，认为预压荷载使地基排水固结，从而提高地基土的抗剪强度。但同时随着荷载的增加，地基中的剪应力也在增大，在一定条件下，受剪切蠕动等因素的影响，有可能导致其强度衰减。考虑这一因素的影响和工程上的实用性，地基强度估算公式可表示为

$$\tau_{ft}=\eta[\tau_{f0}+kU_t(\Delta\sigma_1-\Delta u)] \tag{4-35}$$

或

$$\tau_{ft}=\eta(\tau_{f0}+kU_t\Delta\sigma_1) \tag{4-36}$$

式中 τ_{ft}——t 时刻地基中该点的抗剪强度（kPa）；

τ_{f0}——地基某点在加荷之前的天然抗剪强度，由无侧限、三轴固结不排水压缩试验或原位十字板剪切试验确定（kPa）；

η——强度折减系数，一般取 $\eta=0.75\sim0.9$；

k——有效内摩擦角的函数，$k=\dfrac{\sin\varphi'\cos\varphi'}{1+\sin\varphi'}$；

U_t——地基中某点在某一时刻的固结度（%）；

Δu——预压荷载引起的地基中某一点的孔隙水压力（kPa）；

$\Delta\sigma_1$——预压荷载引起的地基中某一点的最大主应力（kPa）。

2）按《建筑地基处理技术规范》JGJ 79—2012 计算。规范规定计算预压荷载下饱和软土地基中某点的抗剪强度时，应考虑土体原来的固结状态。对正常固结饱和黏土，地基中某一点某一时刻的抗剪强度可表示为

$$\tau_{ft}=\tau_{f0}+U_t\Delta\sigma_z-\tan\varphi_{cu} \tag{4-37}$$

式中 U_t——该点在某一时刻的固结度（%）；

$\Delta\sigma_z$——预压荷载引起的该点的竖向附加应力（kPa）；

φ_{cu}——三轴固结不排水压缩试验得到的土的内摩擦角（°）。

（4）地基抗滑稳定性验算。稳定性分析是路堤、土坝、岸坡等由稳定性控制的工程设计中的一项重要内容。在加荷预压过程中，必须验算每级荷载下地基的稳定性，以保证工程安全、经济、合理，达到预期的加固效果。

一般预压地基的失稳多为圆弧剪切破坏，图 4-15 为软土地基上一个堤坝断面的稳定性分析示意图。Ⅰ 表示地基部分，Ⅱ 表示填土部分。假定地基破坏时，沿圆心为 O 点，半径为 R 的圆弧 ABC 滑动。考虑地基因预压固结而引起的强度增长，采用瑞典条分法分析地基的稳定性。

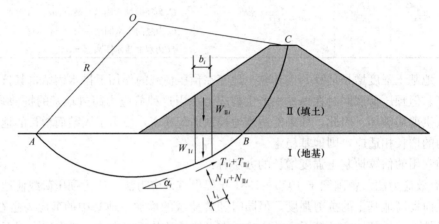

图 4-15 堆载预压地基抗滑稳定性分析示意图

滑动力矩为

$$M_T = R \sum (T_Ⅰ + T_Ⅱ)_i = \left[\sum_A^B R(W_Ⅰ + W_Ⅱ)_i \sin\alpha_i + \sum_B^C W_{Ⅱi} \sin\alpha_i \right] \tag{4-38}$$

抗滑力矩由地基部分抗滑力矩 M_{RAB} 和填土部分抗滑力矩 M_{RBC} 构成，即

$$M_R = M_{RAB} + M_{RBC} \tag{4-39}$$

$$M_{RAB} = R \sum_A^B (c_u l_i + W_{Ⅰi} \cos\alpha_i \tan\varphi_u + W_{Ⅱi} U \cos\alpha_i \tan\varphi_{cu}) \tag{4-40}$$

$$M_{RBC} = \eta_m R \sum_B^C (c_u l_i + \eta W_{Ⅱi} \cos\alpha_i \tan\varphi_u) \tag{4-41}$$

式中　$W_{Ⅰi}$、$W_{Ⅱi}$——土条在地基部分和填土部分的重量（kN）；

　　　　α_i——土条底面与水平面的夹角（°）；

　　　　c_u、φ_u——不排水剪求得的抗剪强度指标（kPa、°）；

　　　　φ_{cu}——固结不排水剪求得的内摩擦角（°）；

　　　　U——地基平均固结度；

　　　　η_m——填土部分抗滑力矩折减系数，可取 0.6～0.8；

　　　　η——强度指标折减系数，可取 0.5。

综合式（4-38）～式（4-41）可得地基抗滑稳定安全系数 K，即

$$K = \frac{M_R}{M_T} = \frac{\sum\limits_A^B (c_u l_i + W_{\text{I}i}\cos\alpha_i\tan\varphi_u + W_{\text{II}i}U\cos\alpha_i\tan\varphi_{cu})}{\sum\limits_A^B (W_{\text{I}} + W_{\text{II}})_i\sin\alpha_i + \sum\limits_B^C W_{\text{II}i}\sin\alpha_i}$$

$$+ \frac{\eta_m R \sum\limits_B^C (c_u l_i + \eta W_{\text{II}i}\cos\alpha_i\tan\varphi_u)}{\sum\limits_A^B (W_{\text{I}} + W_{\text{II}})_i\sin\alpha_i + \sum\limits_B^C W_{\text{II}i}\sin\alpha_i} \tag{4-42}$$

从式（4-42）可以看出，地基抗滑稳定安全系数 K 与堆载重量 W_1 和地基固结度 U 有关。如不考虑地基的固结，即式中 $W_{\text{II}i}U\cos\alpha_i\tan\varphi_{cu}=0$，根据设定的 K 值可反求得 W_{II}，即为利用天然地基强度所能快速填筑的最大荷载。第一级加荷结束后，根据地基固结度，考虑地基强度提高项 $\sum W_{\text{II}i}U\cos\alpha_i\tan\varphi_{cu}$，便可得出第二级填土的重量，依次类推，即可求得以后每一级填土的重量直至达到设计标高。

（5）地基沉降计算。对于以沉降为控制条件的工程，沉降计算的目的在于估计所需堆载预压时间以及各时期沉降量的发展情况，以便调整排水系统和加压系统的设计。对于以稳定为控制条件的工程，通过沉降计算可预估施工期间因地基沉降而增加的土石方以及工程完工后尚未完成的沉降量，以确定预留高度。

预压荷载作用下地基的最终沉降量 s_∞ 由机理不同的三部分沉降组成，其表达式为

$$s_\infty = s_d + s_c + s_s \tag{4-43}$$

式中　s_d——瞬时沉降；

　　　s_c——固结沉降；

　　　s_s——次固结沉降。

瞬时沉降是指加载后立即发生的那部分沉降，它是由剪切变形引起的。固结沉降是指主要由主固结引起的沉降，在主固结过程中，沉降速率是由水从孔隙中排出的速率所控制。次固结沉降是土骨架在持续荷载作用下发生蠕变所引起的，次固结大小与土的性质有关，泥炭土、有机质土或高塑性黏性土土层，次固结沉降占很可观的部分，而其他土所占比例不大。

瞬时沉降 s_d 可采用弹性理论公式计算，当黏土地基厚度很大，作用于其上的圆形或矩形面积的压力为均布时，s_d 可按下式计算

$$s_d = \frac{1-\mu^2}{E}C_d p b \tag{4-44}$$

式中　p——均布荷载；

　　　b——荷载面积的直径和宽度；

　　　C_d——考虑荷载面积形状和沉降计算点位置的系数，见表 4-2；

　　　E、μ——土的弹性模量和泊松比。

半无限弹性体表面各种均布荷载面积上各点的 C_d 值　　　　　表 4-2

形状	中心点	角点或边点	短边中点	长边中点	平均
圆形	1.00	0.64	0.64	0.64	0.85
圆形（刚性）	0.79	0.79	0.79	0.79	0.79

形状		中心点	角点或边点	短边中点	长边中点	平均
方形		1.12	0.56	0.76	0.76	0.95
方形（刚性）		0.99	0.99	0.99	0.99	0.99
矩形长宽比	1.5	1.36	0.67	0.89	0.97	1.15
	2	1.52	0.76	0.98	1.12	1.30
	3	1.78	0.88	1.11	1.35	1.52
	5	2.10	1.05	1.27	1.68	1.83
	10	2.53	1.26	1.49	2.12	2.25
	100	4.00	2.00	2.20	3.60	3.70
	1000	5.47	2.75	2.94	5.03	5.15
	10000	6.90	3.50	3.70	6.50	6.60

对于黏性土地基为有限厚度（如厚度为 H），下卧层为基岩等刚性底层时，式（4-44）中 C_d 值改用表 4-3 中数值。

下卧层为基岩的各种均布荷载面积中心点的 C_d 值　　　　表 4-3

H/b	圆形（直径=b）	矩形						条形 $l/b=\infty$
		$l/b=1$	$l/b=1.5$	$l/b=2$	$l/b=3$	$l/b=5$	$l/b=10$	
0.0	0.00	0.00	0.00	0.00	0.00	0.00	0.00	0.00
0.1	0.09	0.09	0.09	0.09	0.09	0.09	0.09	0.09
0.25	0.24	0.23	0.23	0.23	0.23	0.23	0.23	0.23
0.5	0.48	0.48	0.47	0.47	0.47	0.47	0.47	0.47
1.0	0.70	0.75	0.81	0.83	0.83	0.83	0.83	0.83
1.5	0.80	0.86	0.97	1.03	1.07	1.08	1.08	1.08
2.5	0.88	0.97	1.12	1.22	1.33	1.39	1.40	1.40
3.5	0.91	1.01	1.19	1.31	1.45	1.56	1.59	1.60
5	0.94	1.05	1.24	1.38	1.55	1.72	1.82	1.83
∞	1	1.12	1.36	1.52	1.78	2.1	2.53	∞

固结沉降 s_c 按分层总和法计算，即

$$s_c = \sum_{i=1}^{n} \frac{e_{0i} - e_{1i}}{1 + e_{0i}} h_i \tag{4-45}$$

式中　e_{0i}——第 i 层土中点自重应力所对应的孔隙比，由室内固结试验 e-p 曲线查得；

　　　e_{1i}——第 i 层土中点自重应力和附加应力所对应的孔隙比，由室内固结试验 e-p 曲线查得；

　　　h_i——第 i 层土厚度（m）。

次固结沉降 s_s 按下式计算

$$s_s = \sum_{i=1}^{n} \frac{h_i}{1 + e_{0i}} C_0 \lg \frac{t}{t^*} \tag{4-46}$$

式中 e_{0i}——第 i 层土的初始孔隙比；

C_0——次固结系数（$\mathrm{cm^2/s}$），见表 4-4；

t——固结时间，$t>t^*$；

t^*——主固结达到 100% 的时间，可根据 e-$\lg t$ 关系曲线拐点确定。

次固结系数 C_0 的取值 表 4-4

土类	正常固结黏土			正常固结冲积黏土		超固结黏土（超固结比>2）	泥炭
	有机质含量（%）						
	8	9	17	1	5		
C_0	0.004	0.008	0.02	0.001	0.003	<0.001	0.02~0.1

如果在建筑物使用年限内，次固结沉降经判断可以忽略的话，则地基最终沉降量 s_∞ 可按下式计算

$$s_\infty = s_{\mathrm{d}} + s_{\mathrm{c}} \tag{4-47}$$

在实际工程中，为计算简便，常以固结沉降量 s_{c} 为基准，用经验系数予以修正，得到预压地基的最终沉降量 s_∞。按照《建筑地基处理技术规范》JGJ 79—2012 规定，预压荷载下地基的最终竖向变形量的计算可取附加应力与土自重应力的比值为 0.1 的深度作为压缩层的计算深度，按下式计算

$$s_\infty = \xi \sum_{i=1}^{n} \frac{e_{0i} - e_{1i}}{1 + e_{0i}} h_i \tag{4-48}$$

式中 e_{0i}——第 i 层土中点自重应力所对应的孔隙比，由室内固结试验 e-p 曲线查得；

e_{1i}——第 i 层土中点自重应力和附加应力所对应的孔隙比，由室内固结试验 e-p 曲线查得；

h_i——第 i 层土厚度（m）；

ξ——经验系数，可按地区经验确定，无经验时对正常固结饱和黏性土地基 $\xi=1.1\sim1.4$，荷载较大或地基软弱土层厚度大时应取较大值，否则取较小值。

【例 4-3】某工程地处沿海，地表以下 16m 为饱和软土层，其下卧层为透水性良好的砂砾石层。采用堆载预压法加固地基，为加快排水固结，在软土层中打设竖向排水砂井至砂砾石层，砂井直径 $d_{\mathrm{w}}=350\mathrm{mm}$，砂井间距 $l=2.5\mathrm{m}$，呈正三角形布置。相关勘察资料如下：竖向固结系数 $C_{\mathrm{v}}=4.8\mathrm{m^2/a}$，水平向固结系数 $C_{\mathrm{h}}=9.15\mathrm{m^2/a}$，不排水抗剪强度 $c_{\mathrm{u}}=7\mathrm{kPa}$，三轴有效强度指标：$c'=0$，$\varphi'=16.5°$。工程设计荷载为 110kPa，工期为 180d，堆载加荷速率要求不超过 8kPa/d，试拟订一个初步加荷预压计划，并计算历时 180d 后的总平均固结度（分级加荷条件下的固结度计算采用改进的太沙基法）。

【解】（1）拟订初步加荷预压计划

1）求出天然地基可能承受的荷载，取 $K=1.2$，按式（4-8）估算可施加的第一级荷载 p_1，即

$$p_1 = \frac{5.52 c_{\mathrm{u}}}{K} = \frac{5.52 \times 7}{1.2} = 32.2\mathrm{kPa}$$

2）求出在 p_1 作用下地基固结度达到 70% 时地基强度增长值，由式（4-36）可得第一级荷载作用下的地基强度

$$k = \frac{\sin\varphi'\cos\varphi'}{1+\sin\varphi'} = 0.212$$

取 $\eta = 0.9$，则

$$\tau_{f1} = \eta(\tau_{f0} + p_1 U_1 k) = 0.9 \times (7 + 32.2 \times 0.7 \times 0.212) = 10.6\text{kPa}$$

3）计算可施加的第二级荷载 p_2

$$p_2 = \frac{5.52\tau_{f1}}{K} = \frac{5.52 \times 10.6}{1.2} = 48.8\text{kPa}$$

4）在第二级荷载 p_2 作用下，地基固结度达到 70% 时，地基强度为

$$\tau_{f2} = \eta(\tau_{f1} + p_2 U_1 k) = 0.9 \times (10.6 + 48.8 \times 0.7 \times 0.212) = 16.1\text{kPa}$$

5）计算可施加的第三级荷载 p_3

$$p_3 = \frac{5.52\tau_{f2}}{K} = \frac{5.52 \times 16.1}{1.2} = 74.1\text{kPa}$$

同上，可得 $p_4 = 112.2\text{kPa}$ 与工程设计荷载 110kPa 比较，满足要求。

按以上加荷计划进行每一级荷载下的地基稳定性计算。如果稳定性不满足要求，需调整加荷计划。（略）

（2）固结度计算

1）等效圆直径为

$$d_e = 1.05l = 1.05 \times 2.5 = 2.63\text{m}$$

2）井径比为

$$n = \frac{d_e}{d_w} = \frac{2.63}{0.35} = 7.51$$

3）根据 n 值，由式（4-18）得

$$F = \frac{n^2}{n^2-1}\ln n - \frac{3n^2-1}{n^2} = \frac{7.51^2}{7.51^2-1}\ln 7.51 - \frac{3 \times 7.51^2-1}{4 \times 7.51^2} = 1.31$$

4）根据 F 值，由表 4-1 得

$$\alpha = \frac{8}{\pi^2} = 0.811$$

5）计算自各级荷载加荷结束开始，地基固结度达到 70% 时所需停歇时间。

① 各级荷载的加荷时间

令堆载加荷速率 q 为 8kPa/d，则

第一级荷载加荷时间 $\qquad t_{01} = \dfrac{p_1}{q} = \dfrac{32.2}{8} = 4\text{d}$

第二级荷载加荷时间 $\qquad t_{02} = \dfrac{p_2 - p_1}{q} = \dfrac{48.8 - 32.2}{8} = 2\text{d}$

第三级荷载加荷时间 $\qquad t_{03} = \dfrac{p_3 - p_2}{q} = \dfrac{74.1 - 48.8}{8} = 3\text{d}$

第四级荷载加荷时间 $\qquad t_{04} = \dfrac{p_4 - p_3}{q} = \dfrac{112.2 - 74.1}{8} = 5\text{d}$

② 自第一级荷载加荷结束后，地基固结度达到 70% 时所需停歇时间 t_1，由式（4-33）可得

$$t_1 = \frac{1}{\beta}\ln\frac{8}{\pi^2(1-U'_t)} - t_{01}/2 = \frac{1}{8.26}\times\ln\frac{8}{\pi^2(1-0.7)} - t_{01}/2 = 0.1148a = 42d$$

③ 自第二级荷载加荷结束开始，地基固结度达到 70% 时所需停歇时间 t_2，当 $U'_t >$ 30% 时的总平均固结度由式（4-33）可得

$$U'_t = U_{rz(t_1+t_2+t_{01}/2+t_{02})}\frac{p_1}{p_2} + U_{rz(t_2+t_{02}/2)}\frac{p_2-p_1}{p_2}$$

$$= \left[1 - \frac{8}{\pi^2}e^{-\beta(t_1+t_2+t_{01}/2+t_{02})}\right]\frac{p_1}{p_2} + \left[1 - \frac{8}{\pi^2}e^{-\beta(t_2+t_{02}/2)}\right]\frac{p_2-p_1}{p_2}$$

$$= \left[1 - \frac{8}{\pi^2}e^{-8.26(0.126+t_2)}\right]\frac{32.2}{48.8} + \left[1 - \frac{8}{\pi^2}e^{-8.26(t_2+0.0055/2)}\right]\frac{48.8-32.2}{48.8}$$

整理得

$$U'_t = 1 - \frac{4.525}{\pi^2}e^{-8.26t_2}$$

由上式得第二级荷载作用下地基固结度达到 70% 时所需停歇时间 t_2 为

$$t_2 = \frac{1}{\beta}\ln\frac{4.525}{\pi^2(1-U'_t)} = 0.515a \approx 19d$$

④ 自第三级荷载加荷结束开始，地基固结度达到 70% 时所需停歇时间 t_3，同上可得

$$U'_t = \left[1 - \frac{8}{\pi^2}e^{-\beta(t_1+t_2+t_3+t_{01}/2+t_{02}+t_{03})}\right]\frac{p_1}{p_3} + \left[1 - \frac{8}{\pi^2}e^{-\beta(t_2+t_3+t_{02}/2+t_{03})}\right]\frac{p_2-p_1}{p_3}$$

$$+ \left[1 - \frac{8}{\pi^2}e^{-\beta(t_3+t_{03}/2)}\right]\frac{p_3-p_2}{p_3}$$

整理得

$$U'_t = 1 - \frac{4.456}{\pi^2}e^{-8.26t_3}$$

由上式得第三级荷载作用下地基固结度达到 70% 时所需停歇时间 t_3 为

$$t_3 = \frac{1}{\beta}\ln\frac{4.456}{\pi^2(1-U'_t)} = 0.0496a \approx 18d$$

6）计算历时 180d 后地基的最终总平均固结度。因各级荷载作用下地基的平均固结度均达到 70%，故可采用式（4-26）计算瞬时加荷条件下地基的平均固结度。但本工程实际上是分级加荷的，为此应予修正，按照改进的太沙基法，修正后地基的最终总平均固结度为

$$U'_t = \sum_{i=1}^{n}\left[1 - \frac{8}{\pi^2}e^{-\beta\left(t-\frac{T_i+T'_i}{2}\right)}\right]\frac{\Delta p_i}{\sum_{i=1}^{n}\Delta p_i}$$

修正后的固结度计算结果列入表 4-5。

加荷分级及修正后的固结度　　　　　　　　表 4-5

荷载分级 项　目	Ⅰ	Ⅱ	Ⅲ	Ⅳ	备注
基底压力（kPa）	32.2	48.8	74.1	112.2	
各级荷载增量 Δp_i（kPa）	32.2	16.6	25.3	38.1	

荷载分级 \ 项 目	I	II	III	IV	备注
各级荷载加荷始终时间 T_i，T_i' (d)	0~4	46~48	67~70	88~93	
$t-(T_i+T_i')/2$ (d)	178	133	111.5	89.5	$t=180$d
各级荷载下的固结度（%）	98.6	96.3	93.9	89.6	
$\Delta p_i / \sum\limits_{i=1}^{3} \Delta p_i$	0.287	0.148	0.225	0.340	
修正后的固结度 U_t'（%）	28.30	14.25	23.48	30.46	$\sum=96.49$

【例 4-4】 工况同例 4-3，试拟订一个初步加荷预压计划并计算历时 180d 后的总平均固结度（分级加荷条件下的固结度计算采用改进的高木俊介法）。

(1) 拟订初步加荷预压计划（同上，略）

(2) 固结度计算

1) 等效圆直径为

$$d_e = 1.05l = 1.05 \times 2.5 = 2.63\text{m}$$

2) 井径比为

$$n = \frac{d_e}{d_w} = \frac{2.63}{0.35} = 7.51$$

3) 根据 n 值，由式 (4-18) 得

$$F = \frac{n^2}{n^2-1}\ln n - \frac{3n^2-1}{n^2} = \frac{7.51^2}{7.51^2-1}\ln 7.51 - \frac{3\times 7.51^2-1}{4\times 7.51^2} = 1.31$$

4) 根据 F 值，由表 4-1 得

$$\alpha = \frac{8}{\pi^2} = 0.811$$

$$\beta = \frac{8C_h}{Fd_e^2} + \frac{\pi^2 C_v}{4H^2} = \frac{8\times 9.15}{1.31\times 2.63^2} + \frac{\pi^2\times 4.8}{4\times 8^2} = 8.26\text{a}^{-1} = 0.0226\text{d}^{-1}$$

5) 各级荷载加荷结束，自第一级荷载加荷开始地基固结度达到 70% 时所需时间

① 各级荷载的加荷时间

令堆载加荷速率 q 为 8kPa/d，则

第一级荷载加荷时间　　$t_{01} = \dfrac{p_1}{q} = \dfrac{32.2}{8} = 4$d

第二级荷载加荷时间　　$t_{02} = \dfrac{p_2-p_1}{q} = \dfrac{48.8-32.2}{8} = 2$d

第三级荷载加荷时间　　$t_{03} = \dfrac{p_3-p_2}{q} = \dfrac{74.1-48.8}{8} = 3$d

第四级荷载加荷时间　　$t_{04} = \dfrac{p_4-p_3}{q} = \dfrac{112.2-74.1}{8} = 5$d

② 自第一级荷载加荷结束开始，地基固结度达到 70% 时所需停歇时间 t_1（自第一级荷载加荷开始），由式 (4-34) 可得

$$U'_t = \frac{q_1}{p_1}\left[(T'_1 - T_1) - \frac{\alpha}{\beta}e^{-\beta t_1}(e^{-\beta T'_1} - e^{\beta T_1})\right]$$

$$= \frac{8}{32.2} \times \left[(4-0) - \frac{0.811}{0.0226} \times e^{-0.0226t_1} \times (e^{0.0226\times4} - e^{0.0226\times0})\right]$$

$$= 1 - 0.842e^{-0.0226t_1} = 70\%$$

由上式得 $t_1 = 45.69\mathrm{d} \approx 46\mathrm{d}$

③ 自第二级荷载加荷结束开始，地基固结度达到 70％ 时所需停歇时间 t_2（自第一级荷载加荷开始），同上可得

$$U'_t = \frac{q_1}{p_2}\left[(T'_1 - T_1) - \frac{\alpha}{\beta}e^{-\beta t_2}(e^{\beta T'_1} - e^{\beta T_1})\right] + \frac{q_2}{p_2}\left[(T'_2 - T_2) - \frac{\alpha}{\beta}e^{-\beta t_2}(e^{\beta T'_2} - e^{\beta T_2})\right]$$

$$= \frac{8}{48.8} \times \left[(4-0) - \frac{0.811}{0.0226} \times e^{-0.0226t_2} \times (e^{0.0226\times4} - e^{0.0226\times0})\right]$$

$$+ \frac{8}{48.8} \times \left[(48-46) - \frac{0.811}{0.0226} \times e^{-0.0226t_2} \times (e^{0.0226\times48} - e^{0.0226\times46})\right]$$

$$= 1 - 1.326e^{-0.0226t_2} = 70\%$$

由上式得 $t_2 = 65.75\mathrm{d} \approx 66\mathrm{d}$

④ 自第三级荷载加荷结束开始，地基固结度达到 70％ 时所需停歇时间 t_3（自第一级荷载加荷开始），同上可得

$$U'_t = \frac{q_1}{p_3}\left[(T'_1 - T_1) - \frac{\alpha}{\beta}e^{-\beta t_3}(e^{\beta T'_1} - e^{\beta T_1})\right] + \frac{q_2}{p_3}\left[(T'_2 - T_2) - \frac{\alpha}{\beta}e^{-\beta t_3}(e^{\beta T'_2} - e^{\beta T_2})\right]$$

$$+ \frac{q_3}{p_3}\left[(T'_3 - T_3) - \frac{\alpha}{\beta}e^{-\beta t_3}(e^{\beta T'_3} - e^{\beta T_3})\right]$$

$$= \frac{8}{74.1} \times \left[(4-0) - \frac{0.811}{0.0226} \times e^{-0.0226t_3} \times (e^{0.0226\times4} - e^{0.0226\times0})\right]$$

$$+ \frac{8}{74.1} \times \left[(48-46) - \frac{0.811}{0.0226} \times e^{-0.0226t_3} \times (e^{0.0226\times48} - e^{0.0226\times46})\right]$$

$$+ \frac{8}{74.1} \times \left[(69-66) - \frac{0.811}{0.0226} \times e^{-0.0226t_3} \times (e^{0.0226\times69} - e^{0.0226\times66})\right]$$

$$= 1 - 2.081e^{-0.0226t_3} = 70\%$$

由上式得 $t_3 = 85.70\mathrm{d} \approx 86\mathrm{d}$

6）历时 180d 后地基的最终总平均固结度

同上可得，历时 180d 后地基的最终总平均固结度为

$$U'_t = \frac{q_1}{p_4}\left[(T'_1 - T_1) - \frac{\alpha}{\beta}e^{-\beta t}(e^{\beta T'_1} - e^{\beta T_1})\right] + \frac{q_2}{p_4}\left[(T'_2 - T_2) - \frac{\alpha}{\beta}e^{-\beta t}(e^{\beta T'_2} - e^{\beta T_2})\right]$$

$$+ \frac{q_3}{p_4}\left[(T'_3 - T_3) - \frac{\alpha}{\beta}e^{-\beta t}(e^{\beta T'_3} - e^{\beta T_3})\right] + \frac{q_4}{p_4}\left[(T'_4 - T_4) - \frac{\alpha}{\beta}e^{-\beta t}(e^{\beta T'_4} - e^{\beta T_4})\right]$$

$$= \frac{8}{112.2} \times \left[(4-0) - \frac{0.811}{0.0226} \times e^{-0.0226\times180} \times (e^{0.0226\times4} - e^{0.0226\times0})\right]$$

$$+\frac{8}{112.2}\times\left[(48-46)-\frac{0.811}{0.0226}\times e^{-0.0226\times180}\times(e^{0.0226\times48}-e^{0.0226\times46})\right]$$

$$+\frac{8}{112.2}\times\left[(69-66)-\frac{0.811}{0.0226}\times e^{-0.0226\times180}\times(e^{0.0226\times69}-e^{0.0226\times66})\right]$$

$$+\frac{8}{112.2}\times\left[(91-86)-\frac{0.811}{0.0226}\times e^{-0.0226\times180}\times(e^{0.0226\times91}-e^{0.0226\times86})\right]$$

$$=1-3.512e^{-0.0226\times180}$$

$$=94\%$$

4.3.2 真空预压法设计计算

真空预压法处理地基必须设置竖向排水体,设计内容包括竖向排水体的断面尺寸、间距、排列方式和深度的选择;预压区面积和分块大小;真空预压工艺;要求达到的真空度和土层的固结度;真空预压和建筑物荷载下地基的变形计算;真空预压后地基土的强度增长计算。

1. 竖向排水体的断面尺寸、间距、排列方式和深度

一般采用袋装砂井或塑料排水带作为竖向排水体,其断面尺寸、间距、排列方式和深度的确定与堆载预压法相同。砂井的砂料应选用中粗砂,其渗透系数应大于1×10^{-2}cm/s。

抽真空的时间与土质条件和竖向排水体的间距密切相关。达到相同的固结度,竖向排水体的间距越小,则所需时间越短,如表4-6所示。

2. 预压区面积和分块大小

真空预压区边缘应大于建筑物基础轮廓线,每边增加量不得小于3.0m,每块预压面积宜尽可能大且呈方形,分区面积宜为20000~40000m^2。根据加固要求,彼此间可搭接或有一定间距。加固面积越大,加固面积与周边长度之比也越大,气密性就越好,真空度就越高,如表4-7所示。

袋装砂井与所需时间的关系   表4-6

袋装砂井间距(m)	固结度(%)	所需时间(d)
1.3	80	40~50
	90	60~70
1.5	80	60~70
	90	85~100
1.8	80	90~105
	90	120~130

真空度与加固面积的关系   表4-7

加固面积A(m^2)	264	900	1250	2500	3000	4000	10000	20000
周边长度L(m)	70	120	143	205	230	260	500	900
A/L	3.77	7.5	8.74	12.2	13.04	15.38	20	22.2
真空度(mmHg)	515	530	600	610	630	650	680	730

3. 膜下真空度和土层的固结度

真空预压效果与密封膜内能达到的真空度密切相关。《建筑地基处理技术规范》JGJ 79—2012 规定真空预压的膜下真空度应稳定地保持在 86.7kPa（650mmHg）以上，且应分布均匀。竖向排水体深度范围内土层的平均固结度应大于 90%，预压时间不宜低于 90d。

4. 真空预压工艺

真空预压一般能取得相当于 78～92kPa 的堆载预压效果。当建筑物荷载超过真空预压的压力，且建筑物对地基的变形有严格要求时，可采用真空和堆载联合预压法，其总压力宜超过建筑物荷载。

真空预压的关键在于要有良好的气密性，使预压区与大气隔绝。对于表层存在透气层或处理范围内有充足水源补给的透水层，应采取有效措施隔断透气层或透水层。一般可在塑料薄膜周边采用另加水泥土搅拌桩的壁式密封措施。

真空预压所需真空设备的数量，可按加固面积的大小、形状、土层结构特点，以一套设备可抽真空的面积为 1000～1500m² 确定。

5. 真空预压固结度和地基强度增长

计算方法与堆载预压法相同。

6. 沉降计算

真空预压地基最终竖向变形可按式（4-48）计算。ξ 可按当地经验取值，无当地经验时，ξ 可取 1.0～1.3。

4.3.3 真空联合堆载预压法设计计算

当设计地基预压荷载大于 80kPa，且进行真空预压处理地基不能满足设计要求时，可采用真空联合堆载预压处理地基。

1. 堆载体顶面积、加载时间及加载方式

堆载体的坡肩线宜与真空预压边线一致。

对于一般软黏土，上部堆载施工宜在真空预压膜下真空度稳定地达到 86.7kPa（650mmHg）且抽真空时间不少于 10d 后进行。对于高含水量淤泥类土，上部堆载施工宜在真空预压膜下真空度稳定地达到 86.7kPa（650mmHg）且抽真空时间不少于 20～30d 后可进行。

当堆载较大时，真空联合堆载预压应采用分级加载，分级数应根据地基土稳定计算确定。分级加载时，应待前期预压荷载下地基的承载力增长满足下一级荷载下地基的稳定性要求时，方可增加堆载。

2. 地基固结度和强度增长计算

真空和堆载联合预压时，固结度和地基强度增长的计算与堆载预压法相同。

3. 沉降计算

真空联合堆载预压地基最终竖向变形可按式（4-48）计算。ξ 可按当地经验取值，无当地经验时，ξ 可取 1.0～1.3。

4.4 预压法施工

应用预压法加固软土地基是一种比较成熟、应用广泛的方法。要保证预压法的加固效果，施工方面要注意做好以下 3 个环节：铺设水平排水垫层；设置竖向排水体；施加固结压力。因为每个环节的工艺都有其特殊的要求，它关系到软土地基加固的成败。

4.4.1 水平排水垫层的施工

排水垫层的作用是在预压过程中，作为土体渗流水的快速排出通道与竖向排水体相连，加快土层的排水固结，其施工质量直接关系到加固效果和预压时间的长短。

1. 垫层材料

垫层材料应采用透水性好的砂料，其渗透系数一般不低于 1×10^{-2} cm/s，同时能起到一定的反滤作用。通常采用级配良好的中粗砂，含泥量不大于 3%。一般不宜采用粉、细砂。砂料不足时，也可采用连通砂井的盲沟来代替整片砂垫层。排水盲沟的材料一般采用粒径为 3～5cm 的碎石或砾石，且满足下式

$$\frac{d_{15}（盲沟）}{d_{85}（排水垫层）} < 4 \sim 5 < \frac{d_{15}（盲沟）}{d_{15}（排水垫层）} \tag{4-49}$$

式中 d_{15}——小于某粒径的含量占总重 15% 的粒径；

        d_{85}——小于某粒径的含量占总重 85% 的粒径。

2. 垫层尺寸

一般情况下，陆上排水垫层厚度为 0.5m，水下垫层为 1.0m 左右。对新吹填不久的或无硬壳层的软黏土及水下施工的特殊条件，应采用厚的或混合料排水垫层。

排水砂垫层宽度等于铺设场地宽度，如采用盲沟来代替砂垫层，盲沟的宽度为 2～3倍砂井直径，一般深度为 40～60cm。

3. 垫层施工

常见的排水砂垫层施工方法有：

(1) 若地基表面承载力较高，能承载一般运输机械时，可采用分堆摊铺法，即先堆成若干砂堆，再采用机械或人工摊平。

(2) 当地基表面承载力不足时，可采用顺序推进摊铺法。

(3) 若地基表面很软，可先在地基表面铺设筋网层，再铺设砂垫层。

(4) 如果对超软弱地基表面采取了加强措施，但承载力仍不足以负担一般机械的压力时，可采用人工或轻便机械顺序推进铺设砂垫层。

不论采用何种施工方法，都应避免对软土表层的过大扰动，以免造成砂和淤泥混合，影响垫层的排水效果。另外，在铺设砂垫层时，应清除干净砂井顶面的淤泥或其他杂物，以利砂井排水。

4.4.2 竖向排水体施工

常见的竖向排水体包括普通砂井、袋装砂井和塑料排水带。

1. 普通砂井施工

砂井施工一般先在地基中成孔，再在孔内灌砂形成砂井。根据成孔工艺的不同，砂井成孔的典型方法有套管法、射水法、螺旋成孔法和爆破法。砂井成孔及灌砂方法可参见

表 4-8，选用时应尽量选用对周围土体扰动较小且施工效率高的方法。

砂井成孔与灌砂方法 表 4-8

		成孔方法	灌砂方法	
使用套管	管端封闭	冲击打入 振动打入	用压缩空气	静力提拔套管 振动提拔套管
		静力压入	用饱和砂	静力提拔套管
	管端敞口	射水排土 螺旋钻排土	浸水自然下沉	静力提拔套管
不使用套管		旋转、射水 冲击、射水	用饱和砂	

为了避免砂井施工时产生缩颈、断颈或错位现象，可用灌砂的密实度来控制砂井的灌砂量。砂井的灌砂量一般按砂在中密度时的干重度和井管外径所形成的体积计算，其实际灌砂量按质量控制要求，不得小于计算值的 95%；灌入砂袋中的砂宜用干砂，并应灌至密实。同时，平面井距的偏差不应大于井径，垂直度偏差不应大于 1.5%。

普通砂井施工方法简单，不需要复杂的机具，其缺点是：采用套管法成孔容易扰动周围土体，产生涂抹作用；射水法应用于含水量高的软土地基难以保证施工质量，砂井中容易混入较多的泥沙；螺旋成孔法无法保证砂井垂直度，需要排除大量废土，耗费大量人力。因此它的适用范围受到一定限制，一般适用于深度为 6~7m 的浅砂井。对于含水量高的软土地基，应用砂井容易产生缩颈、断颈和错位现象。

2. 袋装砂井施工

袋装砂井是用具有一定伸缩性和抗拉强度很高的聚丙烯或聚乙烯编织袋装满砂子形成砂井，它基本上解决了大直径砂井中存在的问题，使砂井的设计和施工更加科学化，保证了砂井的连续性，实现了施工设备轻型化，比较适合于在软弱地基上施工；同时用砂量大为减少，施工速度加快。工程造价降低，是一种比较理想的竖向排水体。

（1）成孔方法。在国内，袋装砂井成孔的方法有锤击打入法、水冲法、静力压入法、钻孔法和振动贯入法 5 种。

（2）砂袋材料的选择。砂袋材料必须选用抗拉力强、抗腐蚀和抗紫外线强、透水性能好、柔韧性好、透气并且能在水中起滤网作用和不外露砂料的材料制作。国内采用过的砂袋材料有麻布袋和聚丙烯编织袋，其力学性能如表 4-9 所示。

砂袋材料力学性能表 表 4-9

材料名称	拉伸试验			弯曲 180°试验		渗透性 (cm/s)
	抗拉强度 (MPa)	伸长率 (%)	弯心直径 (cm)	伸长率 (%)	破坏情况	
麻布袋	1.92	5.5	7.5	4	完整	
聚丙烯编织袋	1.70	25	7.5	23	完整	>0.01

（3）施工要求。灌入砂袋的砂宜用干砂，并应灌制密实。砂袋长度应比砂井孔长

50cm，使其放入井孔内后能露出地面，以便埋入排水砂垫层中。

袋装砂井施工时，所用套管的内径宜略大于砂井直径，不宜过大以减小施工中对地基土的扰动。平面井距的偏差不应大于井径，垂直度偏差不应大于1.5%。深度不得小于设计要求，施工时宜配置能检测其深度的设备。

3. 塑料排水带施工

塑料排水带法是将塑料排水带用插带机插入软土中，然后在地基上堆载预压或采用真空预压，土中水沿塑料带的通道流出，从而使地基得到加固的方法。

（1）塑料排水带材料。塑料排水带通常由芯板和滤膜组成（图4-16）。芯板是由聚丙烯或聚乙烯加工而成的两面有间隔沟槽的板体，滤膜一般采用耐腐蚀的涤纶衬布。

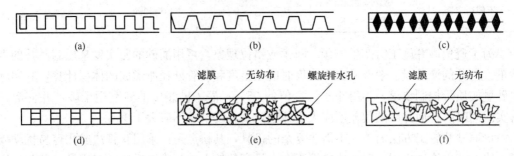

图4-16　几种常见的塑料排水带

(a) Ⅱ槽塑料带；(b) 梯形槽塑料带；(c) △槽塑料带；(d) 硬透水膜塑料带；
(e) 无纺布螺旋孔排水带；(f) 无纺布柔性排水带

（2）塑料排水带性能。塑料排水带的特点是：单孔过水断面大，排水畅通，质量轻，强度高，耐久性好，耐酸、耐碱，滤膜与土体接触后有滤土能力，是一种理想的竖向排水体。

选择塑料排水带时，应使其具有良好的透水性和强度，塑料带的纵向通水量不小于$(15\sim40)\times10^3\,\mathrm{mm}^3/\mathrm{s}$；滤膜的渗透系数不小于$5\times10^{-3}\,\mathrm{mm/s}$；芯带的抗拉强度不小于$10\sim15\mathrm{N/m}$；滤膜的抗拉强度，干态时不小于$1.5\sim3.0\mathrm{N/mm}$，湿态时，不小于$1.0\sim2.5\mathrm{N/mm}$（插入土中较短时用小值，较长时用大值）；整个排水带应反复对折5次不断裂才认为合格。

（3）塑料排水带施工。

1）插带机械。塑料排水带的施工质量在很大程度上取决于施工机械的性质，有时会成为制约施工的重要因素。由于插带机大多在软弱地基上施工，因此要求行走装置具有机械移位迅速，对位准确，整机稳定性好，施工安全，对地基扰动小，接地压力小等性能。插带机按机型分为轨道式、滚动式、履带浮箱式、履带式和步履式多种。

2）塑料排水带管靴与桩尖。一般打设塑料带的导管靴有圆形和矩形两种。因为导管靴断面不同，所用桩尖各异，并且一般都与导管分离。桩尖的主要作用是在打设过程中防止淤泥进入导管内，并且对塑料带起锚固作用，防止提管时将塑料带提出。

① 圆形桩尖。此桩尖配圆形管靴，通常为混凝土制品，如图4-17所示。

② 倒梯形楔绑扎连接桩尖。此桩尖配矩形管靴，通常为塑料制品，也可用薄金属板，如图4-18所示。

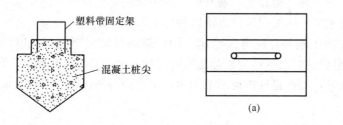

图 4-17　混凝土圆形桩尖示意图　　　图 4-18　倒梯形楔绑扎连接桩尖示意图

③ 倒梯形楔挤压连接桩尖。该桩尖固定塑料带比较简单，一般为塑料制品，也可用金属板，如图 4-19 所示。

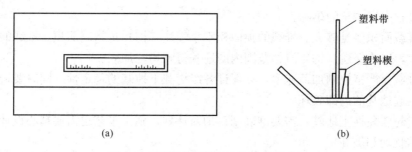

图 4-19　倒梯形楔挤压连接桩尖示意图

3）塑料排水带的施工工艺。施工顺序：定位；将塑料带通过导管从管靴穿出；将塑料带与桩尖连接贴紧管靴并对准桩位；插入塑料带；拔管剪断塑料带等。

4）施工注意事项。

① 塑料排水带在施工过程中应妥善保管，避免阳光照射、破损或污染，防止淤泥进入带芯影响排水效果。

② 塑料带与桩尖连接要牢固，避免提管时脱开，将塑料带带出。

③ 导管尖平端与导管靴配合要适当，避免错缝，防止淤泥在打设过程中进入导管，增大对塑料带的阻力，甚至将塑料带拔出。

④ 严格控制间距和深度，如塑料带拔起 2m 以上应补打；平面井距的偏差不应大于井径，垂直度偏差不应大于 1.5％。深度不得小于设计要求，施工时宜配置能检测其深度的设备。

⑤ 塑料排水施工所用套管应保证插入地基中的塑料带不扭曲。塑料排水带需接长时，应采用滤膜内芯带平搭接的连接方法，搭接长度宜大于 200mm。塑料排水带埋入排水砂垫层中的长度不应小于 500mm。

4.4.3　荷载预压

1. 利用建（构）筑物自重加压

利用建（构）筑物自重对地基加压是一种经济而有效的方法。此法一般应用于以地基的稳定性为控制条件，能适应较大变形的建（构）筑物如路堤、土坝、油罐、水池等。尤其是对油罐、水池等构筑物，在管道连接前通常先充水加压，一方面可检验罐体本身有无渗漏现象；同时，利用分级逐渐充水预压，可使地基土强度提高以满足稳定性的要求。对路堤、土坝等构筑物，由于填土高、荷载大，地基的强度不能满足快速填筑的要求，所以工程上常采用严格控制加荷速率、逐层填筑的方法以确保地基的稳定性。

利用建（构）筑物自重预压地基，应考虑给建（构）筑物预留沉降高度，以保证建（构）筑物预压后其标高满足设计要求。在处理油罐等容器地基时，应保证地基均匀沉降，以确保罐基中心和四周沉降差控制在设计许可的范围内，否则应分析原因，及时采取纠偏措施。

2. 堆载预压

堆载预压的材料一般以散料为主，如石料、砂、砖等。大面积施工时通常采用自卸汽车与推土机联合作业，对超软地基堆载预压，第一级荷载宜用轻型机械或人工作业。

施工过程中应注意的事项：

（1）堆载面积要足够大。堆载的顶面积不小于建（构）筑物底面积。堆载的底面积也应适当扩大，以确保建（构）筑物范围内的地基得到均匀加固。

（2）堆载要严格控制加荷速率，以保证各级荷载下地基的稳定性，同时要避免部分堆载过高而引起地基的局部破坏。

（3）对超软黏性土地基，需要准确制订加荷计划，施工工艺更需要精心设计，尽量避免对地基的扰动和破坏。

3. 真空预压

（1）加固区划分。加固区划分是真空预压施工的重要环节，理论计算结果与实际加固效果均表明，每块真空预压加固场地的面积宜大不宜小。目前国内单块真空预压面积已达$30000m^2$。但如果受施工能力和场地条件限制，需要把场地分成几个加固区域，分期加固、划分区域时应考虑以下几个因素：

1）根据建（构）筑物的分布情况，应确保每个建（构）筑物位于一块加固区域之内，建筑边线距加固区有效边线根据地基加固厚度可取 2～4m 或更大些。应避免两块加固区的分界线横过建（构）筑物，否则将会由于两块加固分界区域的加固效果不同而导致建（构）筑物产生不均匀沉降。

2）应综合考虑竖向排水体的打设能力，加工大面积密封膜的能力，大面积铺膜的能力和经验及射流装置和滤管的数量等因素。

3）应以满足建筑工期为依据，一般加固面积以 6000～10000m² 为宜。

4）在风力很大的地区施工，应在可能情况下适当减小加固区面积。

5）加固区之间的距离应尽量减小或者共用一条封闭沟。

（2）工艺设备。抽真空工艺设备包括真空泵和一套膜内、膜外管路。

1）真空泵。真空泵包括普通真空泵和射流真空泵，常用的射流真空泵由射流箱和离心泵等组成。《建筑地基处理技术规范》JGJ 79—2012 规定：真空预压的抽气设备宜采用射流真空泵，空抽时必须达到95kPa以上的真空吸力。真空泵的设置应根据地基预压面积、形状、真空泵效率及工程经验确定，一台高质量的射流真空泵在施工初期可负担 1000～1200m² 的加固面积，后期可负担 1500～2000m² 的加固面积。但每块加固区设置的真空泵不应少于 2 台。

2）膜内水平排水滤管。目前常用直径为 60～70mm 的铁管或硬质塑料管。为了使水平排水滤管标准化并能适应地基沉降变形，滤水管一般加工成5m长一根；滤水部分钻有直径为8～10mm的滤水孔，孔距5cm，三角形排列；滤水管外绕3mm的铅丝（圈距5cm），外包一层尼龙窗纱布，再包滤水材料构成滤水层。当前常用的滤水材料为土工聚合物，其性能如表4-10所示。

常用滤水材料性能表 表4-10

项目		参考数值
渗透系数（cm/s）		$0.4 \times 10^{-3} \sim 2.0 \times 10^{-3}$
抗拉强度（N/cm）	干态	20～44
	湿态	15～30
隔土性（mm）		<0.075

3）膜外管路。它由连接着射流装置的回阀、截水阀、管路组成。过水断面应能满足排水量，且能承受100kPa径向力而不变形破坏的要求。

4）滤水管的布置与埋设。水平向分布滤水管可采用条状、梳齿状或羽毛状等形式，如图4-20、图4-21所示。滤水管布置宜形成回路，遇到不规则场地时，应因地制宜进行滤水管的排列设计，保证真空负压快速而均匀地传至场地各个部位。

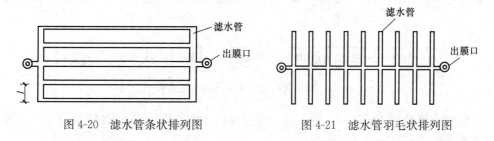

图4-20 滤水管条状排列图　　　　图4-21 滤水管羽毛状排列图

滤水管的排距 l 一般为6～10m，最外层滤水管距场地边2～5m。滤水管之间采用软连接，以适应场地沉降。

《建筑地基处理技术规范》JGJ 79—2012规定：滤水管应埋设在砂垫层中，其上覆盖100～200mm的砂层，防止滤水管上尖利物体刺破密封膜。

（3）密封系统。密封系统由密封膜、密封沟和辅助密封措施组成。《建筑地基处理技术规范》JGJ 79—2012规定：密封膜应采用抗老化性好、韧性好、抗穿刺性能强的不透气材料，工程实际中一般选用聚氯乙烯薄膜、聚乙烯专用薄膜，其性能如表4-11所示。

密封膜性能表 表4-11

抗拉强度（MPa）		伸长率（%）		直角断裂强度（MPa）	厚度（mm）	微孔个数
纵向	横向	断裂	低温			
≥18.5	≥16.5	≥220	20～45	≥4.0	0.12±0.02	≤10

密封膜的施工是真空预压加固法成败的关键因素，加工好的密封膜面积要大于加固场地面积，一般要求每边长度应大于加固区相应边长度2～4m。为了保证整个预压过程中的气密性，密封膜热合时宜采用双热合缝的平搭接，搭接宽度应大于15mm。密封膜

宜铺设 3 层，每层膜铺好后应检查并粘补漏处。为保证膜周边的气密性，膜周边可采用挖沟埋膜、平铺并用黏土覆盖压边、围堤沟内及膜上覆水等方法进行密封（图 4-22、图 4-23）。

由于某种原因，密封膜和密封沟发生漏气现象，施工中必须采用辅助密封措施，如膜上沟内同时覆水、封闭式板桩墙或封闭式板桩墙内覆水。

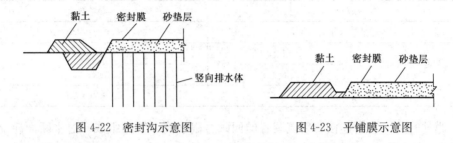

图 4-22　密封沟示意图　　　　　　图 4-23　平铺膜示意图

4. 真空联合堆载预压

当地基预压荷载大于 80kPa，应在真空预压抽空的同时，再施加一定的堆载，这种方法称为真空联合堆载预压。

该工艺既能加固超软土地基，又能较高地提高地基承载力，其工艺流程如图 4-24 所示。

图 4-24　真空联合堆载预压工艺流程

真空联合堆载预压施工时，除了要按真空预压和堆载预压的要求进行施工外，还应注意以下几点：

1）对一般软黏土，当膜下真空度稳定地达到 80kPa，抽真空 10d 左右可进行上部堆载施工，即边抽真空，边连续加堆载。对高含水量的淤泥类土，当膜下真空度稳定地达到 80kPa，一般抽真空 20～30d 可进行堆载施工。堆载部分的荷重为设计荷载与真空等效荷载之差。如果堆载部分的荷重较小，可一次施加；荷重较大应根据计算分级施加。

2）在进行上部堆载之前，必须在密封膜上铺设防护层，保护密封膜的气密性。防护层可采用编织布或无纺布等，其上铺设 100～300mm 厚的砂垫层，然后再进行堆载。堆载时宜采用轻型运输工具，并不得损坏密封膜。在进行上部堆载施工时，应密切观察膜下真空度的变化，发现漏气，应及时处理。

4.5　施工质量监测与检验

预压法的施工质量监测与检验是保证安全施工和有效加固地基的重要手段。施工中经常进行的观测和检测项目包括孔隙水压力观测、沉降观测、边桩水平位移观测、地基土物理力学指标检测。

4.5.1 施工质量监测

1. 孔隙水压力观测

利用孔隙水压力观测资料,可根据测点孔隙水压力时间变化曲线,反算土的固结系数、推算该点不同时间的固结度,从而推算强度增长,并确定下一级施加荷载的大小。同时,根据孔隙水压力与荷载的关系曲线可判断该点是否达到屈服状态,进而用来控制加荷速率,避免加荷过快而造成地基破坏。

现场常用钢弦式孔隙水压力计和双管式孔隙水压力计来观测孔隙水压力。钢弦式孔隙水压力计的优点是反应灵敏、时间延滞短,适用于荷载变化比较迅速的情况,而且便于实现原位测试技术的数字化、信息化,实践证明,其长期稳定性也较好。双管式孔隙水压力计耐久性能好,但有压力传递滞后的缺点;另外,容易在接头处发生漏气,并能使传递压力的水中逸出大量气泡,影响测读精度。

在堆载预压工程中,一般在场地中央、堆载坡顶及坡脚不同深度处设置孔隙水压力观测仪器;而真空预压工程只需在场内设置若干个测孔,测孔中测点布置垂直距离为1~2m,不同土层也应设测点,测孔的深度应大于待加固地基的深度。

2. 沉降观测

沉降观测是最基本、最重要的观测项目之一。观测内容包括荷载作用范围内地基的总沉降、荷载外地面沉降或隆起、分层沉降及沉降速率等。

堆载预压工程的地面沉降标应沿场地对称轴线设置,场地中心、坡顶、坡脚和场外10m范围内均设置地面沉降标,以掌握整个场地的沉降情况和场地周围地面隆起情况。

真空预压工程地面沉降标应在场内有规律地布置,各沉降标之间距离一般为20~30m,边界内外适当加密。

深层沉降一般用磁环或沉降观测仪在场地中心设置一个测孔,孔中测点位于各土层的上部。

《建筑地基处理技术规范》JGJ 79—2012规定:堆载预压加载过程中,设置有竖向排水体的地基最大竖向变形量不应超过15mm/d,天然地基最大竖向变形量不应超过10mm/d;采用真空联合堆载预压时,堆载加载过程中,地基竖向变形速率不应大于50mm/d。

3. 边桩水平位移观测

边桩水平位移观测包括边桩水平位移和沿深度的水平位移两部分。水平位移观测的主要方法是设置水平位移标,它一般由木桩或混凝土制成,布置在预压场地的对称轴线上场地边线以外。深部水平位移观测则由测斜仪测定,测孔中测点距离为1~2m。

如果加荷速度过快,引起地基中剪应力超过其抗剪强度,会造成地基土发生较大的侧向挤出,水平位移明显增大,继而发生整体剪切破坏。因此,水平位移观测也是控制堆载预压加荷速率的重要手段。一般的控制原则是:预压地基边缘处水平位移不应超过5mm/d,位移速度加快应停止加荷。真空预压的边桩水平位移指向加固场地,其值大小不会造成加固地基的破坏。

4. 地基土物理力学指标检测

通过对比加固前后地基土的物理力学指标可更直观地反映出预压法加固地基的效果。

现场观测的测试要求如表4-12所示。

观测内容	观测目的	观测频率（次/日）	备注
沉降	推算固结程度 控制加荷速率	(a) 4 次/日 (b) 2 次/日 (c) 1 次/日 (d) 4 次/年	(a) 为加荷期间，加荷后一星期内观测次数； (b) 为加荷停止后第二个星期至一个月内的观测次数； (c) 为加荷停止一个月后观测次数； (d) 为软土层很厚，产生次固结情况
坡脚侧向位移	控制加荷速率	(a)、(b) 1 次/日 (c) 1 次/2 日	
孔隙水压力	测定孔隙水压力 增长和消散情况	(a) 8 次/昼夜 (b) 2 次/日 (c) 1 次/日	
地下水位	了解水压变化 计算孔隙水压力	1 次/日	

4.5.2 施工质量检验

塑料排水带必须在现场随机抽样送往实验室进行性能指标的测试，其性能指标包括纵向通水量、复合体抗拉强度、滤膜抗拉强度、滤膜渗透系数和等效孔径。对不同来源的砂井和砂垫层材料，应取样进行颗粒分析和渗透性试验。

对由抗滑稳定性控制的工程，应在预压区内选择代表性地点预留孔位，在加载不同阶段进行原位十字板剪切试验和室内土工试验；加固前的地基土检测，应在打设塑料排水带之前进行。

对预压工程，应进行地基竖向变形、侧向位移和孔隙水压力等的监测。真空预压、真空联合堆载预压工程，除应进行地基变形、孔隙水压力监测外，尚应进行膜下真空度和地下水位量测。

预压法竣工验收检验应符合下列规定：竖向排水体深度范围内和竖向排水体以下受压土层的强度，经预压所完成的竖向变形和平均固结度应满足设计要求。应对预压地基进行原位试验和室内土工试验。原位试验可采用十字板剪切试验或静力触探，检验深度不应小于设计处理深度。原位试验和室内土工试验，应在卸载 3~5d 后进行。检验数量按每个处理分区不少于 6 点进行检测，对于堆载斜坡处应增加检验数量。预压处理后的地基承载力采用静载荷试验确定，检验数量按每个处理分区不应少于 3 点进行检测。

复 习 与 思 考 题

4-1 试述排水固结法的系统构成。

4-2 简述堆载预压法、真空预压法和降低地下水法的适用地层及加固机理。

4-3 试阐述砂井堆载预压法加固地基的设计步骤。

4-4 试阐明"固结度""超载预压""涂抹作用"和"井阻效应"的意义。

4-5 砂井地基在什么情况下需要修正？如何进行修正？

4-6 为何砂井堆载预压不能减小次固结沉降？

4-7 某厚度为 10m 的饱和黏土层，底面以下为不排水层，顶面曾经瞬时大面积堆载 $p_0 = 150\text{kPa}$。现从地表至黏土层底面每隔 2m 布置测点，测得各测点的孔隙水压力自上而下分别为 0kPa、50kPa、90kPa、130kPa、165kPa、195kPa，土层的 $E_n = 5.5\text{MPa}$、$k = 5.14 \times 10^{-8}\text{cm/s}$，试计算：（1）此时土层平均固结度；（2）土层已经固结几年？（3）再经过 5 年，土层的固结度达多少？

4-8　某软土地基采用砂井预压法加固地基，其土层分布为：地面下 15m 为高压缩性软土，往下为粉砂层，地下水位在地面下 1.5m。软土重度 $\gamma = 18.5 \text{kN/m}^3$，孔隙比 $e_1 = 1.1$，压缩系数 $a = 0.58 \text{MPa}^{-1}$，竖向渗透系数 $k_v = 2.5 \times 10^{-8} \text{cm/s}$，水平向渗透系数 $k_h = 7.5 \times 10^{-8} \text{cm/s}$。砂井直径 0.3m，井距 3.0m，等边三角形布井，砂井打至粉砂层顶面。总预压荷载为 100kPa，分两级施加：第一级在 10d 之内加至 60kPa，预压 20d，然后在 10d 之内加至 100kPa，试分别计算在 30d、80d 和 120d 时的固结度。

4-9　某饱和黏性土厚度为 10m，初始孔隙比 $e_0 = 1$，压缩系数 $a = 0.3 \text{MPa}^{-1}$，压缩模量 $E_s = 6.0 \text{MPa}$，渗透系数 $k = 1.8 \text{m/a}$。该土层作用有大面积堆载 $p = 120 \text{kPa}$，在单面和双面排水条件下，求：（1）加载一年时的固结度；（2）加载一年时的沉降量；（3）沉降 150mm 所需时间。

4-10　某地基为饱和黏性土，固结系数 $C_h = C_v = 1.8 \times 10^{-3} \text{cm}^2/\text{s}$，水平渗透系数 $k_h = 1 \times 10^{-7} \text{cm/s}$。采用塑料排水板固结排水，排水板宽 $b = 100 \text{mm}$，厚度 $\delta = 4 \text{mm}$，渗透系数 $k_w = 1 \times 10^{-2} \text{cm/s}$，涂抹区渗透系数 $k_s = 2.0 \times 10^{-8} \text{cm/s}$，取涂抹区直径为排水板当量换算直径的 2 倍，塑料排水板按等边三角形排列，间距 $l = 1.4 \text{m}$，深度 $H = 20 \text{m}$，底部为不透水层，预压荷载 $p = 100 \text{kPa}$，瞬时加载，试计算 120d 时受压土层的平均固结度。

4-11　某地基上部为淤泥质黏性土，厚度 20m，固结系数 $C_h = C_v = 1.8 \times 10^{-3} \text{cm}^2/\text{s}$，其下部为不透水层。采用袋装砂井处理，砂井直径 $d_w = 7 \text{cm}$，桩长 15m，等边三角形布置，间距 $l = 1.4 \text{m}$，试计算地基预压 3 个月时的平均固结度。

第5章 复合地基理论

5.1 概 述

5.1.1 复合地基的定义

复合地基（Composite Ground 或 Composite Foundation）是指在地基处理过程中，部分土体得到增强，或被置换，或设置加筋体，加固区是由基体（天然地基土体或被改良的地基土体）和增强体两部分组成的人工地基。复合地基中，基体和增强体共同承担荷载，协调变形，基础、垫层、增强体与土始终密贴。

与均质地基和桩基础相比，复合地基有 2 个基本特点：

（1）加固区是由基体和增强体两部分组成，是非均质和各向异性的；

（2）在荷载作用下，基体和增强体共同承担荷载的作用。

前一特点使复合地基区别于均质地基，后一特点使复合地基区别于桩基础。

自从复合地基概念在国际上于 1962 年首次被提出以来，其含义随着工程应用和理论研究而不断丰富和发展。最初，复合地基主要是指碎石桩复合地基，随着深层搅拌法和高压喷射注浆法在地基处理中的推广应用，人们开始重视水泥土桩复合地基的研究，于是，复合地基由散体材料桩复合地基逐步扩展到黏结材料桩复合地基，概念发生了变化。后来，减少沉降量桩、低强度混凝土桩和土工合成材料在地基基础工程中的应用将复合地基概念进一步拓宽。目前，学术界和工程界对复合地基的定义有狭义和广义两种，前者认为各类砂石桩和各类水泥土桩与地基土才形成复合地基，或者认为桩体与基础不相连接才形成复合地基；后者侧重在荷载传递机理上揭示复合地基的本质，认为共同承担上部荷载并协调变形的增强体与基体组成的复合体形成复合地基。

5.1.2 复合地基的分类

基于试验研究和工程应用方面的考虑，可根据不同的分类标准将复合地基划分出多种类型：

（1）根据增强体的设置方向，复合地基分为竖向增强体复合地基（桩长相等或不相等）、斜向增强体复合地基和水平向增强体复合地基，如图 5-1 所示。竖向增强体称为桩或柱，竖向增强体复合地基通常称为桩体复合地基。工程中，竖向增强体有土桩、灰土

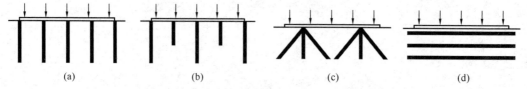

(a)	(b)	(c)	(d)

图 5-1 复合地基按增强体的设置方向分类示意图

（a）桩体复合地基（桩长相等）；（b）桩体复合地基（桩长不相等）；

（c）斜向增强体复合地基；（d）水平向增强体复合地基

桩、石灰土桩、深层搅拌水泥土桩、夯实水泥土桩、石灰桩、钢渣桩、砂桩、振冲碎石桩、干振碎石桩、CFG 桩和钢筋混凝土桩等；斜向增强体有树根桩等；水平向增强体主要有土工合成材料和金属材料格栅等。

（2）根据竖向增强体的性质，桩体复合地基分为散体材料桩复合地基（如砂桩、碎石桩和矿渣桩复合地基等）、柔性桩复合地基（如土桩、石灰桩、灰土桩、石灰土桩和水泥土桩复合地基等）和刚性桩复合地基（如 CFG 桩和混凝土复合地基等）。

（3）根据制桩工艺，桩体复合地基分为挤土桩（如振冲桩和夯填桩）和非挤土桩（如旋喷桩和搅拌桩等）复合地基两大类。

（4）根据桩体材料，桩体复合地基分为散体土类桩复合地基（如砂桩、碎石桩等复合地基）、水泥土类桩复合地基（如水泥土搅拌桩和旋喷桩等复合地基）和混凝土类桩复合地基（如 CFG 桩、树根桩和锚杆静压桩等复合地基）。

（5）根据桩体材料性状，特别是桩体置换作用的大小，桩体复合地基分为散体桩复合地基（如以砂桩、碎石桩为增强体的复合地基）、一般黏结强度桩复合地基（如以石灰桩、水泥土桩为增强体的复合地基）和高黏结强度桩复合地基（如 CFG 桩复合地基）。对一般黏结强度桩复合地基也可再细分为低黏结强度桩复合地基（如石灰桩复合地基）和中等黏结强度桩复合地基（如以旋喷桩、夯实水泥土桩为增强体的复合地基）。

（6）根据桩型数量，桩体复合地基分为单一桩型复合地基和组合桩型复合地基（多桩型复合地基、多元复合地基、混合桩型复合地基、长短桩复合地基）。前者桩体为同一种材料；后者由两种或两种以上类型的桩组成，以充分发挥各桩型的优势，大幅度提高地基承载力，减少地基沉降量，显示良好的技术效果和经济效益。

由上可知，复合地基的形式非常复杂，要建立可适用于各类复合地基承载力和沉降计算的统一公式是很困难的，或者说是不可能的。在进行复合地基设计时，一定要因地制宜，不宜盲目套用，应该用一般理论作指导，结合具体工程进行精心设计。

5.1.3 复合地基的常用术语

（1）褥垫层

在桩体复合地基和上部结构基础之间设置的垫层叫作褥垫层。刚性基础下复合地基的褥垫层常采用柔性垫层，如砂石垫层，压实后通常的厚度为 10～35cm；柔性基础下复合地基的褥垫层常采用刚度较大的垫层，如土工格栅加筋垫层、灰土垫层等；设置褥垫层可以保证桩土共同承担荷载、调整桩土应力分担比、减小基础底面的应力集中。

（2）复合地基承载力特征值

复合地基的承载力特征值为由复合地基载荷试验测定的荷载-沉降曲线线性变形段内规定的变形所对应的压力值，其最大值为比例界限值，用 f_{spk} 表示。

（3）面积置换率

竖向增强体复合地基中，竖向增强体习惯上称为桩体，基体称为桩间土体。若桩体的横截面面积为 A_p，该桩体所承担的加固面积为 A_e，则复合地基面积置换率的定义为：

$$m = \frac{A_p}{A_e} \qquad (5\text{-}1)$$

对只在基础下布桩的复合地基，桩的截面面积之和与复合土体面积（与基础总面积相等）之比，称为平均面积置换率。

桩在平面上的布置形式有等边三角形布置、正方形布置和矩形布置三种（图 5-2）。

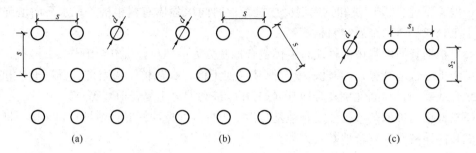

图 5-2　桩体平面布置形式
(a) 正方形布置；(b) 等边三角形布置；(c) 矩形布置

若桩体为圆形，直径为 d，则对应的复合地基面积置换率分别为：

$$m = \begin{cases} \dfrac{\pi d^2}{2\sqrt{3}s^2}（等边三角形布桩） \\[2mm] \dfrac{\pi d^2}{4s^2}（正方形布桩） \\[2mm] \dfrac{\pi d^2}{4s_1 s_2}（矩形布桩） \end{cases} \qquad (5\text{-}2)$$

式中　s——等边三角形布桩和正方形布桩时的桩间距；

s_1、s_2——长方形布桩时的行间距和列间距。

（4）桩土应力比

对某一复合土体单元，在荷载作用下，假设桩顶应力为 σ_p，桩间土表面应力为 σ_s，则桩土应力比 n 为：

$$n = \frac{\sigma_p}{\sigma_s} \qquad (5\text{-}3)$$

实际工程中，桩处在基础下的部位不同或桩距不同，桩土应力比也不同。一般情况下，桩土应力比与桩体材料、桩长、面积置换率有关。其他条件相同时，桩体材料刚度越大，桩土应力比越大；桩越长，桩土应力比越大；面积置换率越小，桩土应力比越大；桩土应力比越大，桩承担的荷载占总荷载的百分比越大。

将基础下桩的平均桩顶应力与桩间土平均应力之比定义为平均桩土应力比，它是反映桩土荷载分担的一个参数，也是复合地基的设计参数。

（5）桩、土荷载分担比

复合地基桩、土荷载分担比即桩与土分担荷载的比例。复合地基中桩、土的荷载分担既可用桩土应力比表示，也可用桩、土荷载分担比 λ_p、λ_s 表示：

$$\lambda_p = \frac{P_p}{P} \qquad (5\text{-}4)$$

$$\lambda_s = \frac{P_s}{P} \qquad (5\text{-}5)$$

式中　P_p——桩承担的荷载（kN）；

P_s——桩间土承担的荷载（kN）；

P——总荷载（kN）。

当平均面积置换率已知后，桩土荷载分担比和桩土应力比可以相互表示。

（6）复合模量

复合模量表征复合土体抵抗变形的能力，数值上等于某一应力水平时复合地基应力与复合地基相对变形之比。桩体复合地基的复合模量可用桩抵抗变形能力与桩间土抵抗变形能力的某种叠加来表示，计算式为：

$$E_{sp}=mE_p+（1-m）E_s \tag{5-6}$$

式中 E_p——桩体压缩模量（MPa）；

E_s——桩间土压缩模量（MPa）；

E_{sp}——复合模量（MPa）。

式（5-6）是在某些特定的理想条件下导出的，其条件为：①复合地基上的基础为绝对刚性；②桩端落在坚硬的土层上，即桩没有向下的刺入变形。其缺陷在于不能反映桩长的作用和桩端阻效应。实际工程中，桩的模量直接测定比较困难。常通过假定桩土模量比等于桩土应力比，采用复合地基承载力的提高系数计算复合模量。

承载力提高系数 ξ 由下式计算：

$$\xi=\frac{f_{spk}}{f_{ak}} \tag{5-7}$$

式中 f_{spk}、f_{ak}——分别为复合地基和天然地基的承载力特征值；

ξ——模量提高系数，复合土层的复合模量为：

$$E_{sp}=\xi E_s \tag{5-8}$$

5.1.4 复合地基的工程应用

随着我国经济建设的发展，公路、机场、铁道、建筑、港口、堤坝等建设工程的规模和技术难度越来越大，地基基础工程的地位日显重要。我国地域辽阔，河流湖泊众多，软土地基竖向厚度不均匀，横向分布非常广泛，甚至在比较窄小的城市空地，由于河道变迁或岩溶发育等原因，基岩埋深差异可达数十米，严重影响了土木工程建设。如何充分挖掘天然地基的工程潜力，因地制宜，优选方案，至关重要。复合地基的最大特点就是"缺多少补多少"，通过调整加强体参数（如桩长、桩径、间距和桩体模量等），使承载力大幅度提高，沉降量大幅度减少，具有显著的技术和经济效果。

实践的需要推动技术的发展。随着增强体加强和联合，复合地基的承载力大幅度提高，目前已较多地用于高路堤和高层建筑地基加固。在增强体加强方面，工程中采用了实心混凝土桩、实心钢筋混凝土桩、振动沉模大直径现浇薄壁管桩，或者在水泥土桩中插入钢管或预制混凝土芯桩；在增强体联合方面，工程中采用了不同材料或不同刚度的桩在平面上相间布置或者在竖向不等长布置，形成组合桩型复合地基，也称为多桩型复合地基、多元复合地基、混合桩型复合地基、长短桩复合地基。有一项专利，称为 CM 三维高强复合地基，即是采用刚性桩、半刚性桩以及柔性桩与桩间土组成。另外，在较长的竖向排水体之间设置较短的桩体，形成长板-短桩复合地基；桩体复合地基上设置水平向增强体复合地基，形成桩-网复合地基。《建筑地基处理技术规范》JGJ 79—2012 等规范的实施，推动了复合地基技术的应用和发展，但在较长的时间内，复合地基技术仍将处于工程应用超前理论研究的阶段。

5.2 复合地基受力特性与破坏模式

5.2.1 桩体复合地基受力特性

（1）桩身荷载传递规律与桩土应力分担

散体材料桩的黏结强度很小，荷载作用下，主要受力区在桩顶 4 倍桩径范围内，在桩顶附近（桩径的 2～3 倍处）发生侧向膨胀变形，桩土应力比 $n=2～5$，故碎石桩主要依靠周围土的约束来承受上部荷载，而被加固土常较软弱，故地基改良幅度不大，承载力提高 20%～60%，强度增长和沉降稳定需要较长时间。

柔性桩有一定的黏结强度，刚度较大，桩土应力比 $n=3～18$。对掺入比为 15% 的水泥搅拌桩，变形、轴力和侧摩擦力主要集中在 0～17 倍桩径范围内，破坏发生在浅层，破坏形式为环向拉裂和桩体压碎。

刚性桩的桩土应力比 n 可达 70 以上，可以在全桩长范围内发挥侧阻力和端阻力。但是，由于桩顶褥垫层的作用，在垫层底部一定深度范围内，桩间土的位移大于桩的位移；在某一深度，桩间土的位移等于桩的位移；随着深度加大，桩间土的位移小于桩的位移。所以，桩身上部受到负摩擦力作用，桩身下部受到正摩擦力作用，在中性点处轴力最大，如图 5-3 所示。

（2）桩、土垂直受力特性

如图 5-4 所示，在荷载较小时，土分担较多的荷载；随着荷载的增加，桩、土应力增加，桩体复合地基中桩分担的荷载比逐渐增大，桩间土分担的荷载比逐渐降低，桩、土的荷载比分别增大和降低的过程中可能将荷载平分，平分点所对应的荷载随桩长增大而减少。

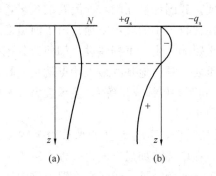

图 5-3　刚性桩复合地基中桩身荷载传递
（a）桩身轴力分布；（b）桩侧摩阻力分布

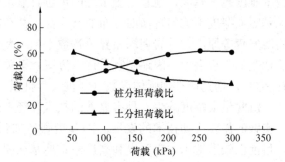

图 5-4　桩、土分担荷载比随荷载的变化

5.2.2 复合地基破坏模式

1. 竖向增强体复合地基破坏模式

竖向增强体复合地基破坏模式可以分成两种情况：一种是桩间土首先破坏，另一种是桩体首先破坏。桩间土和桩体同时达到破坏是很难遇到的。在荷载作用下，复合地基究竟发生何种破坏，与增强体材料性质、基础结构形式、荷载形式及桩土性质差异程度等因素有关。刚性基础下复合地基失效主要不是地基失稳，而是沉降过大，或不均匀沉降过大。

路堤或堆场下复合地基失效首先要重视地基稳定性问题，然后是变形问题。

竖向增强体复合地基中，桩体有刺入破坏、鼓胀破坏、剪切破坏和滑动剪切破坏 4 种破坏模式，如图 5-5 所示。

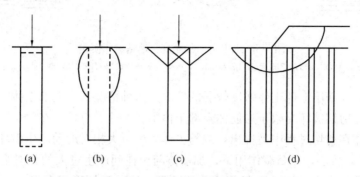

图 5-5　竖向增强体破坏模式
(a) 刺入破坏；(b) 鼓胀破坏；(c) 剪切破坏；(d) 滑动剪切破坏

(1) 桩体发生刺入破坏

如图 5-5(a) 所示，一般限于刚性桩、地基土较软弱的情况。桩体发生刺入破坏，承担荷载大幅度降低，引起桩间土破坏，造成复合地基全面破坏。柔性基础下，刚性桩更容易发生刺入破坏。若处在刚性基础下，则可能产生较大沉降，造成复合地基失效。

(2) 桩体发生鼓胀破坏

如图 5-5 (b) 所示，多见于散体类桩。在荷载作用下，桩周土不能为散体桩提供足够的围压防止桩体发生过大的侧向变形，桩体产生鼓胀破坏，造成复合地基全面破坏。在刚性基础和柔性基础下，散体材料桩复合地基均可能发生桩体鼓胀破坏。

(3) 桩体发生剪切破坏

如图 5-5(c) 所示，在荷载作用下，复合地基中桩体发生剪切破坏，进而引起复合地基全面破坏。低强度的柔性桩较容易产生桩体剪切破坏。刚性基础和柔性基础下低强度柔性桩复合地基均可能产生桩体剪切破坏。

(4) 桩体发生滑动剪切破坏

如图 5-5(d) 所示，在荷载作用下，复合地基沿某一滑动面产生滑动破坏。在滑动面上，桩体和桩间土均发生剪切破坏。各种复合地基均可能发生滑动破坏模式，柔性基础下发生的可能性更大。

2. 水平向增强体复合地基破坏模式

水平向增强体复合地基通常的破坏模式是整体破坏。受天然地基土体强度、加筋体强度和刚度以及加筋体的布置形式等因素影响，水平向增强体复合地基有多种破坏形式。不同学者对其有不同的分类。Jean Binquet 等人（1975）根据土工织物的加筋复合土层模型试验的结果，认为有如图 5-6 所示的 3 种破坏形式，其中，u 为第一层加筋体埋置深度（m），B 为基础宽度（m），N 为加筋体层数。

(1) 加筋体以上土体剪切破坏

如图 5-6(a) 所示，在荷载作用下，最上层加筋体以上土体发生剪切破坏。也有人把它称为薄层挤出破坏。这种破坏多发生在第一层加筋体埋置较深、加筋体强度大，且具有

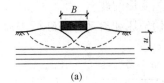 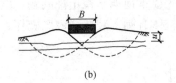 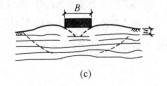

图 5-6　水平向增强体复合地基破坏模式

(a) $u/B>2/3$；(b) $u/B<2/3$，$N<2$ 或 3；(c) $u/B<2/3$，$N>4$

足够锚固长度，加筋层上部土体强度较弱的情况。这种情况下，上部土体中的剪切破坏无法通过加筋层，剪切破坏局限于加筋体上部土体中。

（2）加筋体在剪切过程中被拉出，或与土体发生过大相对滑动产生破坏

如图 5-6（b）所示，在荷载作用下，加筋体与土体间产生过大的相对滑动，甚至加筋体被拉出，加筋体发生破坏而引起整体剪切破坏。这种破坏形式多发生在加筋体埋置较浅，加筋层较少，加筋体强度高但锚固长度过短，两端加筋体与土体界面不能提供足够的摩擦力防止加筋体拉出的情况。

（3）加筋体在剪切过程中被拉断而产生剪切破坏

如图 5-6（c）所示，在荷载作用下，剪切过程中加筋体被绷断，引起整体剪切破坏。这种破坏形式多发生在加筋体埋置较浅，加筋层数较多，并且加筋体足够长，两端加筋体与土体界面能够提供足够的摩擦力防止加筋体被拉出的情况。这种情况下，最上层加筋体首先被绷断，然后一层一层逐步向下发展。

5.3　复合地基承载力确定

5.3.1　复合地基载荷试验

载荷试验是对复合地基承载力和沉降性状进行检验、验算和评价的最客观方法。该试验是在一定面积（桩体所加固的范围）和形状的承压板上向地基土逐级施加荷载，并观测每级荷载下地基土的变形特征，用于测定承压板下应力主要影响范围内复合土层的承载力和变形参数，对地基土基本上不产生扰动。复合地基承载力特征值可这样确定：

（1）当压力-沉降曲线上极限荷载能确定，而其值不小于对应比例界限的 2 倍时，可取比例界限；当其值小于对应比例界限的 2 倍时，可取极限荷载的一半；

（2）当压力-沉降曲线是平缓的光滑曲线时，可按相对变形值确定。

5.3.2　桩体复合地基承载力计算

桩体复合地基中，散体材料桩、柔性材料桩和刚性材料桩的荷载传递机理是不同的，基础刚度大小、是否铺设垫层、垫层厚度等都对桩体复合地基的受力性状及承载力有较大的影响，桩体复合地基承载力计算比较复杂。桩体复合地基承载力是由地基和桩体两部分承载力组成。工程中，一般采用《建筑地基处理技术规范》JGJ 79—2012 确定桩体和复合地基承载力特征值。如何合理估计桩和土对复合地基承载力的贡献是桩体复合地基计算的关键。在荷载作用下，桩和土同时达到极限破坏的概率很小。通常认为桩先破坏，但也有例外。当其中一者破坏时另一者的发挥度只能进行估计。目前有两种思路：

（1）分别确定桩体和桩间土的承载力，根据一定的原则叠加两部分承载力得到复合地

基的承载力，如应力比法和面积比法。这是我国目前用得比较多的一种计算方法。

（2）将桩体和桩间土组成的复合地基作为整体来考虑，常用稳定分析法计算。

1. 应力比法

如图 5-7 所示，根据材料力学中平截面假设，当均布荷载 p 作用于复合地基上，假定基础是刚性的，在地表平面内，加固桩体和软弱地基土的沉降相同，由于桩的变形模量大于土的变形模量，荷载向桩集中，作用于桩间土的荷载降低。在荷载 p 作用下复合地基平衡方程式为：

$$p \times A = p_p \times A_p + p_s \times A_s \tag{5-9}$$

式中　p——复合地基上的作用荷载（kPa）；

　A——一根加固桩桩体所承担的加固地基的面积（m²）；

　p_p——作用在加固桩桩体上的应力（kPa）；

　p_s——作用在桩间土上的应力（kPa）；

　A_s——一根加固桩所承担的加固范围内松软土面积（m²）；

　A_p——一根加固桩的横截面面积（m²）。

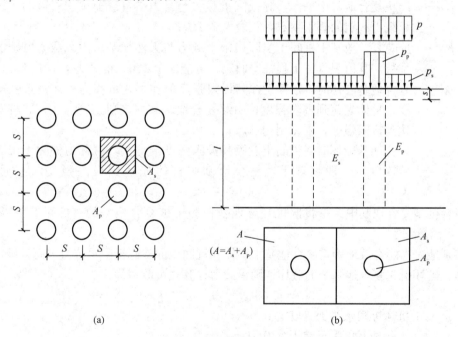

图 5-7　复合地基承载力计算简图

（a）平面布置图；（b）桩土分担的荷载

当应力达到复合地基的极限承载力时，将应力比 n 和置换率 m 代入上式，则有：

$$p_f = \frac{m(n-1)+1}{n} p_{pf} \quad \text{（桩体先达到极限）} \tag{5-10}$$

$$p_f = [m(n-1)+1] p_{sf} \quad \text{（桩间土先达到极限）} \tag{5-11}$$

式中　p_f——复合地基的极限承载力（kPa）；

　p_{pf}——加固桩桩体的极限承载力（kPa）；

　p_{sf}——桩间土的极限承载力（kPa）。

应力比 n 一般用地区经验估计，如砂桩取 $3\sim5$，碎石桩取 $2\sim5$ 等，在无实测资料时，桩间土强度低时 n 取大值，桩间土强度高时 n 取小值，也可用桩土模量比计算：

$$n=\frac{E_{\mathrm{p}}}{E_{\mathrm{s}}} \tag{5-12}$$

式中　E_{p}——桩身变形模量（kPa）；

　　　E_{s}——桩间土的变形模量（kPa），可由载荷试验确定。

2. 面积比法

将面积比代入复合地基平衡方程式（5-9），可得面积比计算公式：

$$p_{\mathrm{f}}=mp_{\mathrm{pf}}+(1-m)\,p_{\mathrm{sf}}\,（桩和土同时达到极限） \tag{5-13}$$

考虑复合地基的实际破坏模式，有如下修正公式：

$$p_{\mathrm{f}}=K_1\times\lambda_1\times m\times p_{\mathrm{pf}}+K_2\times\lambda_2(1-m)\times p_{\mathrm{sf}} \tag{5-14}$$

式中　p_{pf}——桩体极限承载力（kPa）；

　　　p_{sf}——天然地基极限承载力（kPa）；

　　　m——复合地基置换率；

　　　K_1——反映复合地基中桩体实际极限承载力与自由单桩载荷试验测得的桩体极限承载力区别的修正系数，一般大于 1.0；

　　　K_2——反映复合地基中桩间土实际极限承载力与天然地基极限承载力区别的修正系数，其值视具体工程情况而定，可能大于 1.0，也可能小于 1.0；

　　　λ_1——复合地基破坏时，桩体发挥其极限强度的比例，可称为桩体极限强度发挥度，桩体先达到极限强度，引起复合地基破坏，则 λ_1 取 1.0；若桩间土先达到极限强度，则 λ_1 小于 1.0；

　　　λ_2——复合地基破坏时，桩间土发挥其极限强度的比例，可称为桩间土极限强度发挥度，一般情况下，复合地基中桩体先达到极限强度，λ_2 通常取 $0.4\sim1.0$。

组合桩型复合地基中，可将次桩复合地基作为主桩复合地基的"桩间土"，参照式（5-14）计算承载力。

特别地，当能有效地确定复合地基中桩体和桩间土的实际极限承载力，而且破坏模式是桩体先破坏引起复合地基全面破坏，则承载力计算式可改写为：

$$p_{\mathrm{f}}=m\times p_{\mathrm{pf}}+\lambda(1-m)\times p_{\mathrm{sf}} \tag{5-15}$$

式中　p_{pf}——桩体极限承载力（kPa）；

　　　p_{sf}——天然地基极限承载力（kPa）；

　　　m——复合地基置换率；

　　　λ——复合地基破坏时，桩间土极限强度发挥度。

3. 稳定分析法

复合地基的极限承载力也可采用稳定分析法计算。稳定分析方法很多，一般可采用圆弧分析法计算。在圆弧分析法中，假设地基土的滑动面呈圆弧形（图 5-8）。在圆弧滑动面上，总剪切力记为 T，总抗剪切力记为 S，则沿该圆弧滑动面发生滑动破坏的安全系数 K 为

$$K=\frac{S}{T} \tag{5-16}$$

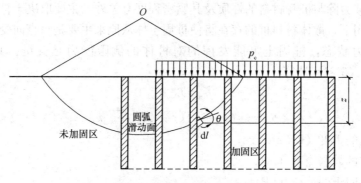

图 5-8 圆弧分析法示意图

取不同的圆弧滑动面，可得到不同的安全系数，通过试算可以找到最危险的圆弧滑动面，并可确定最小的安全系数值。通过圆弧分析法即可根据要求的安全系数计算地基承载力，也可按确定的荷载计算地基在该荷载作用下的安全系数。

在圆弧分析法计算中，假设的圆弧滑动面往往经过加固区和未加固区。地基土的强度应分区计算。加固区和未加固区土体应采用不同的强度指标。未加固区采用天然土体强度指标。加固区土体强度指标可采用面积比法计算复合土体综合指标，也可分别采用桩体和桩间土的强度指标计算。

复合地基加固区的复合土体的抗剪强度 τ_c 可用下式表示

$$\tau_c = (1-m)\ \tau_s + m\tau_p = (1-m)\ [c+\ (\mu_s p_c + \gamma_s z)\ \cos^2\theta\tan\varphi_s] \\ + m\ (\mu_p p_c + \gamma_p z)\ \cos^2\theta\tan\varphi_p \tag{5-17}$$

式中 τ_s、τ_p——分别为桩间土和桩的抗剪强度（kPa）；

c——桩间土黏聚力（kPa）；

p_c——复合地基上作用的荷载（kPa）；

μ_s——应力降低系数，$\mu_s = 1\ [1+\ (n-1)\ m]$；

μ_p——应力集中系数，$\mu_p = n/\ [1+\ (n-1)\ m]$；

γ_s、γ_p——分别为桩间土体和桩体的重度（kN/m³）；

φ_s、φ_p——分别为桩间土体和桩体的内摩擦角；

θ——滑弧在地基某深度处剪切面与水平面的夹角；

z——分析中所取单元弧段的深度（m）。

复合土体黏聚力 c_c 和内摩擦角 φ_c 可用下式表示

$$c_c = c_s\ (1-m)\ + mc_p \tag{5-18}$$

$$\tan\varphi_c = \tan\varphi_s\ (1-m)\ + m\tan\varphi_p \tag{5-19}$$

式中 c_s、c_p——分别为桩间土和桩体的黏聚力（kPa）；

φ_s、φ_p——分别为桩间土和桩体的内摩擦角（°）。

5.3.3 桩体极限承载力计算

桩体极限承载力 p_{pf} 除了通过载荷试验确定外，各国学者还提出了一些计算方法。

（1）散体材料桩

散体材料桩是依靠周围土体的侧限阻力保持其桩形状并承受荷载的，受力后常发生鼓出破坏，其承载力除与桩身材料的性质及其紧密程度有关外，主要取决于桩周土的侧限能力。在荷载作用下，散体材料桩的存在将使桩周土体从原来主要是垂直向受力状态改为主要是水平向受力状态，桩周土可能发挥的对桩体的侧限能力是关键。其承载力可按式（5-20）或式（5-21）计算

$$p_{pf}=6c_u k_{zp} \qquad\qquad\qquad (5-20)$$

$$p_{pf}=\left[(\gamma z+q)k_{zs}+2c_u\sqrt{k_{zs}}\right]k_{zp} \qquad\qquad (5-21)$$

式中　γ——土的重度（kN/m^3）；

　　　z——桩的鼓胀深度（m）；

　　　q——桩间土的荷载（kPa）；

　　　c_u——土的不排水抗剪强度（kPa）；

　　　k_{zs}——桩周土的被动土压力系数，$k_{zs}=\tan^2\left(45°+\dfrac{\varphi'}{2}\right)$；

　　　k_{zp}——桩体材料被动土压力系数，$k_{zp}=\tan^2\left(45°+\dfrac{\varphi'}{2}\right)$，$\varphi'$为桩体材料内摩擦角。

（2）刚性桩和柔性桩

刚性桩和柔性桩受力后常发生刺入破坏。此时可以根据桩身材料强度计算承载力，或者考虑有效桩长按摩擦桩计算承载力，取两者中较小值为桩的承载力。

5.3.4　桩间土极限承载力计算

桩间土极限承载力 p_{sf} 通常取相应的天然地基极限承载力值，有时还需考虑桩体影响。其值常由静载试验确定，也可通过其他原位测试确定。估算时，可根据地基土的物理、力学参数计算或从有关规范查用。常采用 Skempton 极限承载力公式计算

$$p_{sf}=c_u N_c\left(1+0.2\dfrac{B}{L}\right)\left(1+0.2\dfrac{D}{L}\right)+\gamma D \qquad (5-22)$$

式中　D、B、L——基础埋深、宽度和长度（m）；

　　　c_u——不排水抗剪强度（kPa）；

　　　N_c——承载力系数。

5.3.5　水平向增强体复合地基承载力计算

水平向增强体复合地基也称为加筋土地基。在荷载作用下，其工作性状与加筋体长度、强度、层数以及加筋体与土体间的黏聚力和摩擦系数等有关，目前许多问题尚未完全研究清楚。以下简单介绍 Florkiewicz（1990）承载力公式，以供参考。

图 5-9 表示一水平向增强体复合地基上的条形基础。刚性基础宽度为 b，下卧层为厚

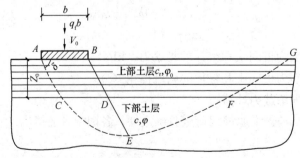

图 5-9　水平增强体复合地基上的条形基础

度 Z_0 的加筋复合土层，其视黏聚力为 c_r，内摩擦角为 φ_0，复合土层下的天然土层黏聚力为 c，内摩擦角为 φ，Florkiewicz 认为，基础的极限荷载是无加筋体的双层土体系的常规承载力 q_0b 和由加筋引起的承载力提高值 Δq_fb 之和，即

$$q_f = q_0 + \Delta q_f \tag{5-23}$$

复合土层中各点的视黏聚力 c_r 值取决于所考虑的方向，其表达式为：

$$c_r = \sigma_0 \frac{\sin\delta\cos(\delta - \varphi_0)}{\cos\varphi_0} \tag{5-24}$$

式中　δ——所考虑的方向与加筋体方向的倾斜角（°）；

　　　σ_0——加筋材料的纵向抗拉强度（kPa）。

采用极限分析法分析，地基土体滑动模式取 Prandtl 滑移面模式，当加筋复合土层中加筋体沿滑移面 AC 断裂时，地基破坏，此时刚性基础速度为 V_0，加筋体沿 AC 面断裂引起的能量消散率增量为

$$D = \overline{AC} \times c_r \times V_0 \frac{\cos\varphi_0}{\sin(\delta - \varphi_0)} = \sigma_0 \times V_0 \times Z_0 \times \cot(\delta - \varphi_0) \tag{5-25}$$

根据上限定理，承载力的提高值可用下式表示

$$\Delta q_f = \frac{D}{V_0 \times b} = \frac{Z_0}{b} \times \sigma_0 \times \cot(\delta - \varphi_0) \tag{5-26}$$

上述分析中忽略了 $ABCD$ 区和 $BGFD$ 区中由于加筋体存在（$c_r \neq 0$）导致的能量耗散率增量的增加。δ 值根据 Prandtl 破坏模式确定，式中的计算结果与试验资料比较表明，该法可用于实际工程的计算。

5.3.6　加固区下卧层承载力验算

加固区下卧层为软弱土层时，需要验算下卧层承载力。要求作用在下卧层顶面处附加应力 p_0 和自重应力 σ_r 之和 p 不超过下卧层土的承载力 $[R]$，即

$$p = p_0 + \sigma_r \leqslant [R] \tag{5-27}$$

5.4　复合地基沉降确定

复合地基沉降计算方法还不成熟，可采用有限元法。实用的方法是按式（5-28）将复合地基的沉降 s 分为加固区内的压缩量 s_1 和下卧层的压缩量 s_2 两部分（图 5-10）。

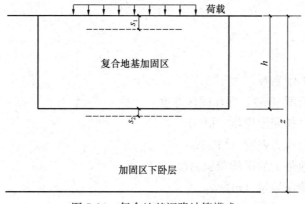

图 5-10　复合地基沉降计算模式

$$s = s_1 + s_2 \tag{5-28}$$

计算加固区压缩量的方法有复合模量法（E_c法）、应力修正法（E_s法）和桩身压缩量法（E_p法），下卧层压缩量通常采用分层总和法计算。计算下卧层压缩量时，作用在下卧层顶面的荷载难以精确计算，工程上常采用应力扩散法、等效实体法和改进 Geddes 法。

5.4.1 复合地基加固区压缩量计算方法

（1）复合模量法（E_c法）

将加固区视为复合土体，采用复合压缩模量来评价复合土体的压缩性。

$$s_1 = m \sum_{i=1}^{n} \frac{\Delta p_i}{E_{csi}} H_i \tag{5-29}$$

式中　m——沉降经验系数，应按实际统计资料取得，现 m 暂取为 1；

　　　Δp_i——第 i 层复合土层上附加应力增量（kPa）；

　　　H_i——第 i 层复合土层的厚度（m）；

　　　E_{csi}——第 i 层复合土压缩模量（kPa）。

（2）应力修正法（E_s法）

根据桩间土承担的荷载和桩间土的压缩模量，忽略增强体的存在，采用分层总和法计算加固土层的压缩量 s_1。

$$s_1 = \sum_{i=1}^{n} \frac{\Delta p_{si}}{E_{csi}} H_i = \mu_s \sum \frac{\Delta p_i}{E_{si}} H_i = \mu_s s_{1s} \tag{5-30}$$

式中　μ_s——应力修正（减小）系数，$\mu_s = \dfrac{1}{1 + m(n-1)}$，$n$、$m$ 分别为桩土应力比和面

　　　　　积置换率；

　　　Δp_{si}——复合地基中第 i 层土中的附加应力增量（kPa）；

　　　Δp_i——未加固地基在荷载 p 作用下第 i 层土上的附加应力增量（kPa）；

　　　E_{si}——未加固地基第 i 层土的压缩模量（kPa）；

　　　s_{1s}——未加固地基在荷载 p 作用下与加固区相应厚度土层内的压缩量（m）。

很明显，s_1 比 s_{1s} 小，体现了加固效果。

（3）桩身压缩量法（E_p法）

$$s_1 = s_p + \Delta \tag{5-31}$$

$$s_p = \frac{\mu_p p + p_{b0}}{2 E_p} l \tag{5-32}$$

$$\mu_p = \frac{n}{1 + m(n-1)} \tag{5-33}$$

式中　μ_p——应力集中系数，大于 1；

　　　l——桩身长度（m），即加固区厚度；

　　　E_p——桩身材料变形模量（kPa）；

　　　p_{b0}——桩底端承力强度（kPa）；

　　　p——复合地基上的平均荷载密度（kPa）；

　　　s_p——桩体的压缩量（m）；

　　　Δ——桩底的下刺入量（m）。

5.4.2 复合地基下卧层压缩量计算方法

下卧层压缩量按《建筑地基基础设计规范》GB 50007—2011 有关规定，采用分层总和法计算。作用在下卧层顶部的荷载 p_b 常采用以下方法计算。

（1）应力扩散法

如图 5-11 所示，这是工程上应用较多的方法。设复合地基上荷载为 p，作用宽度为 B，长度为 D，加固区厚度为 h，压力扩散角为 β，则 p_b 为

$$p_b = \frac{B \times D \times P}{(B + 2h\tan\beta) \times (D + 2h\tan\beta)}（\text{空间问题}） \tag{5-34}$$

$$p_b = \frac{B \times P}{B + 2 \times h \times \tan\beta}（\text{平面问题}） \tag{5-35}$$

（2）等效实体法（图 5-12）

该方法适用于桩距较小时。设复合地基上荷载为 p，作用宽度为 B，长度为 D，加固区厚度为 h，f 为等效实体侧摩阻力密度，则作用在下卧层上的荷载为：

$$p_b = \frac{B \times D \times P - (2B + 2D) \times h \times f}{B \times D}（\text{矩形基础}） \tag{5-36}$$

$$p_b = p - \frac{2 \times h \times f}{B}（\text{条形基础}） \tag{5-37}$$

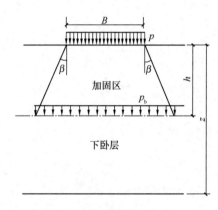

图 5-11 应力扩散法示意图

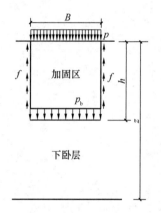

图 5-12 等效实体法示意图

（3）改进 Geddes 法

如图 5-13 所示，S. D. Geddes 认为长度为 L 的单桩在 Q 作用下对地基土产生的作用力 $\sigma_{z,Q}$ 由 3 部分组成：桩端集中力 Q_p 产生的应力 $\sigma_{z,Qp}$、均布侧摩阻力 Q_r 产生的应力 $\sigma_{z,Qr}$ 和随深度线性增长的侧摩阻力 Q_t 产生的应力 $\sigma_{z,Qt}$，并根据集中力作用下的 Mindlin 解积分求解，即：

$$\sigma_{z,Q} = \sigma_{z,Qp} + \sigma_{z,Qr} + \sigma_{z,Qt} = \frac{Q_p K_p}{L^2} + \frac{Q_r K_r}{L^2} + \frac{Q_t K_t}{L^2} \tag{5-38}$$

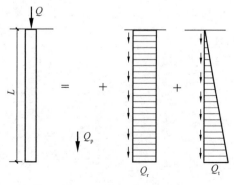

图 5-13 改进 Geddes 法示意

式中 K_p、K_r、K_t——竖向应力系数。

根据叠加原理，黄绍铭建议采用式（5-39）计算下卧层顶部荷载。复合地基总荷载为 p，桩体承担 Q，桩间土承担 p_s。桩间土承担的荷载在地基中产生的竖向应力按天然地基中应力计算。桩体承担的荷载在地基中产生的竖向应力采用 Geddes 法按式（5-38）计算，然后叠加两部分应力得到地基中总的竖向应力。

$$p_b = \sum_{i=1}^{n} (\sigma_{z,Qpi} + \sigma_{z,Qri} + \sigma_{z,Qti}) + \sigma_{z,ps} \tag{5-39}$$

复 习 与 思 考 题

5-1　复合地基有哪些常用术语？解释这些术语。

5-2　竖向增强体复合地基有哪几种破坏模式？

5-3　复合地基承载力特征值如何确定？

5-4　复合地基沉降量如何确定？

第6章 挤 密 桩 法

挤密桩法是以振动、冲击或带套管等方法成孔，然后向孔中填入砂、石、土（或灰土、二灰、水泥土）、石灰或其他材料，再加以振实而成为直径较大桩体的方法。按填入材料和施工工艺的不同，可分为碎（砂）石桩、土（或灰土）桩、石灰桩、水泥粉煤灰碎石桩、夯实水泥土桩和柱锤冲扩桩。挤密砂桩的"砂桩"与堆载预压的"砂井"在作用上也是有区别的。砂桩的作用主要是地基挤密，因而桩径较大，桩距较小。而砂井的作用主要是排水固结，所以井径较小，井距较大。

挤密桩属于柔性桩，而木桩、钢筋混凝土桩和钢桩属于刚性桩，两者的区别如表6-1所示。与后者不同，挤密桩主要靠桩管打入地基时对地基土的横向挤密作用，在一定的挤密功能作用下土粒彼此移动，小颗粒填入大颗粒的孔隙，颗粒间彼此紧靠，孔隙减小，此时土的骨架作用随之增强，从而使土的压缩性减小、抗剪强度提高。由于桩身本身具有较高的承载能力和较大的变形模量，且桩体断面较大，约占松软土加固面积的20%~30%，故在黏性土地基加固时，桩体与桩周土组成复合地基，可共同承担建筑物的荷载。

刚性桩与柔性桩的区别　　　　　　　　　　　　　　　表6-1

刚性桩	柔性桩
应力大部分从桩尖开始扩散	应力从地基开始扩散，组成桩与土的复合地基
应力传到下卧层时还是很大	应力传到下卧层时很小
如松软土层很厚时，若无较好持力层，则沉降还可能会很大，沉降速度较慢	创造了排水条件，初期沉降快而大，而后期沉降小，并加快了沉降速度

6.1 碎（砂）石桩法

6.1.1 概述

碎石桩（Stone Column）和砂桩（Sand Pile）总称为碎（砂）石桩，国外又称粗颗粒土桩（Granular Pile），是指用振动、冲击或水冲等方式在软弱地基中成孔后，再将碎石或砂挤压入已成的孔中，形成大直径的碎（砂）石所构成的密实桩体。

碎石桩最早出现在1835年，此后就被人们所遗忘。直至1937年由德国人发明了振动水冲法（Vibroflotation）（简称振冲法）用来挤密砂土地基，直接形成挤密的砂土地基。20世纪50年代末，振冲法开始用来加固黏性土地基，并形成碎石桩。从此一般认为振冲法在黏性土中形成的密实碎石柱称为碎石桩。我国应用振冲法始于1977年。

随着时间的推移，各种不同的施工工艺相应产生，如沉管法、振动气冲法、袋装碎石桩法、强夯置换法等。它们施工工艺虽不同于振冲法，但同样可形成密实的碎石桩，人们自觉或不自觉地套用了"碎石桩"的名称。

砂桩在19世纪30年代起源于欧洲。但长期缺少实用的设计计算方法和先进的施工工艺及施工设备，砂桩的应用和发展受到很大的影响；同样，砂桩在其应用初期，主要用于松散砂土地基的处理，最初采用的有冲孔捣实施工法，以后又采用射水振动施工法。20世纪50年代后期，产生了目前日本采用的振动式和冲击式的施工方法，并采用了自动记录装置，提高了施工质量和施工效率，处理深度也有较大幅度的增大。砂桩技术自20世纪50年代引进我国后，在工业、交通、水利等建设工程中都得到了应用。

1. 碎石桩

目前国内外碎石桩的施工方法多种多样，按其成桩过程和作用可分为4类，如表6-2所示。

碎石桩施工方法分类 表6-2

分类	施工方法	成桩工艺	适用土类
挤密法	振冲挤密法	采用振冲器振动水冲成孔，再振动密实填料成桩，并挤密桩间土	砂性土、非饱和黏性土，以炉灰、炉渣、建筑垃圾为主的杂填土，松散的素填土
	沉管法	采用沉管成孔，振动或锤击密实填料成桩，并挤密桩间土	
	干振法	采用振孔器成孔，再用振孔器振动密实填料成桩，并挤密桩间土	
置换法	振冲置换法	采用振冲器振动水冲成孔，再振动密实填料成桩	饱和黏性土
	钻孔锤击法	采用沉管且钻孔取土方法成孔，锤击填料成桩	
排土法	振动气冲法	采用压缩气体成孔，振动密实填料成桩	饱和黏性土
	沉管法	采用沉管成孔，振动或锤击填料成桩	
	强夯置换法	采用重锤夯击成孔和重锤夯击填料成桩	
其他方法	水泥碎石桩法	在碎石内加水泥和膨润土制成桩体	饱和黏性土
	裙围碎石桩法	在群桩周围设置刚性的（混凝土）裙围来约束桩体的侧向鼓胀	
	袋装碎石桩法	将碎石装入土工模袋而制成桩体，土工模袋可约束桩体的侧向鼓胀	

《建筑地基处理技术规范》JGJ 79—2012中规定："振冲法适用于处理砂土、粉土、粉质黏土、素填土和杂填土等地基。对于处理不排水抗剪强度不小于20kPa的饱和黏性土和饱和黄土地基，应在施工前通过现场试验确定其适用性。不加填料振冲加密适用于处理黏粒含量不大于10%的中砂、粗砂地基。"因此，在处理不排水抗剪强度较小的饱和土地基时，设计人员应持慎重态度。

2. 砂桩

目前国内外砂桩常用的成桩方法有振动成桩法和冲击成桩法。振动成桩法是使用振动打桩机将桩管沉入土层中，并振动挤密砂料。冲击成桩法是使用蒸汽或柴油打桩机将桩管打入土层中，并用内管夯击密实砂填料，实际上这也就是碎石桩的沉管法。因此，砂桩的沉桩方法，对于砂性土相当于挤密法，对黏性土则相当于排土成桩法。

早期砂桩用于加固松散砂土和人工填土地基，如今在软黏土中，国内外都有使用成功的丰富经验，但国内也有失败的教训。对砂桩用来处理饱和软土地基持有不同观点的学者和工程技术人员，认为黏性土的渗透性较小，灵敏度又大，成桩过程中土内产生的超孔隙水压力不能迅速消散，故挤密效果较差，相反却又破坏了地基土的天然结构，使土的抗剪强度降低。如果不预压，砂桩施工后的地基仍会有较大的沉降，因而对沉降要求严格的建筑物而言，就难以满足沉降的要求。所以应按工程对象区别对待，最好能进行现场试验研究以后再确定。

6.1.2 加固原理

1. 对松散砂土加固原理

碎石桩和砂桩挤密法加固砂性土地基的主要目的是提高地基土承载力、减少变形和增强抗液化性。

碎石桩和砂桩加固砂土地基抗液化的机理主要有下列3方面作用：

（1）挤密作用

对挤密砂桩和碎石桩的沉管法或干振法，由于在成桩过程中桩管对周围砂层产生很大的横向挤压力，桩管中的砂挤向桩管周围的砂层，使桩管周围的砂层孔隙比减小，密实度增大，这就是挤密作用。有效挤密范围可达3～4倍桩直径。

对振冲挤密法，在施工过程中由于水冲使松散砂土处于饱和状态，砂土在强烈的高频强迫振动下产生液化并重新排列致密，且在桩孔中填入的大量粗骨料，被强大的水平振动力挤入周围土中，这种强制挤密使砂土的密实度增加，孔隙比降低，干密度和内摩擦角增大，土的物理力学性能改善，使地基承载力大幅度提高，一般可提高2～5倍。由于地基密度显著增加，密实度也相应提高，因此抗液化的性能得到改善。

（2）排水减压作用

对砂土液化机理的研究证明，当饱和松散砂土受到剪切循环荷载作用时，将发生体积的收缩和趋于密实，在砂土无排水条件时体积的快速收缩将导致超静孔隙水压力来不及消散而急剧上升。当砂土中有效应力降低至零时便形成了完全液化。碎石桩加固砂土时，桩孔内充填碎石（卵石、砾石）等反滤性好的粗颗粒料，在地基中形成渗透性能良好的人工竖向排水减压通道，可有效地消散和防止超孔隙水压力的增高和砂土产生液化，并可加快地基的排水固结。

（3）砂基预振效应

美国 H. B. Seed 等人（1975）的试验表明，相对密度 $D_r = 54\%$ 但受过预振影响的砂样，其抗液化能力相当于相对密度 $D_r = 80\%$ 的未受过预振的砂样。即在一定应力循环次数下，当两试样的相对密度相同时，要造成经过预振的试样发生液化，所需施加的应力要比未经预振的试样引起液化所需应力值提高 46%。从而得出了砂土液化特性除了与砂土的相对密度有关外，还与其振动应变史有关的结论。在振冲法施工时，振冲器以每分钟1450 次振动频率，$98m/s^2$ 水平加速度和 90kN 激振力喷水沉入土中，施工过程使填土料和地基土在挤密的同时获得强烈的预振，这对砂土增强抗液化能力是极为有利的。

国外报道中指出只要小于 0.074mm 的细颗粒含量不超过 10%，都可得到显著的挤密效应。根据经验数据，土中细颗粒含量超过 20% 时，振动挤密法对挤密而言不再有效。

2. 对黏性土加固机理

对黏性土地基（特别是饱和软土），碎（砂）石桩的作用不是使地基挤密，而是置换。碎石桩置换法是一种换土置换，即以性能良好的碎石来替换不良地基土；排土法则是一种强制置换，它是通过成桩机械将不良地基土强制排开并置换，而对桩间土的挤密效果并不明显，在地基中形成具有密实度高和直径大的桩体，它与原黏性土构成复合地基而共同工作。

由于碎（砂）石桩的刚度比桩周黏性土的刚度大，而地基中应力按材料变形模量进行重新分配。因此，大部分荷载将由碎（砂）石桩承担，桩土应力比一般为2～4。

如果在选用碎（砂）石桩材料时考虑级配，则所制成的碎（砂）石桩是黏土地基中一个良好的排水通道，它能起到排水砂井的效能，且大大缩短了孔隙水的水平渗透距离，加速软土的排水固结，使沉降稳定加快。

如果软弱土层厚度不大，则桩体可贯穿整个软弱土层，直达相对硬层，此时桩体在荷载作用下主要起应力集中的作用，从而使软土负担的压力相应减少；如果软弱土层较厚，则桩体可不贯穿整个软弱土层，此时加固的复合土层起垫层的作用，垫层将荷载扩散使应力分布趋于均匀。

总之，碎（砂）石桩作为复合地基的加固作用，除了提高地基承载力、减少地基的沉降量外，还可用来提高土体的抗剪强度，增大土坡的抗滑稳定性。

不论对疏松砂性土或软弱黏性土，碎（砂）石桩的加固作用包括挤密、置换、排水、垫层和加筋的5种作用。

6.1.3 设计计算

1. 一般设计原则

（1）加固范围

加固范围应根据建筑物的重要性和场地条件及基础形式而定，通常都大于基底面积。对一般地基，在基础外缘应扩大1～3排；对可液化地基，在基础外缘扩大宽度不应小于可液化土层厚度的1/2，并不应小于5m，如表6-3所示。

加固范围 表6-3

基础形式	加固范围
独立基础	不超出基底面积
条形基础	不超出或适当超出基底面积
筏形基础、十字交叉基础、箱形基础	建筑物平面外轮廓线范围内满堂加固，轮廓线外加2～3排保护桩

（2）桩位布置

对大面积满堂处理，桩位宜用等边三角形布置；对独立或条形基础，桩位宜用正方形、矩形或等腰三角形布置；对于圆形或环形基础（如油罐基础）宜用放射形布置，如图6-1所示。

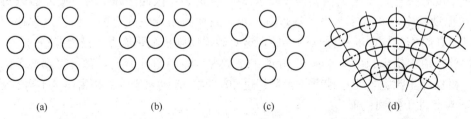

图 6-1 桩位布置
(a) 正方形；(b) 矩形；(c) 等腰三角形；(d) 放射形

（3）加固深度

加固深度应根据软弱土层的性能、厚度或工程要求按下列原则确定：

1）当相对硬层的埋藏深度不大时，应按相对硬层埋藏深度确定；

2）当相对硬层的埋藏深度较大时，对按变形控制的工程，加固深度应满足碎石桩或砂桩复合地基变形不超过建筑物地基容许变形值并满足软弱下卧层承载力的要求；

3）对按稳定性控制的工程，加固深度应不小于最危险滑动面以下 2m 的深度；

4）在可液化地基中，加固深度应按要求的抗震处理深度确定；

5）桩长不宜短于 4m。

（4）桩径

碎（砂）石桩的直径应根据地基土质情况和成桩设备等因素确定。采用 30kW 振冲器成桩时，碎石桩的桩径一般为 0.70～1.0m；采用沉管法成桩时，碎（砂）石桩的直径一般为 0.30～0.70m，对饱和黏性土地基宜选用较大的直径。

（5）材料

桩体材料可以就地取材，一般使用中、粗混合砂、碎石、卵石、砂砾石等，含泥量不大于 5%。碎石桩桩体材料的容许最大粒径与振冲器的外径和功率有关，一般不大于8cm，对碎石，常用的粒径为 2～5cm。

（6）垫层

碎（砂）石桩施工完毕后，基础底面应铺设 30～50cm 厚度的碎（砂）石垫层，垫层应分层铺设，用平板振动器振实。在不能保证施工机械正常行驶和操作的软弱土层上，应铺设施工用临时性垫层。

2. 用于砂性土的设计计算

对于砂性土地基，主要是从挤密的观点出发考虑地基加固中的设计问题，首先根据工程对地基加固的要求（如提高地基承载力、减少变形或抗地震液化等），确定要求达到的密实度和孔隙比，并考虑桩位布置形式和桩径大小，计算桩的间距。

（1）桩距确定

考虑振密和挤密两种作用，平面布置为正三角形和正方形时，如图 6-2 所示。

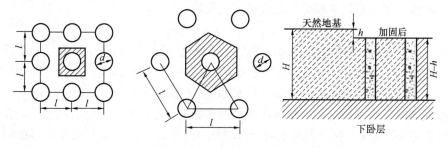

图 6-2　加密效果计算

对于正三角形布置，则 1 根桩所处理的范围为六边形（图中阴影部分），加固处理后的土体体积应变为 $\varepsilon_v = \dfrac{\Delta V}{V_0} = \dfrac{e_0 - e_1}{1 + e_0}$（式中 e_0 为天然孔隙比，e_1 为处理后要求的孔隙比）。

因为 1 根桩的处理范围为 $V_0 = \dfrac{\sqrt{3}}{2} l^2 H$（$l$ 为桩间距，H 为欲处理的天然土层厚度），

所以

$$\Delta V = \varepsilon_{\mathrm{v}} V_0 = \frac{e_0 - e_1}{1 + e_0} \frac{\sqrt{3}}{2} l^2 H \tag{6-1}$$

而实际上 ΔV 又等于碎（砂）石桩体向四周挤排土的挤密作用引起的体积减小和土体在振动作用下发生竖向的振密变形引起的体积减小之和，即

$$\Delta V = \frac{\pi}{4} d^2 (H - h) + \frac{\sqrt{3}}{2} l^2 h \tag{6-2}$$

式中　d——桩直径；

　　　h——竖向变形，下沉时，取正值；隆起时，取负值；不考虑振密作用时，$h = 0$。

式（6-2）代入式（6-1）得

$$\frac{e_0 - e_1}{1 + e_0} \frac{\sqrt{3}}{2} l^2 H = \frac{\pi}{4} d^2 (H - h) + \frac{\sqrt{3}}{2} l^2 h \tag{6-3}$$

整理后得

$$l = 0.95 d \sqrt{\frac{H - h}{\dfrac{e_0 - e_1}{1 + e_0} H - h}} \tag{6-4}$$

同理，正方形布桩时

$$l = 0.89 d \sqrt{\frac{H - h}{\dfrac{e_0 - e_1}{1 + e_0} H - h}} \tag{6-5}$$

在进行地基处理方案初步设计时，可按照《建筑地基处理技术规范》JGJ 79—2012 中给出的简化公式考虑施工振密效应：

等边三角形布桩　　　　　$l = 0.95 d \xi \sqrt{\dfrac{1 + e_0}{e_0 - e_1}}$

正方形布桩　　　　　　　$l = 0.89 d \xi \sqrt{\dfrac{1 + e_0}{e_0 - e_1}}$

修正系数 ξ 用来考虑振动下沉密实作用，取值为 $1.1 \sim 1.2$。地基挤密后要求达到的孔隙比 e_1 可按工程对地基承载力要求或按下式求得

$$e_1 = e_{\max} - D_{\mathrm{r}} (e_{\max} - e_{\min}) \tag{6-6}$$

式中　$e_{\max}$、$e_{\min}$——分别为砂土的最大和最小孔隙比，可按现行国家标准《土工试验方法标准》GB/T 50123—2019 的有关规定确定；

　　　D_{r}——地基挤密后要求砂土达到的相对密度，可取 $0.70 \sim 0.85$。

振冲桩的间距也可根据上部结构荷载大小和场地土层情况，并结合所采用的振冲器功率大小综合考虑。30kW 振冲器布桩间距可采用 $1.3 \sim 2.0$m；55kW 振冲器布桩间距可采用 $1.4 \sim 2.5$m；75kW 振冲器布桩间距可采用 $1.5 \sim 3.0$m。砂石桩的间距应通过现场试验确定。对粉土和砂土地基，不宜大于砂石桩直径的 4.5 倍。

（2）液化判别

根据《建筑抗震设计规范》GB 50011—2010（2016 年版）规定：应采用标准贯入试验判别法判别地面下 15m 深度范围内的液化；当采用桩基或埋深大于 5m 的深基础时，尚应判别 15～20m 范围内土的液化。当饱和土标准贯入锤击数（未经杆长修正）小于液化

判别标准贯入锤击数临界值时，应判为液化土。当有成熟经验时，尚可采用其他判别方法。

在地面下 15m 深度范围内，液化判别标准贯入锤击数临界值可按下式计算

$$N_{cr} = N_0[0.9 + 0.1(d_s - d_w)]\sqrt{3/\rho_c} \quad (d_s \leqslant 15) \tag{6-7}$$

在地面下 15～20m 范围内液化判别标准贯入锤击数临界值可按下式计算

$$N_{cr} = N_0(2.4 - 0.1d_s)\sqrt{3/\rho_c} \quad (15 < d_s \leqslant 20) \tag{6-8}$$

式中 N_{cr}——液化判别标准贯入锤击数临界值；

N_0——液化判别标准贯入锤击数基准值，应按表 6-4 采用；

d_w——地下水位深度（m）；

d_s——饱和土标准贯入点深度（m）；

ρ_c——黏粒含量百分率，当小于 3 或为砂土时，均应采用 3。

标准贯入锤击数基准值   表 6-4

设计地震分组	7 度	8 度	9 度
第一组	6（8）	10（13）	16
第二、三组	8（10）	12（15）	18

注：括号内数值用于设计基本地震加速度为 0.15g 和 0.30g 的地区。

这种液化判别法只考虑了桩间土的抗液化能力，而并未考虑碎石桩和砂桩的作用，因而是偏安全的。

（3）设计时应注意的事项

1）黏土颗粒含量大于 20% 的砂性土，因为会影响挤密效果，因此，对包括碎（砂）石桩在内的平均地基强度，必须另行估计。

2）由于成桩挤密时产生的超孔隙水压力在黏土夹层内不可能很快地消散，因此，对细砂层内有薄黏土夹层时，在确定标贯击数时应考虑"时间效应"，一般要求有一个月时间再进行测试。

3）碎（砂）石桩施工时，在表层 1～2m 内，由于周围土所受的约束小，有时不可能做到充分的挤密，而需用其他表层压实的方法进行再处理。

3. 用于黏性土的设计计算

（1）计算用的参数

1）不排水抗剪强度 c_u

不排水抗剪强度 c_u 不仅可判断加固方法的适用性，还可以初步选定桩的间距，预估加固后的承载力和施工的难易程度。宜用现场十字板剪切试验测定。

2）桩的直径

桩的直径与土类及其强度、桩材粒径、施工机具类型、施工质量等因素有关。一般在强度较弱的土层中桩体直径较大，在强度较高的土层中桩体直径较小；振冲器的振动力愈大，桩体直径愈粗。如果施工质量控制不好，往往形成上粗下细的"胡萝卜"形桩体。因此，桩体远不是想象中的圆柱体。所谓桩的直径是指按每根桩的用料量估算的平均理论直径，一般为 0.8～1.2m。

3）桩体内摩擦角

根据统计，对碎石桩，φ_p 可取 $35°\sim45°$，多数采用 $38°$；对砂桩，可参考以下经验公式：

① 对级配良好的棱角砂

$$\varphi_p=\sqrt{12N}+25$$

对级配良好的圆粒砂和均匀棱角砂

$$\varphi_p=\sqrt{12N}+20$$

对均匀圆粒砂

$$\varphi_p=\sqrt{12N}+13$$

②
$$\varphi_p=\frac{5}{6}N+26.67 \quad (4\leqslant N\leqslant10)$$

$$\varphi_p=\frac{1}{4}N+32.5 \quad (10<N\leqslant50)$$

③
$$\varphi_p=0.3N+27$$

④
$$\varphi_p=\sqrt{20N}+5$$

⑤
$$\varphi_p=\sqrt{15N}+15$$

上述公式中 N 为标贯击数。

4）面积置换率

习惯上把桩的影响面积转化为与桩同轴的面积相等的等效圆，其直径为 d_e。

对等边三角形布置　　　　　　$d_e=1.05l$

对正方形布置　　　　　　　　$d_e=1.13l$

对矩形布置　　　　　　　　　$d_e=1.13\sqrt{l_1 \cdot l_2}$

以上 l、l_1、l_2 分别为桩的间距、纵向间距和横向间距。其面积置换率为 $m=d^2/d_e^2$。一般采用 $m=0.25\sim0.40$。

（2）承载力计算

1）单桩承载力

由于碎（砂）石桩桩体均由散体土颗粒组成，其桩体的承载力主要取决于桩间土的侧向约束能力，绝大多数的破坏形式为桩体的鼓出破坏。

目前国内外估算碎（砂）石桩的单桩极限承载力的方法有若干种，如有侧向极限应力法、整体剪切破坏法、球穴扩张法等，以下只介绍 Brauns 单桩极限承载力法和综合极限承载力法。

① Brauns 单桩极限承载力法

根据鼓出破坏形式，J. Brauns（1978）提出单根桩极限承载力计算，如图 6-3 所示。

J. Brauns 假设单桩的破坏是空间轴对称问题，桩周土体是被动破坏。

如碎（砂）石料的内摩擦角为 φ_p，当桩顶应力 p_0 达到极限时，考虑 $BB'AA'$ 内的土体发生被动破坏，即土块 ABC 在桩的侧向力 p_{r0} 的作用下沿 BA 面滑出，亦即出现鼓胀破坏的情况。J. Brauns 在推导公式时作了 3 个假设条件：

a. 桩的破坏段长度为 $h=2r_0 \cdot \tan\delta_p$（$r_0$ 为桩的半径，$\delta_p=45°+\varphi_p/2$）；

b. 桩土间摩擦力 $\tau_m=0$，土体中的环向应力 $p_0=0$；

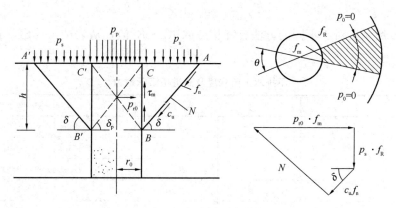

图 6-3　Brauns 的单桩计算图式

f_R—桩间土面上应力 p_s 的作用面积（m^2）；f_n—c_u 的作用面积（m^2）；f_m—p_{r0} 的作用面积（m^2）；

p_p—桩顶应力（kPa）；p_s—桩间土面上的应力（kPa）；

δ—BA 面与水平面的夹角（°）；c_u—地基土不排水抗剪强度（kPa）。

c. 不计地基土和桩的自重。

根据以上前提，Brauns 推导出单桩极限承载力为：

$$[p_p]_{max} = \tan^2\delta_p \frac{2c_u}{\sin2\delta}\left(\frac{\tan\delta_p}{\tan\delta}+1\right) \tag{6-9}$$

式中 δ 可按下式用试算法求得

$$\delta_p = \frac{1}{2}\tan\delta(\tan^2\delta-1) \tag{6-10}$$

如碎石桩，求解时可假定碎石桩的内摩擦角 $\varphi_p=38°$，从而求出 $\delta_p=45°+\varphi_p/2$ 后用试算法解式（6-10）得 $\delta=61°$。再将 $\varphi_p=38°$ 和 $\delta=61°$ 代入式（6-9）得

$$[p_p]_{max}=20.75c_u \tag{6-11}$$

② 综合单桩极限承载力法

目前计算碎（砂）石桩单桩承载力最常用的方法是侧向极限应力方法，即假设单根碎（砂）石桩的破坏是空间轴对称问题，桩周土体是被动破坏。为此，碎（砂）石桩的单桩极限承载力可按下式计算

$$[p_p]_{max}=K_p \cdot \sigma_{rl} \tag{6-12}$$

式中　K_p——被动土压力系数，$K_p=\tan^2\left(45°+\frac{\varphi_p}{2}\right)$；

φ_p——碎（砂）石料的内摩擦角，可取 35°～45°；

σ_{rl}——桩体侧向极限应力。

有关侧向极限应力 σ_{rl}，目前有几种不同的计算方法，但它们可写成一个通式，即

$$\sigma_{rl}=\sigma_{h0}+Kc_u \tag{6-13}$$

式中　c_u——地基土的不排水抗剪强度（kPa）；

K——常量，对于不同的方法有不同的取值；

σ_{h0}——某深度处的初始总侧向应力。

σ_{h0} 的取值也随计算方法不同而有所不同。为了统一，将 σ_{h0} 的影响包含于参数 K'，则式（6-12）可改写为

$$[p_p]_{max} = K_p \cdot K' \cdot c_u \qquad (6-14)$$

如表 6-5 所示，对于不同的方法有其相应的 $K_p \cdot K'$ 值，从表中可看出，它们的值是接近的。

不排水抗剪强度及单桩极限承载力　　　　　表 6-5

c_u (kPa)	土类	K' 值	$K_p \cdot K'$	文献
19.4	黏土	4.0	25.2	Hughes 和 Withers (1974)
19.0	黏土	3.0	15.8~18.8	Mokashi 等 (1976)
—	黏土	6.4	20.8	Brauns (1978)
20.0	黏土	5.0	20.0	Mori (1979)
—	黏土	5.0	25.0	Broms (1979)
15.0~40.0	黏土	—	14.0~24.0	韩杰 (1992)
—	黏土	—	12.2~15.2	郭蔚东、钱鸿缙 (1990)

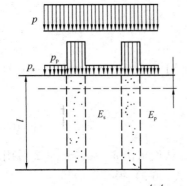

图 6-4　复合地基应力状态

2）复合地基承载力

如图 6-4 所示，在黏性土和碎（砂）石桩所构成的复合地基上，当作用荷载为 p 时，设作用于桩的应力 p_p 和作用于黏性土的应力为 p_s，假定在桩和土各自面积 A_p 和 $A - A_p$ 范围内作用的应力不变，则可求得

$$p \cdot A = p_p \cdot A_p + p_s \cdot (A - A_p) \qquad (6-15)$$

式中　A——一根桩所分担的面积。

若将桩土应力比 $n = \dfrac{p_p}{p_s}$ 及面积置换率 $m = \dfrac{A_p}{A}$ 代入式（6-15），则公式可改为

$$\frac{p_p}{p} = \mu_p = \frac{n}{1 + (n-1)m} \qquad (6-16)$$

$$\frac{p_s}{p} = \mu_s = \frac{1}{1 + (n-1)m} \qquad (6-17)$$

式中　μ_p——应力集中系数；

　　　μ_s——应力降低系数。

式（6-15）又可改写为

$$p = \frac{p_p A_p + p_s(A - A_p)}{A} = [m(n-1)+1]p_s \qquad (6-18)$$

从上式可知，只要由实测资料求得 p_p 和 p_s 后，就可求得复合地基极限承载力 p。一般桩土应力比 n 可取 2~4，原土强度低者取大值。

同理，《建筑地基处理技术规范》JGJ 79—2012 阐明，振冲桩复合地基承载力特征值应通过现场复合地基载荷试验确定，初步设计时也可用单桩和处理后桩间土承载力特征值按下式估算

$$f_{spk} = m f_{pk} + (1-m) f_{sk} \qquad (6-19)$$

式中　f_{spk}——振冲桩复合地基承载力特征值（kPa）；

　　　f_{pk}——桩体承载力特征值（kPa），宜通过单桩载荷试验确定；

f_{sk}——处理后桩间土承载力特征值（kPa），宜按当地经验取值，如无经验时，可取天然地基承载力特征值。

对小型工程的黏性土地基如无现场载荷试验资料，初步设计时复合地基的承载力特征值也可按下式估算

$$f_{spk} = [1+m(n-1)]f_{sk} \qquad (6-20)$$

（3）沉降计算

碎（砂）石桩的沉降计算主要包括复合地基加固区的沉降和加固区下卧层的沉降。加固区下卧层的沉降可按现行国家标准《建筑地基基础设计规范》GB 50007—2011 计算，此处不再赘述。

地基土加固区的沉降计算亦按现行国家标准《建筑地基基础设计规范》GB 50007—2011 的有关规定执行，而复合土层的压缩模量可按下式计算

$$E_{sp} = [1+m(n-1)]E_s \qquad (6-21)$$

式中 E_{sp}——复合土层的压缩模量（MPa）；

E_s——桩间土的压缩模量（MPa），宜按当地经验取值，当无经验时，可取天然地基压缩模量。

式（6-21）中桩土应力比 n 在无实测资料时，对黏性土可取 2～4，对粉土可取 1.5～3，原土强度低者取大值，原土强度高者取小值。

目前尚未形成碎（砂）石桩复合地基的沉降计算经验系数 ψ_s。韩杰（1992）通过对 5 幢建筑物的沉降观测资料分析得到，$\psi_s = 0.43～1.20$，平均值为 0.93，在没有统计数据时可假定 $\psi_s = 1.0$。

4. 稳定分析

当碎（砂）石桩用于改善天然地基整体稳定性时，可利用复合地基的抗剪特性，再使用圆弧滑动法来进行计算。

如图 6-5 所示，假定在复合地基中某深度处剪切面与水平面的交角为 θ，如果考虑碎（砂）石桩和桩间土两者都发挥抗剪强度，则可得出复合地基的抗剪强度 τ_{sp} 为

$$\tau_{sp} = (1-m) \cdot c + m(\mu_p \cdot p + \gamma_p \cdot z)\tan\varphi_p \cdot \cos^2\theta \qquad (6-22)$$

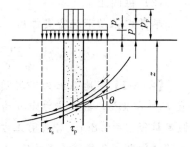

图 6-5 复合地基的剪切特性

式中 c——桩间土的黏聚力（kPa）；

z——自地表面起算的计算深度（m）；

γ_p——碎（砂）石料的重度（kN/m³）；

φ_p——碎（砂）石料的内摩擦角（°）；

μ_p——应力集中系数，$\mu_p = \dfrac{n}{1+(n-1)m}$；

m——面积置换率。

如不考虑荷载产生的固结对黏聚力提高的影响，则可用天然地基黏聚力 c_0。如考虑作用于黏性土上的荷载产生固结，则可计算黏聚力提高

$$c = c_0 + \mu_s \cdot p \cdot U \cdot \tan\varphi_{cu} \qquad (6-23)$$

式中　　U——固结度；

　　　　φ_{cu}——由三轴固结不排水剪切试验得到的桩间土的内摩擦角（°）；

　　　　μ_s——应力降低系数。

若 $\Delta c = \mu_s \cdot p \cdot U \cdot \tan\varphi_{cu}$，则强度增长率为：

$$\frac{\Delta c}{p} = \mu_s \cdot U \cdot \tan\varphi_{cu} \tag{6-24}$$

Priebe（1978）所提出的方法，采用了 φ_{sp} 和 c_{sp} 的复合值，并由下式求得

$$\tan\varphi_{sp} = \omega\tan\varphi_p + （1-\omega）\tan\varphi_s \tag{6-25}$$

$$c_{sp} = （1-\omega）c_s \tag{6-26}$$

式中　　ω——与桩土应力比和置换率有关的参数，$\omega = m \cdot \mu_p$；一般 $\omega = 0.4 \sim 0.6$。

如已知 c_{sp} 和 φ_{sp} 后，可用常规稳定分析方法计算抗滑安全系数；或者根据要求的安全系数，反求需要的 ω 和 m。

【例 6-1】 已知某细砂土地基，测得土的天然重度 $\gamma = 16\text{kN/m}^3$，含水量 $w = 22.5\%$，土粒相对密度 $d_s = 2.65$，最大孔隙比 $e_{max} = 1.24$，最小孔隙比 $e_{min} = 0.54$。该场地采用砂石桩加固后要求达到的相对密实度 $D_r = 0.8$，若桩径 $d = 0.7\text{m}$，采用正三角形布桩且不考虑振动下沉密实作用，试问桩间距 s 应该是多少？

【解】（1）计算初始孔隙比 e_0

$$e_0 = \frac{d_s\gamma_w(1+w)}{\gamma} - 1 = \frac{2.65 \times (1+22.5\%) \times 10}{16} - 1 = 1.03$$

（2）地基挤密后达到的孔隙比 e_1

$$e_1 = e_{max} - D_r（e_{max} - e_{min}）= 1.24 - 0.8 \times （1.24 - 0.54）= 0.68$$

（3）桩间距 s

不考虑振动下沉密实作用，取 $\xi = 1.0$

$$s = 0.95\xi d\sqrt{\frac{1+e_0}{e_0 - e_1}} = 0.95 \times 1.0 \times 0.7 \times \sqrt{\frac{1+1.03}{1.03-0.68}} = 1.60\text{m}$$

【例 6-2】 某地基土为淤泥质土，采用振冲碎石桩处理地基，桩间土地基承载力特征值 $f_{sk} = 80\text{kPa}$，桩土应力比 n 为 3，要求砂石桩复合地基承载力特征值 f_{spk} 达到 120kPa，假定桩径 $d = 0.8\text{m}$，若采用正方形布桩，试问桩间距 s 应该是多少？采用正三角形布桩，试问桩间距 s 又应该是多少？

【解】（1）求置换率 m

由式（6-20）得 $m = \dfrac{\dfrac{f_{spk}}{f_{sk}} - 1}{n - 1} = \dfrac{\dfrac{120}{80} - 1}{3 - 1} = 0.25$

（2）1 根砂石桩承担的加固面积 A_e

砂石桩截面积 A_p　　$A_p = \dfrac{\pi}{4}d^2 = \dfrac{\pi}{4} \times 0.8^2 = 0.502\text{m}^2$

由 $m = \dfrac{A_p}{A}$ 得　　$A = \dfrac{A_p}{m} = \dfrac{0.502}{0.25} = 2.012\text{m}^2$

（3）桩间距 s

正方形布桩，由 $s = \sqrt{A_e}$ 得 $s = \sqrt{A_e} = \sqrt{2.012} = 1.422\text{m}$

正三角形布桩，由 $s = 1.08\sqrt{A_e}$ 得 $s = 1.08\sqrt{A_e} = 1.08 \times \sqrt{2.012} = 1.532\text{m}$

6.1.4 施工方法

目前施工方法正如前述所提及的可有多种多样，本节主要介绍两种施工方法，即振冲法和沉管法。

1. 振冲法

振冲法是碎石桩的主要施工方法之一，它是以起重机吊起振冲器（图 6-6），启动潜水电机后，带动偏心块，使振冲器产生高频振动，同时开动水泵，使高压水通过喷嘴喷射高压水流，在边振边冲的联合作用下，将振冲器沉到土中的设计深度。经过清孔后，就可从地面向孔中逐段填入碎石，每段填料均在振动作用下被振挤密实，达到所要求的密实度后提升振冲器，如此重复填料和振密，直至地面，从而在地基中形成一根大直径的和很密实的桩体。图 6-7 为振冲法施工程序示意图。

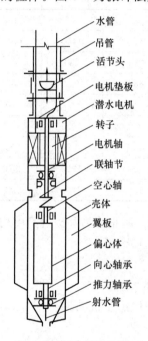

图 6-6　振冲器构造图

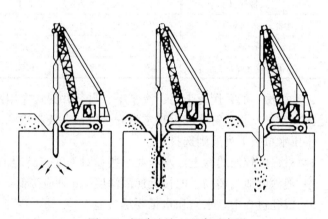

图 6-7　振冲法施工程序示意图

（1）施工步骤

振冲施工可按下列步骤进行：

1）清理平整施工场地，布置桩位。

2）施工机具就位，使振冲器对准桩位。

3）启动供水泵和振冲器，水压可用 $200 \sim 600\text{kPa}$，水量可用 $200 \sim 400\text{L/min}$，将振冲器徐徐沉入土中，造孔速度宜为 $0.5 \sim 2.0\text{m/min}$，直至达到设计深度。记录振冲器经各深度的水压、电流和留振时间。

4）造孔后边提升振冲器边冲水直至孔口，再放至孔底，重复两三次扩大孔径并使孔内泥浆变稀，开始填料制桩。

5）大功率振冲器投料可不提出孔口，小功率振冲器下料困难时，可将振冲器提出孔口填料，每次填料厚度不宜大于 50cm。将振冲器沉入填料中进行振密制桩，当电流达到规定的密实电流值和规定的留振时间后，将振冲器提升 30～50cm。

6）重复以上步骤，自下而上逐段制作桩体直至孔口，记录各段深度的填料量、最终电流值和留振时间，并均应符合设计规定。

7）关闭振冲器和水泵。

（2）施工机具

振冲器是振冲法施工的主要机具。当前某振冲器厂定型产品的各项技术参数如表 6-6 所示，可根据地质条件和设计要求进行选用。

振冲器主要技术参数　　　　　　　　　　　表 6-6

项目		ZCQ13	ZCQ30	ZCQ55A	ZCQ75	ZCQ125	GZCQ40
潜水电机	功率（kW）	13	30	55	75	125	40
	振动频率（r/min）	1450	1450	1450	1450	1450	1450
	额定电流（A）	25.5	60	100	150	230	
振动体	偏心力矩（N·m）	59	151	55.4	66.6	100.7	185
	激振力（kN）	35	90	13	16	25	110
	振幅（mm）	2	4.2	7.4	10	10.5	4.1
振冲器外径（mm）		274	350	351	351	402	395
全长（mm）		2000	2150	2820	2900	3200	2970
主机质量（kg）		780	940	1163	1263	1800	1142

起重机械一般采用履带吊、汽车吊、自行井架式专用吊机。起重能力和提升高度均应满足施工要求，并需符合起重规定的安全值，一般起重能力为 10～15t。

水压水量按下列原则选择：

1）对强度较低的软土，水压要小些；对强度较高的土，水压宜大。

2）随深度适当增高，但接近加固深度 1m 处应降低，以免底层土扰动。

3）成孔过程中，水压和水量要尽可能大。

4）加料振密过程中，水压和水量均宜小。

（3）施工顺序

对砂土地基宜从外围或两侧向中间进行，对黏性土地基宜从中间向外围或隔排施工（图 6-8）。

在地基强度较低的软黏土地基中施工时，要考虑减少对地基土的扰动影响，因而可采用"间隔跳打"的方法。

当加固区附近有其他建筑物时，必须先从邻近建筑物一边的桩开始施工，然后逐步向外推移。

（4）施工方法

填料方式一般有 3 种：①把振冲器提出孔口，往孔内倒入约 1m 堆高的填料，然后再放下振冲器进行振密，每次加料都这样操作；②振冲器不提出孔口，只是往上提升约 1m，然后往下倒料，再放下振冲器进行振密；③边把振冲器缓慢向上提升，边在孔口连续加

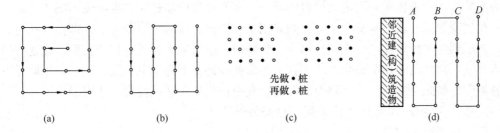

图 6-8 桩的施工顺序

(a) 由里向外方式；(b) 一边推向另一边方式；(c) 间隔跳打方式；

(d) 减少对邻近建（构）筑物振动影响的施工顺序

料。在黏性土地基中，由于孔道常会被坍塌下来的软黏土所堵塞，所以常需进行清孔除泥，故不宜使用连续加料的方法。在砂性土地基中，可采用连续加料的施工方法。

根据"振冲挤密"和"振冲置换"的不同要求，振冲法的施工操作要求亦有所不同：

1）"振冲挤密法"施工操作要求

振冲挤密法一般在中粗砂地基中使用时可不另外加料（黏粒含量不大于 10%），而利用振冲器的振动力，使原地基的松散砂振挤密实。在粉细砂、黏质粉土中制桩，最好是边振动边填料，以防振冲器提出地面孔内塌方。施工操作时，其关键是水量的大小和留振时间的长短。

"留振时间"是指振冲器在地基中某一深度处停下振动的时间。控制水量的大小是为了保证地基中的砂土充分饱和。砂土只要在饱和状态下并受到振动便会产生液化，足够的留振时间是让地基中的砂土"完全液化"和保证有足够大的"液化区"。砂土经过液化在振冲停止后，颗粒便会慢慢重新排列，这时的孔隙比将较原来的孔隙比小，密实度相应增加，这样就可达到加固的目的。

整个加固区施工完后，桩体顶部向下 1m 左右的这一土层，由于上覆压力小，桩的密实度难以保证，应予挖除另作垫层，也可另用表层振动或碾压等密实方法处理。

不加填料振冲加密宜采用大功率振冲器，为了避免造孔中塌砂将振冲器抱住，下沉速度宜快，造孔速度宜为 8～10m/min，到达深度后将射水量减至最小，留振至密实电流达到规定时，上提 0.5m，逐段振密直至孔口，一般每米振密时间约 1min。

在粗砂中施工如遇下沉困难，可在振冲器两侧增焊辅助水管，加大造孔水量，但造孔水压宜小。

2）"振冲置换法"施工操作要求

在黏性土层中制桩，孔中的泥浆水太稠时，碎石料在孔内下降的速度将减慢，且影响施工速度，所以要在成孔后，留有一定时间清孔，使回水把稠泥浆带出地面，降低泥浆的密度。

若土层中夹有硬层时，应适当进行扩孔，振冲器应上下往复多次，使孔径扩大，以便于加碎石料。

加料时宜"少吃多餐"，每次往孔内倒入的填料数量不宜大于 50cm，然后用振冲器振密，再继续加料。施工要求填料量大于造孔体积，孔底部分要比桩体其他部分多些，因为刚开始往孔内加料时，一部分料沿途沾在孔壁上，到达孔底的料就只能是一部分，孔底以下的土受高压水破坏扰动而造成填料的增多。密实电流应超过原空振电流 35～45A。

在强度很低的软土地基中施工，则要用"先护壁、后制桩"的方法。即在开孔时，不要一下子到达加固深度，可先到达第一层软弱层，然后加些料进行初步挤振，让这些填料挤入孔壁，把此段的孔壁加强以防塌孔。然后使振冲器下降至下一段软土中，用同样方法加料护壁。如此重复进行，直到设计深度。孔壁护好后，就可按常规步骤制桩了。

同理，在地表 1m 范围内的地层，也需另行处理。

（5）施工质量控制

施工质量控制的关键是填料量、密实电流和留振时间，这三者实际上是相互联系和保证的。只有在一定的填料量情况下，才能把填料挤密振密。一般来说，在粉性较重的地基中制桩，密实电流容易达到规定值，这时要注意掌握好留振时间和填料量。反之，在软黏土地基中制桩，填料量和留振时间容易达到规定值，这时要注意掌握好密实电流。

2. 沉管法

沉管法过去主要用于制作砂桩，近年来已开始用于制作碎石桩，这是一种干法施工。沉管法包括振动成桩法和冲击成桩法两种。其常用的成孔机械性能，如表 6-7 所示。

常用成孔机械的性能　　　　　　　表 6-7

分类	型号名称	技术性能		适用桩孔直径（cm）	最大桩孔深度（m）	备注
		锤重（t）	落距（cm）			
柴油锤打桩机	D_1-6	0.6	187	30～35	5～6.5	安装在拖拉机或履带式吊车上行走
	D_1-12	1.2	170	35～45	6～7	
	D_1-18	1.8	210	45～57	6～8	
	D_1-25	2.5	250	50～60	7～9	
电动落锤	电动落锤打桩机	锤重 0.75～1.5t 落距 100～200mm		30～45	6～7	
振动沉桩机	7～8t 振动沉桩机	激振力 70～80kN		30～45	5～6	安装在拖拉机或履带式吊车上行走
	10～15t 振动沉桩机	激振力 100～150kN		35～40	6～7	
	15～20t 振动沉桩机	激振力 150～200N		40～50	7～8	
冲击成孔机	YKC-30	卷筒提升力（kN）	冲击重（kN）	50～60	＞10	轮胎式行走
		30	25			
	YKC-20	15	10	40～50	＞10	

（1）振动成桩法

1）一次拔管法

① 施工机具

主要有振动打桩机、下端装有活瓣钢桩靴的桩管、移动式打桩机架、装碎（砂）料石提料斗等（图 6-9）。

② 施工工艺

a. 桩靴闭合，桩管垂直就位。

b. 将桩管沉入土层中至设计深度。

c. 将料斗插入桩管，向桩管内灌碎（砂）石。

d. 边振动边拔出桩管到地面。

③ 质量控制

a. 桩身连续性：用拔出桩管速度控制。拔管速度根据试验确定，在一般情况下拔管 1m 控制在 30s 内。

b. 桩直径：用灌碎（砂）石量控制。当实际灌碎（砂）石量未达到设计要求时，可在原位再沉下桩管灌碎（砂）石复打 1 次或在旁边补加 1 根桩。

2）逐步拔管法

① 施工机具

主要有振动打桩机、下端装有活瓣钢桩靴的桩管、移动式打桩机架、装碎（砂）石提料斗等。

② 施工工艺

a. 桩靴闭合，桩管垂直就位。

b. 将桩管沉入土层中至设计深度。

c. 将料斗插入桩管，向桩管内灌碎（砂）石。

d. 边振动边拔起桩管，每拔起一定长度，停拔继振若干秒，如此反复进行，直至桩管拔出地面。

③ 质量控制

根据试验，每次拔起桩管 0.5m，停拔继振 20s，可使桩身相对密度达到 0.8 以上，桩间土相对密度达到 0.7 以上。

3）重复压拔管法

① 施工机具

主要有振动打桩机、下端设计成特殊构造的桩管（图 6-10）、移动式打桩机架、装碎（砂）石料斗、辅助设备（空压机和送气管、喷嘴射水装置和送水管）等。

② 施工工艺

a. 桩管垂直就位。

b. 将桩管沉入土层中至设计深度，如果桩管下沉速度很慢，可以利用桩管下端喷嘴射水加快下沉速度。

c. 用料斗向桩管内灌碎（砂）石。

d. 按规定的拔起高度拔起桩管，同时向桩管内送入压缩空气使填料容易排出，桩管拔起后核定填料的排出情况。

e. 按规定的压下高度再向下压桩管，将落入桩孔内的填料压实。

重复进行 c～e 工序直至桩管拔出地面。

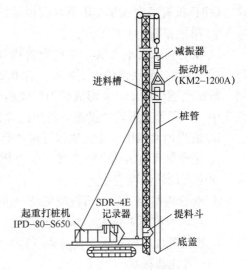

图 6-9　振动打桩机

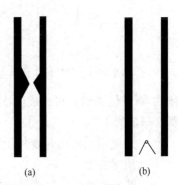

图 6-10　桩管下段特殊构造示意图
（a）喉管式；（b）活瓣式

（注：桩管每次拔起和压下高度根据桩的直径要求，应通过试验确定。）

③ 质量控制

a. 在套管未入土之前，先在套管内投碎（砂）石2～3斗，打入规定深度时，复打（空）2～3次，使底部的土更密实，成孔更好，加上有少量的碎（砂）石排出，分布在桩周，既挤密桩周的土，又形成较为坚硬的碎（砂）石泥混合孔壁，对成孔极为有利。在软黏土中，如果不采取这个措施，打出的碎（砂）石桩的底端会出现夹泥断桩现象。

b. 适当加大风压：加大风压可避免套管内产生泥砂倒流现象。

c. 注意贯入曲线和电流曲线。如土质较硬或碎（砂）石量排出正常，则贯入曲线平缓，而电流曲线幅度变化大。

d. 套管内的碎（砂）石料应保持一定的高度。

e. 每段成桩不要过大，如排碎（砂）石不畅可适当加大拉拔高度。

f. 拉拔速度不宜过快，使排碎（砂）石要充分。

（2）冲击成桩法

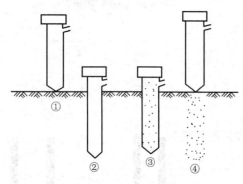

图6-11　单管冲击成桩工艺

1）单管法

① 施工机具

主要有蒸汽打桩机或柴油打桩机、下端带有活瓣钢桩靴的或预制钢筋混凝土锥形桩尖的（留在土中）桩管和装砂料斗等。

② 成桩工艺

成桩工艺如图6-11所示。

a. 桩靴闭合，桩管垂直就位。

b. 将桩管打入土层中至规定深度。

c. 用料斗向桩管内灌碎（砂）石，灌碎（砂）石量较大时，可分成两次灌入。第一次灌入2/3，待桩管从土中拔起一半长度后再灌入剩余的1/3。

d. 按规定的拔出速度从土层中拔出桩管。

③ 质量控制

a. 桩身连续性：以拔管速度控制桩身连续性。拔管速度可根据试验确定，在一般土质条件下，每分钟应拔出桩管1.5～3.0m。

b. 桩直径：以灌碎（砂）石量控制桩直径。当灌碎（砂）石量达不到设计要求时，应在原位再沉下桩管灌碎（砂）石进行复打一次，或在其旁补加一根碎（砂）石桩。

2）双管法

① 芯管密实法

A. 施工机具

主要有蒸汽打桩机或柴油打桩机、履带式起重机、底端开口的外管（套管）和底端闭口的内管（芯管）以及装碎（砂）石料斗等。

B. 成桩工艺

成桩工艺如图6-12所示。

a. 桩管垂直就位。

b. 锤击内管和外管，下沉至规定的深度。

c. 拔起内管，向外管内灌碎（砂）石。

d. 放下内管至外管内的碎（砂）石面上，拔起外管至与内管底面平齐。

e. 锤击内管和外管将碎（砂）石压实。

f. 拔起内管，向外管内灌碎（砂）石。

g. 重复进行 d～f 的工序，直至桩管拔出地面。

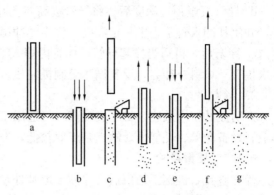

图 6-12　芯管密实法成桩工艺

C. 质量控制

进行图 6-12 中工序 e 时按贯入度控制，可保证碎（砂）石桩体的连续性、密实性和其周围土层挤密后的均匀性。该工艺在有淤泥夹层中能保证成桩，不会发生缩颈和塌孔现象，成桩质量较好。

② 内击沉管法

内击沉管法与"福兰克桩"工艺相似，不同之处在于该桩用料是混凝土，而内击成管法用料是碎石。

A. 施工机具

施工机具主要有两个卷扬机的简易打桩架，一根直径 300～400mm 钢管，管内有吊锤，重 1.0～2.0t。

B. 成桩工艺

成桩工艺如图 6-13 所示。

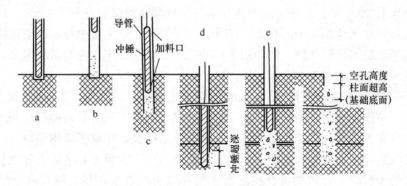

图 6-13　内击沉管法制桩工艺

a. 移机将导管中心对准桩位。

b. 在导管内填入一定数量（一般管内填料高度为 0.6～1.2m）的碎石，形成"石塞"。

c. 冲锤冲击管内石塞，通过碎石与导管内壁的侧摩擦力带动导管一起沉入土中，到达预定深度为止。

d. 导管沉至预定深度后，将导管拔高离孔底数 10cm，然后用冲锤将石塞碎石击出管外，并使其冲入管下土中一定深度（称为"冲锤超深"）。

e. 穿塞后，再适当拔起导管，向管内填入适当数量的碎石，用冲锤反复冲夯。然后，再次拔管→填料→冲夯，反复循环至制桩完成。

3) 特点

有明显的挤土效应，桩密实度高，可适用于地下水位以下的软弱地基；该法优点是干作业、设备简单、耗能低。缺点是工效较低，夯锤的钢丝绳易断。

6.1.5 质量检验

碎（砂）石桩施工结束后，除砂土地基外，应间隔一定时间方可进行质量检验。对黏性土地基，间隔时间可取 3～4 周，对粉土地基可取 2～3 周。

关于碎（砂）石桩的施工质量检验，常用的方法有单桩载荷试验和动力触探试验。通过单桩载荷试验可以得到碎（砂）石桩的单桩承载力，通过动力触探试验可以了解桩身不同深度的密实程度和均匀性。单桩载荷试验数量为桩数的 0.5%，但总数不得少于 3 根。

对于砂土或粉土层中碎（砂）石桩挤密效果的检验，可用标准贯入、静力触探等试验对桩间砂土或粉土进行处理前后的对比试验，从而了解挤密效果。检测位置应在等边三角形或正方形的中心。检测数量不应少于桩孔总数的 2%。

对于置换作用为主的碎（砂）石桩复合地基，其加固效果检验以检测复合地基承载力为主，常用的方法有单桩复合地基和多桩复合地基大型载荷试验。复合地基载荷试验数量不应少于总桩数的 0.5%，且每个单体建筑不应少于 3 点。

6.2 石 灰 桩

6.2.1 概述

我国将石灰作为建筑材料利用，始于距今五六千年的仰韶文化期。西方最早的石灰窑大约建于公元前 2000 年。几乎所有古代文明的民族都懂得烧制石灰。

用石灰加固软弱地基至少已有 2000 年历史。但直到 20 世纪中叶，不论在我国或在国外，大多属于表层或浅层处理，例如用 3:7 或 2:8 灰土夯实作为路基和房基；或将生石灰块直接投入软土层，用木夯捣实，使土挤密、干燥和变硬。

我国于 1953 年开始对石灰桩（Lime Pile）进行研究。在国外，20 世纪 60 年代期间，美国、德国、英国、法国、苏联、日本、瑞典、澳大利亚等国纷纷开展石灰加固软基的研究和应用，在实现机械化施工和加大桩长方面进行了研究，拓宽了应用领域。

石灰桩法适用于处理饱和黏性土、淤泥、淤泥质土、素填土和杂填土等地基；用于地下水位以上的土层时，宜增加掺合料的含水量并减少生石灰用量，或采取土层浸水等措施。石灰桩法按用料特征和施工工艺的不同，可分为以下几种。

1. 块灰灌入法（亦称石灰桩法）

块灰灌入法是采用钢套管成孔，然后在孔中灌入新鲜生石灰块，或在生石灰块中掺入适量的水硬性掺合料和火山灰，一般的经验配合比为 8:2 或 7:3。在拔管的同时进行振密或捣密。利用生石灰吸取桩周土体中水分进行水化反应，此时生石灰的吸水、膨胀、发热以及离子交换作用，使桩四周土体的含水量降低、孔隙比减小，使土体挤密和桩体硬化。桩和桩间土共同承受荷载，成为一种复合地基。

2. 粉灰搅拌法（亦称石灰柱法）

粉灰搅拌法是粉体喷射搅拌法的一种。所用的原料是石灰粉，通过特制的搅拌机将石灰粉加固料与原位软土搅拌均匀，促使软土硬结，形成石灰（土）柱。

6.2.2 加固机理

石灰桩的加固机理可从桩间土、桩身和复合地基三方面进行分析。

1. 桩间土

（1）成孔挤密

石灰桩施工是由振动钢管下沉而成孔，使桩间土产生挤压和排土作用，其挤密效果与土质、上覆压力及地下水状况等有密切关联。一般地基土的渗透性愈大，打桩挤密效果愈好；地下水位以上比地下水位以下的挤密效果要好。

（2）膨胀挤密

石灰桩在成孔后灌入生石灰便吸水膨胀，使桩间土受到强大的挤压力，这对地下水位以下软黏土的挤密起主导作用。测试结果表明，根据生石灰质量高低，在自然状态下熟化后其体积可增加到原来的 1.5～3.5 倍。

（3）脱水挤密

软黏土的含水量一般为 40%～80%，1kg 生石灰的消解反应要吸收 0.32kg 的水。同时，由于反应中放出大量热量提高了地基土的温度，实测桩间土的温度在 50℃ 以上，使土产生一定的汽化脱水。从而使土中含水量下降，孔隙比降低，土颗粒靠拢挤密，在所加固区的地下水位也有一定的下降。

（4）胶凝作用

由于生石灰吸水生成的 $Ca(OH)_2$ 中一部分与土中二氧化硅和氧化铝产生化学反应，生成水化硅酸钙、水化铝酸钙等水化产物。水化物对土颗粒产生胶结作用，使土聚集体积增大，并趋于紧密。同时加固土黏粒含量减少，说明颗粒胶结作用从本质上改变了土的结构，提高了土的强度，而土体的强度将随龄期的增长而增加。

2. 桩身

对单一的以生石灰为原料的石灰桩，当生石灰水化后，石灰桩的直径可胀到所填生石灰块屑相同体积，如充填密实和纯氧化钙的含量很高，则生石灰密度可达 1.1～1.2t/m³。

在古老建筑中所挖出的石灰桩，曾发现过桩周呈硬壳而中间呈软膏状态。因此，形成石灰桩的要求，应能把四周土中的水吸干，而又要防止桩自身的软化。因此，必须要求石灰桩具有一定的初始密度，而且吸水过程中有一定的压力限制其自由胀发。可采用提高填充初始密度、加大充盈系数、用砂填石灰桩的孔隙、桩顶封顶和采用掺合料等措施，借以防止石灰桩的中心软弱。

试验分析结果表明，石灰桩桩体的渗透系数一般在 10^{-5}～10^{-3} cm/s 间，亦即相当于细砂。由于石灰桩桩距较小（一般为 2～3 倍桩体直径），水平排水路径很短，具有较好的排水固结作用。建筑物沉降观测记录表明，从建筑竣工开始，其沉降已基本稳定，沉降速率在 0.04mm/d 左右。

3. 复合地基

由于石灰桩桩体较桩间土有更大的强度（抗压强度约 500kPa），在与桩间土形成的复合地基中具有桩体作用。当承受荷载时，桩上将产生应力集中现象。根据国内实测数据，石灰桩复合地基的桩土应力比一般为 2.5～5.0。

6.2.3 设计计算

1. 桩径

石灰桩的桩径一般为 300～400mm，具体取决于设计要求和成孔机管径。

2. 桩距及布置

桩距一般为 2～3 倍成孔直径。桩距太大则约束力太小。平面布置可为梅花形或正方形。石灰桩可仅布置在基础底面下，当基底土的承载力特征值小于 70kPa 时，宜在基础以外布置 1～2 排围护桩。

3. 桩长

桩的长度取决于石灰桩的加固目的和上部结构的条件。

（1）若石灰桩加固只是为了形成一个压缩性较小的垫层，则桩长可较小，一般可取 2～4m。

（2）若加固是为了减少沉降，则就需要较长的桩。如果为了解决深层滑动问题，也需要较长的桩，保证桩长穿过滑动面。

（3）洛阳铲成孔桩长不宜超过 6m；机械成孔管外投料时，桩长不宜超过 8m；螺旋钻成孔及管内投料时可适当加长。

4. 承载力计算

石灰桩复合地基承载力特征值应通过单桩或多桩复合地基载荷试验确定。初步设计时也可用单桩和处理后桩间土承载力特征值按下式估算：

$$f_{spk} = m f_{pk} + (1-m) f_{sk} \tag{6-27}$$

式中　f_{pk}——石灰桩桩身抗压强度比例界限值，由单桩竖向载荷试验测定，初步设计时可取 350～500kPa，土质软弱时取低值（kPa）；

　　　f_{sk}——桩间土承载力特征值，取天然地基承载力特征值的 1.05～1.20 倍，土质软弱或置换率大时取高值（kPa）；

　　　m——面积置换率，桩面积按 1.1～1.2 倍成孔直径计算，土质软弱时宜取高值。

5. 沉降计算

经石灰桩加固后，地基由上层石灰桩复合地基和下卧天然地基组成。建筑物的沉降量可按类似碎（砂）石桩的计算方法进行计算。

实测资料表明，加固后地基的沉降量仅为未加固天然地基的 1/5～1/4；差异沉降仅为 3～5mm。沉降速率快，大部分在施工期完成。

6.2.4 施工方法

1. 材料

石灰桩的材料以生石灰为主，生石灰应选用现烧的（新鲜）并需过筛，粒径不应大于 70mm，含粉量不得超过总重量的 15%，有效 CaO 含量不得低于 70%，其中夹石不大于 5%。

生石灰中掺入适当粉煤灰或火山灰等含硅材料时，粉煤灰或火山灰与生石灰的重量配合比一般为 3:7。粉煤灰应采用干灰，含水量 $w < 5\%$，使用时要与生石灰拌均匀。

2. 施工顺序

石灰桩一般在加固范围内施工时，先外排后内排，先周边后中间，单排桩应先施工两端后中间，并按每间隔 1～2 孔的施工顺序进行，不允许由一边向另一边平行推移。

如对原建筑物地基加固，其施工顺序应由外及里地进行；如临近建筑物或紧贴水源边，可先施工部分"隔断桩"将其与施工区隔开；对很软的黏性土地基，应先在较大距离打石灰桩，过 4 个星期后再按设计间距补桩。

3. 成桩

（1）成孔

石灰桩成孔可选用沉管法、冲击法、螺旋钻进法、洛阳铲法等。

1）沉管法是最常用的成孔方法。使用柴油或振动打桩机将带有特制桩尖的钢管桩打入土层中，达到设计深度后，缓慢拔出桩管即成桩孔。沉管法成孔的孔壁光滑规整，挤密效果和施工技术都比较容易控制和掌握，成孔最大深度由于受桩架高度限制，一般不超过 8m。

2）冲击法成孔是使用冲击钻机将 0.6～3.2t 锥形钻头提升 0.5～2.0m 高度后自由落下，反复冲击，使土层成孔。冲击法成孔的孔径大，孔深不受机架高度的限制，同一套设备既可成孔，又可填夯。

3）螺旋钻进法成孔的优点是：不使用冲洗液，符合石灰桩施工要求；钻进时不断向孔壁挤压，可使孔壁保持稳定；可一次成孔，不需要升降工序；可进行深孔钻进，桩孔深度不受设备限制；钻进效率高，每小时效率可高达几十米。

（2）投料压（夯）实

成孔检验合格后应立即填夯成桩，一般都是人工填料，机械夯实。填料数量宜以体积控制为桩孔体积的 1.5～2.0 倍，桩距大时取高值。采用夯击时，应分段夯填。

石灰桩的投料方法有：管外投料法、管内投料法和挖孔投料法。

1）管外投料法

石灰桩体中含有大量掺合料，掺合料不可避免有一定含水量。当掺合料与石灰拌合后，生石灰和掺合料中的水分迅速发生反应，生石灰体积膨胀，极易发生堵管现象。管外投料法避免了堵管，但也存在一定缺点：①在软土中成孔，当拔管时容易发生塌孔或缩孔现象；②在软土中成孔深度不宜超过 6m；③桩径和桩长的保证率相对较低。

管外投料法的工艺流程为：桩机定位—沉管—提管—填料—压实—再提管—再填料—再压实—成桩，如图 6-14 所示。

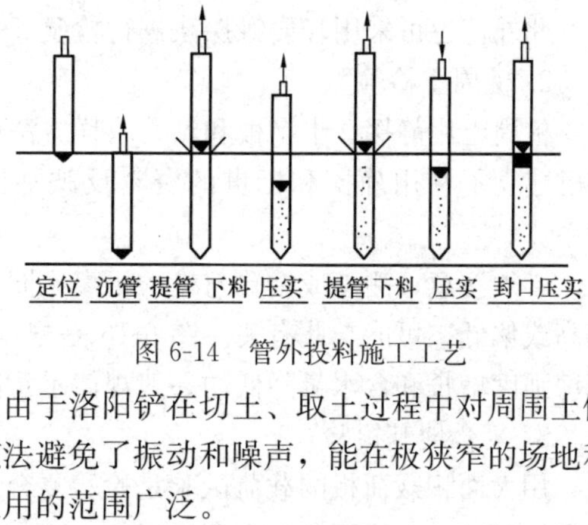

2）管内投料法

管内投料法适用于地下水位较高的软土地区。管内投料施工工艺与振动沉管灌注桩的工艺类似，如图 6-15 所示。

3）挖孔投料法

图 6-14 管外投料施工工艺

利用特制的洛阳铲人工挖孔、投料夯实。由于洛阳铲在切土、取土过程中对周围土体的扰动很小，在软土中均可保持孔壁稳定。该法避免了振动和噪声，能在极狭窄的场地和室内作业，造价较低、工期短、质量可靠，适用的范围广泛。

挖孔投料法主要受到深度的限制，一般情况下桩长不宜超过 6m。

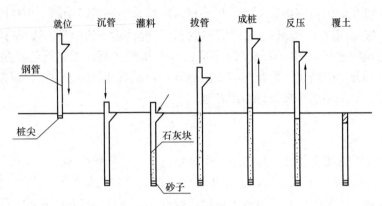

图 6-15 管内投料施工工艺

石灰桩施工时应采取防止冲孔伤人的有效措施，确保施工人员的安全。

（3）封顶

可在桩身上段夯入膨胀力小、密度大的灰土或黏土将桩顶捣实，亦称桩顶土塞。也可用 C7.5 素混凝土封顶捣实。封顶长度一般在 1.0m 左右，对于直径 500mm 的石灰桩，封顶长度取 1.5m。封顶这套工序是石灰桩施工中不可缺少的，但各地的具体做法不尽相同。天津市规范规定：石灰桩加固土层顶面至少做 2 步灰土垫层封顶（每步夯实后为 150mm），设计时地基的标高应以灰土上皮为准。

6.2.5 质量检验

石灰桩法的复合地基质量检验包括桩身质量的保证与检验、桩周土检验以及复合地基检验 3 部分。

1. 桩身质量的保证与检验

（1）控制灌灰量。

（2）静探测定桩身阻力，并建立 p_s 与 E_s 关系。

（3）挖桩检验与桩身取样试验，这是最为直观的检验方法。

（4）载荷试验，是比较可靠的检验桩身质量的方法，如再配合桩间土小面积载荷试验，可推算复合地基的承载力和变形模量。

此外，也可采用轻便触探法进行检验。

2. 桩周土检验

桩周土用静探、十字板和钻孔取样方法进行检验，一般可获得较满意的结果。有的地区已建立了利用静探和标贯的资料反映加固效果，以检验施工质量和确定设计参数的关系。

必须注意，测点或钻孔与桩的距离不同，所以反映的效果也不同，有的文献报道数值偏高或偏低，可能与此有关。图 6-16 是根据国内外大量资料得出的石灰桩加固后桩周土抗剪强度增长和含水量降低的一般规律示意图。

3. 复合地基检验

用大面积载荷板的载荷试验是检验复合地基的可靠方法，但因调动设备存在难度、使用费用过高，对重要工程方可采用。

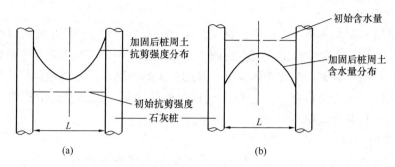

图 6-16 桩周土抗剪强度和含水量变化规律示意图
(a) 抗剪强度增长；(b) 含水量降低

6.3 土（或灰土）桩

6.3.1 概述

土（或灰土）桩是利用沉管、冲击或爆扩等方法在地基中挤土成孔，通过"挤"压作用，使地基土得到加"密"，然后在孔中分层填入素土（或灰土）后夯实而成。该方法主要通过成孔和成桩时实现对桩周土的挤密，因此又称之为挤密桩法。

土（或灰土）桩特点是：就地取材、以土治土、原位处理、深层加密和费用较低。因此在我国西北和华北等黄土地区已广泛采用。

土（或灰土）桩适用于处理深度 5~15m、地下水位以上、含水量 14%~23% 的湿陷性黄土、素填土、杂填土及其他非饱和黏性土、粉土等土层。当以消除地基的湿陷性为主要目的时，宜选用土桩；当以提高地基的承载力或水稳性为主要目的时，宜选用灰土桩或双灰桩。当地基土的含水量大于 24%、饱和度大于 0.65 时，由于无法挤密成孔，不宜采用该方法。

6.3.2 加固机理

1. 挤密作用

土（或灰土）桩挤压成孔时，桩孔位置原有土体被强制侧向挤压，使桩周一定范围内的土层密实度提高。其挤密影响半径通常为 $(1.5~2.0)d$（d 为桩径直径）。相邻桩孔间挤密效果试验表明，在相邻桩孔挤密区交界处挤密效果相互叠加，桩间土中心部位的密实度增大，且桩间土的密度变得均匀，桩距越近，叠加效果越显著。合理的相邻桩孔中心距为 2~2.5 倍桩孔直径。

土的天然含水量和干密度对挤密效果影响较大，当含水量接近最优含水量时，土呈塑性状态，挤密效果最佳。当含水量偏低，土呈坚硬状态时，有效挤密区变小。当含水量过高时，由于挤压引起超孔隙水压力，土体难以挤密，且孔壁附近土的强度因受扰动而降低，拔管时容易出现缩颈等情况。

土的天然干密度越大，则有效挤密范围越大；反之，则有效挤密区较小，挤密效果较差。土质均匀则有效挤密范围大，土质不均匀，则有效挤密范围小。

土体的天然孔隙比对挤密效果有较大影响，当 $e=0.90~1.20$ 时，挤密效果好，当 $e<0.80$ 时，一般情况下土的湿陷性已消除，没有必要采用挤密地基，故应持慎重态度。

2. 灰土性质作用

灰土桩是用石灰和土按一定体积比例（2：8或3：7）拌合，并在桩孔内夯实加密后形成的桩，这种材料在化学性能上具有气硬性和水硬性，由于石灰内带正电荷钙离子与带负电荷黏土颗粒相互吸附，形成胶体凝聚，并随灰土龄期增长，土体固化作用提高，使土体逐渐增加强度。在力学性能上，它可达到挤密地基效果，提高地基承载力，消除湿陷性，使沉降均匀和沉降量减小。

3. 桩体作用

在灰土桩挤密地基中，由于灰土桩的变形模量远大于桩间土的变形模量（灰土的变形模量为 $E_0 = 29 \sim 36\text{MPa}$，相当于夯实素土的 $2 \sim 10$ 倍），荷载向桩上产生应力集中，从而降低了基础底面以下一定深度内土中的应力，消除了持力层内产生大量压缩变形和湿陷变形的不利因素。此外，由于灰土桩对桩间土能起侧向约束作用，限制土的侧向移动，桩间土只产生竖向压密，使压力与沉降始终呈线性关系。

土桩挤密地基由桩间挤密土和分层填夯的素土桩组成，土桩桩体和桩间土均为被机械挤密的重塑土，两者均属同类土料。因此，两者的物理力学指标无明显差异。因而，土桩挤密地基可视为厚度较大的素土垫层。

6.3.3　设计计算

1. 桩孔布置原则和要求

（1）桩孔间距应以保证桩间土挤密后达到要求的密实度和消除湿陷性为原则。甲、乙类建筑平均挤密系数 $\bar{\eta}_c \geqslant 0.93$，最小挤密系数 $\bar{\eta}_{cmin} \geqslant 0.88$；其他建筑 $\bar{\eta}_c \geqslant 0.90$，$\eta_{cmin} \geqslant 0.84$。

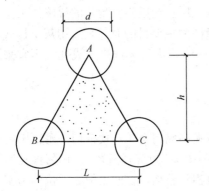

图 6-17　桩距和排距计算示意图

（2）桩身压实系数应达到：土桩 $\bar{\lambda}_c > 0.93$；灰土桩 $\bar{\lambda}_c > 0.95$。

2. 桩径

桩孔直径宜为 $300 \sim 450\text{mm}$，并可根据所选用的成孔设备或成孔方法确定。

3. 桩距和排距

桩孔宜按等边三角形布置（图6-17），桩孔之间的中心距离，可为桩孔直径的 $2.0 \sim 2.5$ 倍，也可按下式估算：

$$L = 0.95d \sqrt{\frac{\bar{\eta}_c \rho_{dmax}}{\bar{\eta}_c \rho_{dmax} - \bar{\rho}_d}} \qquad (6\text{-}28)$$

式中　L——桩孔之间的中心距离（m）；

　　　d——桩孔直径（m）；

　ρ_{dmax}——桩间土的最大干密度（t/m^3）；

　$\bar{\rho}_d$——地基处理前土的平均干密度（t/m^3）；

　$\bar{\eta}_c$——桩间土经成孔挤密后的平均挤密系数，$\bar{\eta}_c = \dfrac{\bar{\rho}_{dl}}{\rho_{dmax}}$，$\bar{\rho}_{dl}$ 为桩间土挤密后的平均干密度。对重要工程 $\bar{\eta}_c$ 不宜小于 0.93，对一般工程 $\bar{\eta}_c$ 不应小于 0.90。

桩孔的数量可按下式估算：

$$n = \frac{A}{A_e} \qquad\qquad (6\text{-}29)$$

式中　n——桩孔的数量；

　　A——拟处理地基的面积（m^2）；

　　A_e——1 根土或灰土挤密桩所承担的处理地基面积（m^2），即：$A_e = \dfrac{\pi d_e^2}{4}$；

　　d_e——1 根桩分担的处理地基面积的等效圆直径（m）。

处理填土地基时，鉴于其干密度值变动较大，一般不易按式（6-28）计算桩孔间距，为此，可根据挤密前地基土的承载力特征值 f_{sk} 和挤密后处理地基要求达到的承载力特征值 f_{spk}，利用下式计算桩孔间距：

$$L = 0.95d\sqrt{\frac{f_{pk} - f_{sk}}{f_{spk} - f_{sk}}} \qquad\qquad (6\text{-}30)$$

式中　f_{pk}——灰土桩体的承载力特征值，宜取 $f_{pk} = 500\text{kPa}$。

对重要工程或缺乏经验的地区，在桩间距正式设计之前，应通过现场成孔挤密试验，按照不同桩距时的实测挤密效果再正式确定桩孔间距。

4. 处理范围

土（或灰土）桩处理地基的面积，应大于基础或建筑物底层平面的面积，并应符合下列规定：

（1）当采用局部处理时，超出基础底面的宽度：对非自重湿陷性黄土、素填土和杂填土等地基，每边不应小于基底宽度的 0.25 倍，并不应小于 0.50m；对自重湿陷性黄土地基，每边不应小于基底宽度的 0.75 倍，并不应小于 1.00m。

（2）当采用整片处理时，超出建筑物外墙基础底面外缘的宽度，每边不宜小于处理土层厚度的 1/2，并不应小于 2m。

灰土挤密桩和土挤密桩处理地基的深度，应根据建筑场地的土质情况、工程要求和成孔及夯实设备等综合因素确定。对湿陷性黄土地基，应符合现行国家标准《湿陷性黄土地区建筑标准》GB 50025—2018 的有关规定。

5. 填料和压实系数

桩孔内的填料，应根据工程要求或处理地基的目的确定，桩体的夯实质量宜用平均压实系数 $\bar{\lambda}_c$ 控制。

当桩孔内用灰土或素土分层回填、分层夯实时，桩体内的平均压实系数 $\bar{\lambda}_c$ 值，均不应小于 0.96。

消石灰与土的体积配合比，宜为 2∶8 或 3∶7。

6. 承载力和变形模量

（1）用载荷试验方法确定

对重大工程，一般应通过载荷试验确定其承载力，若挤密桩是为了消除地基湿陷性，则还应进行浸水试验。在自重湿陷性黄土地基上，浸水范围的直径或边长不应小于湿陷性黄土层的厚度，且不少于 10m。

试验时如 $p\text{-}s$ 曲线上无明显直线段，则土挤密桩地基按 $s/b = 0.012$，灰土挤密桩复合地基按 $s/b = 0.008$（b 为载荷板宽度）所对应的荷载作为处理地基的承载力特征值。

（2）参照工程经验确定

对一般工程可参照当地经验确定挤密地基土的承载力值。当缺乏经验时，对土挤密桩地基，不应大于处理前的 1.4 倍，并不应大于 180kPa；对灰土挤密桩地基，不应大于处理前的 2 倍，并不应大于 250kPa。

7. 变形计算

土或灰土挤密桩处理地基的变形计算应按现行国家标准《建筑地基基础设计规范》GB 50007—2011 的有关规定执行。其中复合土层的压缩模量应通过试验或结合当地经验确定。

6.3.4 施工方法

1. 施工工艺

土（或灰土）桩的施工应按设计要求和现场条件选用沉管（振动或锤击）、冲击等方法进行成孔，使土向孔的周围挤密。具体施工工艺分别如图 6-18 和图 6-19 所示。

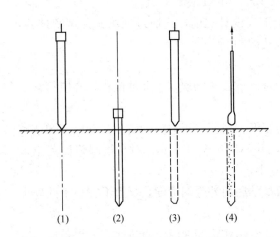

图 6-18 沉管法施工程序示意图

（1）桩管就位；（2）沉管挤土；

（3）拔管成孔；（4）桩孔夯填

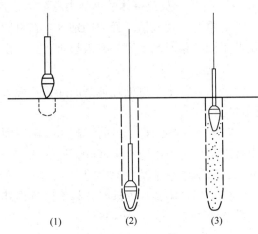

图 6-19 冲击法施工程序示意图

（1）冲锤就位；（2）冲击成孔；

（3）冲夯填孔

成孔和回填夯实施工应符合下列要求：

（1）成孔施工时，地基土宜接近最优含水量，当含水量低于 12% 时，宜对拟处理范围内的土层进行增湿，增湿土的加水量可按下式估算：

$$Q = v\bar{\rho}_{d}(w_{op} - \overline{w})k \tag{6-31}$$

式中　Q——计算加水量（m³）；

　　　v——拟加固土的总体积（m³）；

　　　w_{op}——地基处理前土的平均干密度（t/m³）；

　　　$\bar{\rho}_{d}$——土的最优含水量（%），通过室内击实试验求得；

　　　$\overline{w}$——地基处理前土的平均含水量（%）；

　　　k——损耗系数，可取 1.05~1.10。

应于地基处理前 4~6d，将需增湿的水通过一定数量和一定深度的渗水孔，均匀地浸入拟处理范围内的土层中。

（2）成孔和孔内回填夯实应符合下列要求：

1）成孔和孔内回填夯实的施工顺序，当整片处理时，宜从里（或中间）向外间隔1～2孔进行，对大型工程，可采取分段施工；当局部处理时，宜从外向里间隔1～2孔进行；

2）向孔内填料前，孔底应夯实，并应抽样检查桩孔的直径、深度和垂直度；

3）桩孔的垂直度偏差不宜大于1.5%；

4）桩孔中心点的偏差不宜超过桩距设计值的5%；

5）经检验合格后，应按设计要求，向孔内分层填入筛好的素土、灰土或其他填料，并应分层夯实至设计标高。

（3）对沉管法，其直径和深度应与设计值相同；对冲击法或爆扩法，桩孔直径的误差不得超过设计值的±70mm，桩孔深度不应小于设计深度0.5m。

（4）向孔内填料前，孔底必须夯实，然后用素土或灰土在最优含水量状态下分层回填夯实。回填土料一般采用过筛（筛孔不大于20mm）的粉质黏土，并不得含有有机质；石灰用块灰消解（闷透）3～4d后并过筛，筛出粗粒粒径不大于5mm的熟石灰。灰土应拌合均匀至颜色一致后及时回填夯实。

桩孔填料夯实机目前有两种：一种是偏心轮夹杆式夯实机；另一种是电动卷扬机提升式夯实机。前者可上、下自动夯实，后者需用人工操作。

夯锤形状一般采用下端呈抛物线锤体形的梨形锤。二者重量均不小于0.1t。夯锤直径应小于桩孔直径100mm左右，使夯锤自由下落时将填料夯实。填料时每一锹料夯击1次或2次，夯锤落距一般在600～700mm，每分钟夯击25～30次，长6m桩可在15～20min内夯击完成。

2. 施工中可能出现的问题和处理方法

（1）夯打时桩孔内有渗水、涌水、积水现象，可将孔内水排出地表，或将水下部分改为混凝土桩或碎石桩，水上部分仍为土（或灰土、二灰）桩。

（2）沉管成孔过程中遇障碍物时可采取以下措施处理：

1）用洛阳铲探查并挖除障碍物，也可在其上面或四周适当增加桩数，以弥补局部处理深度的不足，或从结构上采取适当措施进行弥补；

2）对未填实的墓穴、坑洞、地道等，当其面积不大、挖除不便时，可将桩打穿通过，并在此范围内增加桩数，或从结构上采取适当措施进行弥补；

3）夯打时造成缩径、堵塞、挤密成孔困难、孔壁坍塌等情况，可采取以下措施处理：

① 当含水量过大、缩径比较严重时，可向孔内填干砂、生石灰块、碎砖渣、干水泥、粉煤灰；如含水量过小，可预先浸水，使之达到或接近最优含水量；

② 遵守成孔顺序，由外向里间隔进行（硬土由里向外）；

③ 施工中宜打一孔，填一孔，或隔几个桩位跳打夯实；

④ 合理控制桩的有效挤密范围。

6.3.5 质量检验

土（或灰土）桩挤密法的工程质量及验收检验内容包括：桩孔质量、桩间土挤密效果、桩孔夯填质量和地基处理综合效果。

桩孔质量检验主要包括桩孔直径、深度和垂直度的检验。

桩间土挤密效果检验目的是检测桩间土的平均挤密系数 $\bar{\eta}_c$ 是否达到设计及规范、规程要求。检验方法是在相邻桩体构成的挤密单元内开挖深井，按每 1.0m 为一层，分点用 $\phi40mm\times40mm$ 小环刀取出原状挤密土样，测试其干密度，并计算平均挤密系数 $\overline{\eta}_c$。

桩孔夯填质量检验目的是检测桩身夯填质量，应随机抽样检测，对一般工程数量不应小于桩孔总数的 1%，对重要工程不应少于总桩数的 1.5%。每根桩均按 1.0m 分层取样检测，检测方法包括：轻型触探检验法、小环刀深层取样法和开挖探井取样检测法。上述前 2 项检验法，其中对灰土桩应在桩孔夯实后 48h 内进行，二灰桩应在 36h 内进行，否则将由于灰土或二灰胶凝强度的影响而无法进行检验。

地基处理综合效果检验目的是检验复合地基承载力或消除湿陷性效果是否达到设计要求。复合地基承载力的检验可采用现场复合地基载荷试验；消除湿陷性效果检验可采用浸水载荷试验。

6.4 水泥粉煤灰碎石桩

6.4.1 概述

水泥粉煤灰碎石桩（Cement Fly-ash Gravel Pile）简称 CFG 桩，是在碎石桩基础上加进一些石屑、粉煤灰和少量水泥，加水拌合制成的一种具有一定黏结强度的桩。这种地基加固方法吸取了振冲碎石桩和水泥搅拌桩的优点：

（1）施工工艺与普通振动沉管灌注桩一样，工艺简单，与振冲碎石桩相比，无场地污染，振动影响也较小。

（2）所用材料仅需少量水泥，便于就地取材，基础工程不会占用上部结构的钢材、水泥、木材资源，这也是相比水泥搅拌桩的优越之处。

（3）受力特性与水泥搅拌桩类似。

它与一般碎石桩的差异，如表 6-8 所示。

碎石桩与 CFG 桩的对比

表 6-8

桩型 对比值	碎石桩	CFG 桩
单桩承载力	桩的承载力主要靠桩顶以下有限场地范围内桩周土的侧向约束，当桩长大于有效桩长时，增加桩长对承载力的提高作用不大。以置换率 10% 计，桩承担荷载占总荷载的百分比为 15%～30%	桩的承载力主要来自全桩长的摩阻力及桩端承载力，桩越长则承载力越高，以置换率 10% 计，桩承担荷载占总荷载的百分比为 40%～75%
复合地基承载力	加固黏性土复合地基承载力的提高幅度较小，一般为 0.5～1 倍	承载力提高幅度有较大的可调性，可提高 4 倍或更高
变形	减少地基变形的幅度较小，总的变形量较大	增加桩长可有效地减少变形，总的变形量小
三轴应力应变曲线	应力应变曲线不呈直线关系，增加围压，破坏主应力差增大	应力应变曲线呈直线关系，围压对应力应变曲线没有多大影响
适用范围	多层和高层建筑物地基	多层建筑物地基

CFG 桩复合地基于 1988 年提出并用于工程实践，首先选用的是振动沉管 CFG 桩施工工艺，该工艺属于挤土成桩施工工艺，主要适用于黏性土、粉土、淤泥质土、人工填土及松散砂土等地质条件，尤其适用于松散的粉土、粉细砂的加固。它具有施工操作简便、施工费用较低、对桩间土的挤密效应显著等优点，但也有一些缺点，如难以穿透硬土层、振动及噪声污染严重、对邻近建筑物有不良影响、在饱和软黏土中容易断桩。为了避免这些缺点，后来开发并使用了一些非挤土成桩施工工艺，如长螺旋钻孔灌注成桩工艺、长螺旋钻管内泵压成桩工艺、泥浆护壁钻孔灌注成桩、人工或机械洛阳铲成孔灌注成桩。CFG 桩施工工艺和设备的选用，需要考虑场地土质、地下水位、施工现场周边环境以及当地施工设备等具体情况综合分析确定。

6.4.2 加固机理

CFG 桩加固软弱地基，桩和桩间土一起通过褥垫层形成 CFG 桩复合地基，如图 6-20 所示。此处的褥垫层不是基础施工时通常做的 10cm 厚的素混凝土垫层，而是由粒状材料组成的散体垫层。由于 CFG 桩系高黏结强度桩，褥垫层是桩和桩间土形成复合地基的必要条件，亦即褥垫层是 CFG 桩复合地基不可缺少的一部分。

其加固软弱地基主要有三种作用：（1）桩体作用；（2）挤密作用；（3）褥垫层作用。

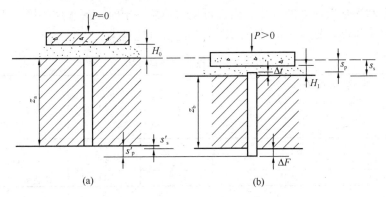

图 6-20　CFG 桩复合地基示意图

（a）受荷前（荷载 $P=0$）；（b）受荷后（荷载 $P>0$）

1. 桩体作用

CFG 桩不同于碎石桩，是具有一定黏结强度的混合料。在荷载作用下 CFG 桩的压缩性明显比其周围软土小，因此基础传给复合地基的附加应力随地基的变形逐渐集中到桩体上，出现应力集中现象，复合地基的 CFG 桩起到了桩体作用。据南京造纸厂复合地基载荷试验结果，在无褥垫层情况下，CFG 桩单桩复合地基的桩土应力比 $n=24.3\sim29.4$；四桩复合地基的桩土应力比 $n=31.4\sim35.2$；而碎石桩复合地基的桩土应力比 $n=2.2\sim2.4$，可见 CFG 桩复合地基的桩土应力比明显大于碎石桩复合地基的桩土应力比，亦即其桩体作用显著。

2. 挤密作用

CFG 桩采用振动沉管法施工，由于振动和挤压作用使桩间土得到挤密。南京造纸厂地基采用 CFG 桩加固，加固前后取土进行物理力学指标试验，由表 6-9 可见，经加固后地基土的含水量、孔隙比、压缩系数均有所减小；重度、压缩模量均有所增加，说明经加固后桩间土已挤密。

加固前后土的物理力学指标对比 表 6-9

类别	土层名称	含水量（%）	重度（kN/m³）	干密度（t/m³）	孔隙比	压缩系数（MPa⁻¹）	压缩模量（MPa）
加固前	淤泥质粉质黏土	41.8	17.8	1.25	1.178	0.80	3.00
	淤泥质粉土	37.8	18.1	1.32	1.069	0.37	4.00
加固后	淤泥质粉质黏土	36.0	18.4	1.35	1.010	0.60	3.11
	淤泥质粉土	25.0	19.8	1.58	0.710	0.18	9.27

3. 褥垫层作用

由级配砂石、粗砂、碎石等散体材料组成的褥垫，在复合地基中有如下几种作用：

（1）保证桩、土共同承担荷载：褥垫层的设置为 CFG 桩复合地基在受荷后提供了桩上、下刺入的条件，即使桩端落在好土层上，至少可以提供上刺入条件，以保证桩间土始终参与工作。

（2）减少基础底面的应力集中：在基础底面处桩顶对应 σ_p 与桩间土应力 σ_s 之比随褥垫层厚度的变化如图 6-21 所示。当褥垫层厚度大于 10cm 时，桩对基础产生的应力集中已显著降低。当褥垫层的厚度为 30cm 时，σ_p/σ_s 只有 1.23。

（3）褥垫层厚度可以调整桩土荷载分担比：表 6-10 表示了桩复合地基测得的 $P_p/P_{总}$ 值随荷载水平和褥垫层厚度的变化。由表可见，荷载一定时，褥垫层越厚，土承担的荷载越多。荷载水平越高，桩承担的荷载占总荷载的百分比越大。

桩承担荷载占总荷载百分比 表 6-10

$P_p/P_{总}$（%）　褥垫层厚度（cm） 荷载（kPa）	2	10	30	备注
20	65	27	14	桩长 2.25m
60	72	32	26	桩径 16cm
100	75	39	38	荷载板：1.05m×1.05m

（4）褥垫层厚度可以调整桩、土水平荷载分担比：图 6-22 表示基础承受水平荷载时，不同褥垫层厚度、桩顶水平位移 U_p 和水平荷载 Q 的关系曲线，褥垫层厚度越大，桩顶水平位移越小，即桩顶受的水平荷载越小。

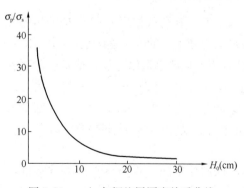

图 6-21 σ_p/σ_s 与褥垫层厚度关系曲线

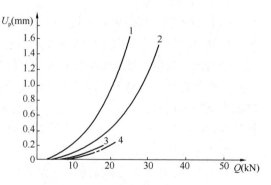

图 6-22 不同垫层厚度时 U_p-Q 曲线

1—垫层厚 2cm；2—垫层厚 10cm；

3—垫层厚 20cm；4—垫层厚 30cm

6.4.3 设计计算

1. 设计思路

当CFG桩桩体标号较高时，具有刚性桩的性状，但在承担水平荷载方面与传统的桩基有明显的区别。桩在桩基中可承受垂直荷载也可承受水平荷载，它传递水平荷载的能力远远小于传递垂直荷载的能力。而CFG桩复合地基通过褥垫层把桩和承台（基础）断开，改变了过分依赖桩承担垂直荷载和水平荷载的传统设计思想。

如图6-23所示的独立基础，当基础承受水平荷载Q时有3部分力与Q平衡。其一为基础底面摩阻力F_t；其二为基础两侧面摩阻力F_l；其三为与水平荷载Q方向相反的土的抗力R。

F_t和基底与褥垫层之间的摩擦系数μ以及建筑物重量W有关，W数值越大则F_t越大。

基底摩阻力F_t传递到桩和桩间土上，桩顶应力为τ_p，桩间土应力为τ_s。CFG桩复合地基置换率一般不大于10%，则有不低于90%的基底面积的桩

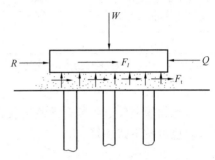

图6-23　基础水平受力示意图

间土，承担了绝大部分水平荷载，而桩承担的水平荷载则占很小一部分。根据试验结果，桩、土剪应力比随褥垫层厚度增大而减少。设计时可通过改变褥垫层厚度调整桩、土水平荷载分担比。

对于垂直荷载的传递，如何在桩基中发挥桩间土的承载能力是大家都在探索的课题。大桩距布桩的"疏桩理论"就是为调动桩间土承载能力而形成的新的设计思想。传统桩基中，只提供了桩可能向下刺入变形的条件，而CFG桩复合地基通过褥垫层与基础连接，并有上下双向刺入变形模式，保证桩间土始终参与工作。因此垂直承载力设计首先是将土的承载能力充分发挥，不足部分由CFG桩来承担。显然，与传统的桩基设计思想相比，桩的数量可以大大减少。

需要特别指出的是：CFG桩不只用于加固软弱的地基，对于较好的地基土，若建筑物荷载较大，天然地基承载力不够，仍可以用CFG桩来补足。如德州医药管理局3栋17层住宅楼，天然地基承载力为110kPa，设计要求为320kPa，利用CFG桩复合地基，其中有210kPa以上的荷载由桩来承担。

2. 设计参数

CFG桩复合地基有5个设计参数，分别如下所示。

（1）桩径

CFG桩常采用振动沉管法施工，其桩径根据桩管大小而定，一般为350～600mm。

（2）桩距

桩距（表6-11）的选用需要考虑承载力提高幅度能满足设计要求、施工方便、桩作用的发挥、场地地质条件以及造价等因素。

1）对挤密性好的土，如砂土、粉土和松散填土等，桩距可取得较小。

2）对单、双排布桩的条形基础和面积不大的独立基础等，桩距可取得较小，反之，满堂布桩的筏形基础、箱形基础以及多排布桩的条形基础、设备基础等，桩距应适当放大。

3）地下水位高、地下水丰富的建筑场地，桩距也应适当放大。

CFG 桩桩距选用参考值

表 6-11

桩距 土质 布桩形式	挤密性好的土，如砂土、粉土、松散填土等	可挤密性土，如粉质黏土、非饱和黏土等	不可挤密性土，如饱和黏土、淤泥质土等
单、双排布桩的条形基础	$(3 \sim 5)d$	$(3.5 \sim 5)d$	$(4 \sim 5)d$
含 9 根以下的独立基础	$(3 \sim 6)d$	$(3.5 \sim 6)d$	$(4 \sim 6)d$
满堂布桩	$(4 \sim 6)d$	$(4 \sim 6)d$	$(4.5 \sim 7)d$

注：d——桩径，以成桩后的实际桩径为准。

（3）桩长

水泥粉煤灰碎石桩复合地基承载力特征值，应通过现场复合地基载荷试验确定，初步设计时也可按下式估算：

$$f_{spk} = m \frac{R_a}{A_p} + \beta(1-m)f_{sk}$$

(6-32)

式中　f_{spk}——复合地基承载力特征值（kPa）；

m——面积置换率；

R_a——单桩竖向承载力特征值（kN）；

A_p——桩的截面积（m²）；

β——桩间土承载力折减系数，宜按地区经验取值，如无经验时可取 $0.75 \sim 0.95$，天然地基承载力较高时取大值；

f_{sk}——处理后桩间土承载力特征值（kPa），宜按当地经验取值，如无经验时，可取天然地基承载力特征值。

单桩竖向承载力特征值 R_a 的取值，应符合下列规定：

1）当采用单桩载荷试验时，应将单桩竖向极限承载力除以安全系数 2；

2）当无单桩载荷试验资料时，可按下式估算：

$$R_a = u_p \sum_{i=1}^{n} q_{si}l_i + q_p A_p$$

(6-33)

式中　u_p——桩的周长（m）；

n——桩长范围内所划分的土层数；

q_{si}、q_p——桩周第 i 层土的侧阻力、桩端阻力特征值（kPa），可按现行国家标准《建筑地基基础设计规范》GB 50007—2011 有关规定确定；

l_i——第 i 层土的厚度（m）。

桩体试块抗压强度平均值应满足下列要求：

$$f_{cu} \geqslant 3 \frac{R_a}{A_p}$$

(6-34)

式中　f_{cu}——桩体混合料试块（边长 150mm 立方体）标准养护 28 天立方体抗压强度平均值（kPa）。

（4）褥垫层

褥垫层厚度一般取 $150 \sim 300$mm 为宜，当桩径和柱距过大时，褥垫层厚度宜取高值。

褥垫层材料可用碎石、级配砂石（限制最大粒径）、粗砂、中砂。

（5）沉降计算

一般情况 FCFG 桩复合地基沉降由 3 部分组成。其一为加固深度范围内土的压缩变形 s_1，其二为下卧层变形 s_2，其三为褥垫层变形 s_3。由于 s_3 数量很小可以忽略不计，则有

$$s = s_1 + s_2 \tag{6-35}$$

假定加固区复合土体为与天然地基分层相同的若干层均质地基，不同的压缩模量都相应扩大 ξ 倍。然后按分层总和法计算加固区和下卧层变形之和，得

$$s = s_1 + s_2 = \psi_s \left(\sum_{i=1}^{n_1} \frac{\Delta p_i}{\zeta E_{si}} h_i + \sum_{i=n_1+1}^{n_2} \frac{\Delta p_i}{\zeta E_{si}} h_i \right) \tag{6-36}$$

式中　n_1——加固区分层数；

　　　n_2——总的分层数；

　　　Δp_i——荷载 p_0 在第 i 层产生的平均附加应力（kPa）；

　　　E_{si}——第 i 层土的压缩模量（MPa）；

　　　h_i——第 i 层土分层厚度（m）；

　　　ζ——模量提高系数：$\zeta = \dfrac{f_{spk}}{f_{ak}}$，其中 f_{ak} 是基础底面下天然地基承载力特征值（kPa）；

　　　ψ_s——沉降计算经验修正系数，如表 6-12 所示。

沉降计算经验修正系数 ψ_s　　　　　　　　表 6-12

$\overline{E}_s$ (MPa)	2.5	4.0	7.0	15.0	20.0
ψ_s	1.1	1.0	0.7	0.4	0.2

注：$\overline{E}_s$ 为沉降计算深度范围内压缩模量的当量值，应按下式计算：

$$\overline{E}_s = \frac{\sum A_i}{\sum \dfrac{A_i}{E_{si}}}$$

式中　A_i——第 i 层土附加应力系数沿土层厚度的积分值；

　　　E_{si}——基础底面下第 i 层土的压缩模量值（MPa），桩长范围内的复合土层按复合土层的压缩模量取值。

6.4.4　施工方法

水泥粉煤灰碎石桩的施工，应根据现场条件选用下列施工工艺：

（1）长螺旋钻孔灌注成桩，属于非挤土成桩法，适用于地下水位以上的黏性土、粉土、素填土、中等密实以上的砂土；

（2）长螺旋钻孔、管内泵压混合料灌注成桩，属于非挤土成桩法，适用于黏性土、粉土、砂土，以及对噪声或泥浆污染要求严格的场地；

（3）振动沉管灌注成桩，属于挤土成桩法，适用于粉土、黏性土及素填土地基。

长螺旋钻孔、管内泵压混合料成桩施工设备包括长螺旋钻机、混凝土泵和强制式混凝土搅拌机（图 6-24）。其中长螺旋钻机是该工艺设备的核心部分，目前长螺旋钻机根据其成孔深度分为 12m、16m、18m、24m 和 30m 等机型，施工前应根据设计桩长确定施工所采用的设备。其施工工序为：钻机就位、混合料搅拌、钻进成孔、灌注及拔管、移机。

振动沉管灌注成桩法采用的设备为振动沉管机，管端采用混凝土桩尖或活瓣桩尖（图 6-25）。其施工工序为：设备组装、桩基就位、沉管到预定标高、停机后管内投料、留振、拔管和封顶。

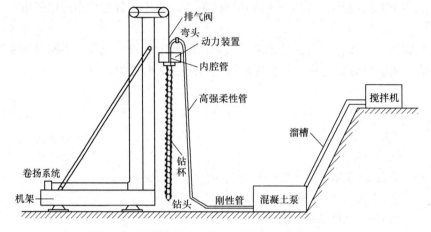

图 6-24 长螺旋钻孔、管内泵压 CFG 桩施工设备

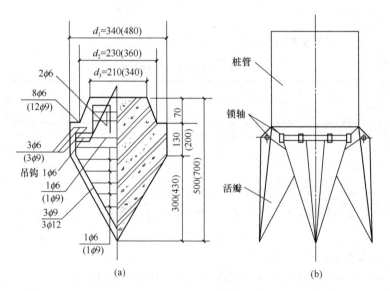

图 6-25 桩尖示意图
（a）混凝土桩尖；（b）活瓣桩尖

长螺旋钻孔、管内泵压混合料灌注成桩施工和振动沉管灌注成桩施工除应执行国家有关规定外，尚应符合下列要求：

（1）施工前应按设计要求由试验室进行配合比试验，施工时按配合比配制混合料。长螺旋钻孔、管内泵压混合料成桩施工的坍落度宜为 160～200mm，振动沉管灌注成桩施工的坍落度宜为 30～50mm，振动沉管灌注成桩后桩顶浮浆厚度不宜超过 200mm。

（2）长螺旋钻孔、管内泵压混合料灌注成桩施工在钻至设计深度后，应准确掌握提拔钻杆时间，混合料泵送量应与拔管速度相配合，遇到饱和砂土或饱和粉土层，不得停泵待料；振动沉管灌注成桩施工拔管速度应按匀速控制，拔管速度应控制在 1.2～1.5m/min 左右，如遇淤泥或淤泥质土，拔管速度应适当放慢。

（3）施工桩顶标高宜高出设计桩顶标高不少于 0.5m。

（4）成桩过程中，抽样做混合料试块，每台机械一天应做一组（3 块）试块（边长为 150mm 的立方体），标准养护，测定其立方体抗压强度。

（5）褥垫层铺设宜采用静力压实法，当基础底面下桩间土的含水量较小时，也可采用动力夯实法，夯填度（夯实后的褥垫层厚度与虚铺厚度的比值）不得大于 0.9。

（6）施工垂直度偏差不应大于 1%；对满堂布桩基础，桩位偏差不应大于 0.4 倍桩径；对条形基础，桩位偏差不应大于 0.25 倍桩径，对单排布桩桩位偏差不应大于 60mm。

（7）在软土中，桩距较大可采用隔桩跳打；在饱和的松散粉土中施打，如桩距较小，不宜采用隔桩跳打方案；满堂布桩，无论桩距大小，均不宜从四周向内推进施工。施打新桩时与已打桩间隔时间不应少于 7d。

（8）保护桩长。所谓保护桩长是指成桩时预先设定加长的一段桩长，基础施工时将其剔掉。保护桩长越长，桩的施工质量越容易控制，但浪费的料也越多。设计桩顶标高离地表距离不大于 1.5m 时，保护桩长可取 50～70cm，上部用土封顶。桩顶标高离地表距离大时，保护桩长可设置 70～100cm，上部用粒状材料封顶直到地表。

（9）桩头处理。CFG 桩施工完毕待桩体达到一定强度（一般为 7d 左右），方可进行基槽开挖。在基槽开挖中，如果设计桩顶标高距地面不深（一般不大于 1.5m），宜考虑采用人工开挖，不仅可防止对桩体和桩间土产生不良影响，而且经济可行；如果基槽开挖较深，开挖面积大，采用人工开挖不经济，可考虑采用机械和人工联合开挖，但人工开挖留置厚度一般不宜小于 700mm。桩头凿平，并适当高出桩间土 1～2cm。

6.4.5 质量检验

水泥粉煤灰碎石桩地基检验应在桩身强度满足试验荷载条件时，并宜在施工结束 28d 后进行。

1. 桩间土检验

桩间土质量检验可用标准贯入、静力触探和钻孔取样等试验对桩间土进行处理前后的对比试验。对砂性土地基可采用标准贯入或动力触探等方法检测挤密程度。

2. 桩的检验

可采用单桩载荷试验得到单桩承载力，试验数量宜为总桩数的 0.5%～1%，且每个单体工程的试验数量不应少于 3 点；抽取不少于总桩数 10% 的桩进行低应变动力试验，检测桩身完整性。

3. 复合地基检验

采用单桩或多桩复合地基载荷试验进行处理效果检验。

复 习 与 思 考 题

6-1 叙述碎石桩和砂桩处理砂土液化的机理。

6-2 叙述碎石桩和砂桩对黏性土的加固机理。

6-3 叙述碎石桩和砂桩的承载力影响因素及桩体破坏模式。

6-4 阐述"桩土应力比"和"置换率"的概念。

6-5　砂桩和碎石桩在黏性土和砂性土中，其设计长度主要取决于哪些因素？

6-6　阐述振冲法碎石桩施工过程。

6-7　阐述沉管法碎石桩施工过程。

6-8　试述振冲法施工质量控制的"三要素"。

6-9　阐述石灰桩对桩间土的加固作用。

6-10　施工过程中应该采取哪些措施以保证石灰桩成桩质量？

6-11　阐述石灰桩的成桩方法。

6-12　阐述石灰桩的施工顺序。

6-13　土桩和石灰桩在应用范围上有何不同？

6-14　阐述土（或灰土）桩的加固机理。

6-15　阐述土（或灰土）桩设计中桩间距的确定原则，以及施工的桩身质量控制标准。

6-16　阐述水泥粉煤灰碎石桩与碎石桩的区别。

6-17　阐述褥垫层在水泥粉煤灰碎石桩复合地基中的主要作用。

6-18　阐述水泥粉煤灰碎石桩的承载力计算方法，分析其与碎石桩承载力计算方法不同的原因。

6-19　阐述水泥粉煤灰碎石桩的施工方法及其适用地质条件。

6-20　某可液化砂土地基，厚度10m，处理前现场测得砂土平均孔隙比约0.81，土工试验得到的最大、最小孔隙比分别为0.9和0.6。为了消除液化，要求处理后的相对密实度达到0.8。试制定碎石桩地基处理方案，并对施工和检测提出要求。

6-21　某仓库为黏土地基，承载力特征值为80kPa，压缩模量为3MPa。仓库地坪使用荷载（荷载效应标准组合）为120kPa，堆载尺寸为20m×15m。要求处理后复合地基承载力达到120kPa，使用期间仓库地坪沉降小于30cm。拟采用碎石桩地基处理方法，试制定地基处理方案，并对施工和检测提出要求。

6-22　某7层住宅楼，基础为带井式交叉梁的筏板基础，基础尺寸为9m×40m。基础埋深1.2m，基底压力为100kPa。场地地下水位较高，地基土以淤泥质黏土为主，厚度在30m以上，修正后承载力特征值为80kPa。拟采用石灰桩挤密法进行处理，试制定地基处理方案，并对施工和检测提出要求。

6-23　某湿陷性黄土地基，厚度为6.5m，平均干密度为12.8t/m³，最大干密度为16.3t/m³。根据经验，当桩间土平均挤密系数$\bar{\eta}_c \geqslant 0.93$时，可以消除湿陷性。试完成挤密桩法的设计方案，并对施工方法、施工质量检测和地基处理效果检测提出要求。

6-24　某住宅楼采用条形基础，埋深1.5m，设计要求地基承载力特征值为180kPa。场地土由6层土组成：第一层填土，厚度1.0m，侧摩阻力特征值为16kPa；第二层淤泥质黏土，厚度3.0m，侧摩阻力特征值为6kPa，承载力特征值为60kPa；第三层黏土，厚度1.0m，侧摩阻力特征值为13kPa；第四层淤泥质黏土，厚度8.0m，侧摩阻力特征值为6kPa；第五层淤泥质黏土夹粉土，厚度5.0m，侧摩阻力特征值为8kPa；第六层黏土，未穿透，侧摩阻力特征值为33kPa，端承力特征值为1000kPa。拟采用CFG桩复合地基，试完成该地基处理方案。

第7章 浆液固化法

浆液固化法是指利用水泥浆液、硅化浆液、碱液或其他化学浆液，通过灌注压入、高压喷射或机械搅拌，使浆液与土颗粒胶结起来，以改善地基土的物理和力学性质的地基处理方法。

目前浆液固化法中常用的方法除原来的灌浆法外，还出现了高压喷射注浆法和水泥土搅拌法。前者利用高压射水切削地基土，通过注浆管喷出浆液，就地将土和浆液搅拌混合，后者通过特制的搅拌机械，在地基深部将黏土颗粒和水泥强制拌合，使黏土硬结成具有整体性、水稳性和足够强度的地基土。

7.1 灌 浆 法

灌浆法是指利用液压、气压或电化学原理，通过注浆管将可固化浆液以填充、渗透和挤密等方式注入地层中，使浆液与原松散的岩土颗粒或岩石裂隙胶结形成固结体，以达到改善地基岩土体物理力学性质目的的地基处理方法。其特点是：①注浆压力相对较低；②浆液灌入初期为流动状态，其渗透与扩散相对较均匀；③注浆过程中基本不会或较少破坏地层岩土体原有的结构。因此，工程中又称其为静压注浆法。

灌浆法按加固原理可分为渗透灌浆、压密灌浆、劈裂灌浆和电动化学灌浆。

灌浆法适用于土木工程中的各个领域，其加固的目的和作用主要有：

（1）防渗堵漏：即改善地基岩土体的渗透性能，提高防渗能力，截断水流，防止或减少液体渗漏。例如，坝基注浆帷幕防止漏水或流砂；深基坑开挖止水帷幕防止周边地下水位下降；地下工程（地铁、隧洞、矿山巷道和竖井、海底隧道等）堵水止漏注浆防止开挖时涌水、涌砂，并为地下工程施工提供便利条件。

（2）提高地基岩土体强度：主要是改善地层岩土体的抗剪强度和承载能力，例如，利用灌浆法整治塌方滑坡、处理路基病害、形成复合地基、处理缺陷桩基等。

（3）改善地基岩土体的压缩性能：即提高地层岩土体的变形模量，降低地基的沉降和不均匀沉降，例如，湿陷性黄土地基灌浆加固，倾斜建（构）筑物地基灌浆纠偏与加固，消除或减小软土地基上桥台台背填土和地基沉降的灌浆加固等。

（4）提高地基土抗液化性能：即通过灌浆法消除饱和砂土和粉细砂地基的可液化性。

自从1802年法国人查理斯·贝里格尼（Charles Beriguy）在第厄普（Dieppe）首次采用灌注黏土浆液修复一座受冲刷的水闸以来，灌浆技术的发展已有200余年的历史，已从最初的原始黏土浆液灌浆阶段、初级水泥浆液灌浆阶段、中级化学浆液灌浆阶段，发展到现代的灌浆技术快速发展阶段。如今，灌浆法已成为地基基础加固和岩土工程治理最常用的方法之一，在建筑、交通、铁道、水电、港航、煤炭、冶金等部门都得到了广泛应用，先进的自动化测试仪表和电子计算机监控系统也用来监测和控制灌浆工艺和参数，这不仅大大提高了施工效率，而且可确保工程质量。

7.1.1 灌浆材料

1. 浆材的构成

浆材主要包括主剂（原材料）、溶剂（水或其他溶剂）和外加剂。

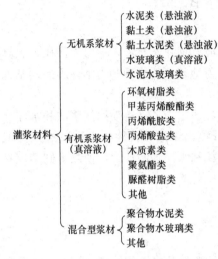

图 7-1 灌浆材料按原材料分类

2. 浆材的分类

浆液材料分类的方法很多，如按浆液所处状态可分为真溶液、悬浊液和乳化液；按工艺性质可分为单浆液和双浆液；按主剂性质可分为无机系浆材、有机系浆材和混合型浆材。工程中，通常按图 7-1 进行分类。

3. 浆材的性质

浆材的性质对灌浆工程至关重要，只有选择合适的浆材才能达到灌浆目的，保证工程质量。浆材的性质主要包括两大类，一是有关浆液的性质，二是有关固结体的性质。浆液的性质主要有浆液的密度、浓度、黏度、沉淀析水性、凝结性等；固结体的性质主要有固结体的收缩性、渗透性、耐久性及强度。

（1）浆液的性质

1）密度

浆液的密度 ρ 是指浆液中物质的质量与其体积之比。

2）浓度

不同的浆液，其浓度的表示方式有所不同，常见的有：

$$一般浆液的百分比浓度 = \frac{主剂质量}{浆液质量} \times 100\%$$

$$水泥浆液的水灰比 = \frac{水的质量}{水泥的质量}$$

$$水玻璃溶液的波美度 °Bé = 145 - \frac{145}{\rho}（\rho 为浆液的密度）$$

3）颗粒大小

对粒状型浆材（悬浊液浆材），主剂的颗粒大小及其在溶剂中的分散度对浆液的可注性和扩散半径有很大影响。主剂的颗粒大小常用颗粒分布曲线表示。

4）分散度和稳定性

对于悬浊型浆液，分散度是指主剂在溶剂中的分散程度，分散度越高，可灌性就越好。稳定性是指拌制好的浆液静止时维持原有的分散度和流动性的性能，维持这种状态的时间越长，稳定性就越好。

5）沉淀析水性

水泥浆液的沉淀析水是指制备的水泥浆停止搅拌后水泥颗粒在重力作用下沉淀并有水离析出来的现象。水泥浆液水灰比愈大，沉淀析水愈严重（水灰比为 1.0 时，水泥浆的最终析水率可高达 20%)。水泥浆液的沉淀析水对浆液的储运和灌注不利，例如沉淀分层可引起机具管路和地层孔隙的堵塞，灌浆体中形成空穴，使充填率降低，结石率下降。但同时，又需要通过沉淀析水使浆材（通常水灰比为 1.0 左右）达到其凝结所需的水灰比（为 0.25～0.45）。此外，沉淀析水还是渗入性灌浆的一种理论依据，前期浆液灌入地层中的孔洞和裂隙，沉淀析水后，后续浆液不断补充，挤出离析水，提高了填充率和胶结程度。因此，如果析水现象发生在适当的时刻且有浆液补充由析水形成的空隙，则浆液的析水现象不但无害，而且是必需的。

6）黏度

黏度是度量浆液黏滞性大小的物理量，它表示浆液在流动时由于相邻之间流动速度不同而产生内摩擦力的一种指标。浆液的黏度与浓度和温度有关，且大多数随时间延长而增大。黏度对浆液的灌注和胶结性能有重要影响。

7）凝结时间

浆液的凝结时间是指浆液从开始拌制到完全失去可塑性所需的时间。它又可细分为初凝时间和终凝时间。初凝时间是指浆液从开始拌制到开始失去塑性的时间；终凝时间是指浆液从开始拌制到完全失去塑性的时间。灌浆过程中，若要求浆液渗透或扩散半径（距离）较大时，则浆液的凝结时间应足够长；但若有地下水运动，或要求浆液不宜扩散太远，或要求浆液灌入后迅速凝结发挥强度，则应缩短浆液的凝结时间。浆液的凝结时间可通过改变浆液组成材料的配比，或选择掺入不同外加剂来调节。

8）毒性和腐蚀性

有些化学浆液或其固结体的浸出液具有毒性和腐蚀性，使用时应对其毒性和腐蚀性指标进行测定，并就其对环境的影响进行评价。

（2）固结体的性质

水泥类浆液凝结后的固体称为结石体，化学浆液胶凝后形成的固结体称为凝胶体，结石体与凝胶体可统称为固结体。灌浆工程中关心的固结体性质主要包括固结体的强度、胀缩性、渗透性和耐久性等。

1）胀缩性

胀缩性是指浆液结石或胶凝后体积产生收缩或膨胀的性质，可采用结石（胶凝）率来表示。结石（胶凝）率 β 为结石体（凝胶体）体积与浆液体积之比。当 $\beta>1$ 时，结石体（凝胶体）是膨胀的；当 $\beta<1$ 时，结石体（凝胶体）是收缩的，这将在灌浆体中或者与岩土体的胶结面处形成微细裂隙，降低灌浆效果。结石（胶凝）率与浆液中材料本身性质、配合比、外加剂、环境条件等因素有关，灌浆工程中可通过浆材选型、掺入合适的外加剂类型和掺入量来控制。

2）析水率

对于粒状类（悬浊）浆液，浆液静止 24h 后，析出水的体积与原浆液体积之比称为浆液的自由析水率。

3）固结体强度

固结体强度主要有单轴抗压强度、抗拉强度、抗折或抗剪强度。对于水泥类悬浊浆液，可用纯浆液固结（结石）体试件进行强度试验，而对化学浆液常在室内采用标准砂注浆制成凝胶体试件进行强度试验。影响水泥类结石体强度的最重要因素是浆液的浓度（水灰比），其他影响因素有结石体孔隙率、水泥品种及掺合料等。

4）渗透性

固结体的渗透性常以渗透系数来表示，固结体的渗透系数越小，防渗性能越好。水泥类结石体的渗透性与浆液起始水灰比、水泥含量及养护龄期等一系列因素有关。纯水泥浆和黏土水泥浆的渗透性都很小，而化学浆材的渗透性则更小。

5）耐久性

固结体抵抗各种环境因素作用（如地下水的物理化学作用），使其产生某些组分溶出、老化等现象并降低或丧失其功能的性能，称为耐久性。水泥结石体在正常条件下是耐久的，但若灌浆体长期受水压力作用，则可能使结石体破坏。

4. 工程常用浆材

（1）水泥浆材

水泥浆材是以水泥为主剂、水为溶剂的悬浊型浆液。它结石强度高，成本较低，无毒性，不污染环境，既可用于加固补强，又可用于防渗堵漏，是工程中用途最广和用量最大的浆材。灌浆工程中最常用的是普通硅酸盐水泥，遇侵蚀性环境可采用矿渣水泥、火山灰水泥、抗硫酸水泥等。水泥浆的水灰比一般为 $0.6\sim2.0$，常用水灰比为 $1:1$，因此，它具有析水性大、稳定性差、凝结时间较长、易受地下水稀释和冲刷的缺点。而且，随着水灰比的增大，水泥浆的黏度、密度、结石率、抗压强度等都有明显降低，初凝时间和终凝时间也明显增长。工程中常掺入速凝剂、缓凝剂、流动剂、加气剂、膨胀剂和防析水剂等外加剂（图 7-2），以满足不同工程的需要。

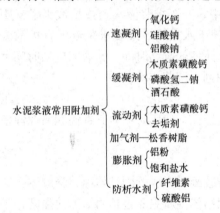

图 7-2　水泥类浆材常用外加剂

（2）粉煤灰水泥浆材

普通水泥中掺入粉煤灰作为灌浆材料，可节约水泥、降低成本和消化三废材料。粉煤灰可使浆液中酸性氧化物（Al_2O_3 和 SO_2 等）含量增加，它们能与水泥水化析出的部分氢氧化钙发生二次反应，生成水化硅酸钙和水化铝酸钙等较稳定的低钙水化物，从而使浆液结石的抗溶蚀能力和防渗帷幕的耐久性提高。粉煤灰的用量可高达 100%（即在配方中水泥与粉煤灰用量相等），但将使结石的强度大大降低，因此，灌浆前应根据具体条件进行配方试验。

（3）水泥黏土浆材

水泥黏土浆材是在水泥浆中加入一定量的黏土（如膨润土）而制成。在水泥浆中掺入黏土（一般掺量占水泥质量的 5%～15%），一方面，由于黏土分散度高，亲水性好，可使浆液的稳定性、流动性和可注性大大提高；另一方面，当水泥与黏土搅拌产生水化物后，虽然一部分继续硬化形成水泥水化物骨架，但另一部分则与周围黏土颗粒发生离子交换、团粒化作用和凝结作用等反应，这改变了纯水泥浆中水泥的水化反应方式和过程，其结果是延长了浆液凝结时间，降低了结石体的强度和耐久性。试验结果表明，当水灰比为 $1:1$，黏土掺量从 5% 增加至 15% 时，水泥黏土浆的结石率从 87% 增加到 95%，7d 时结石体强度从 5.17MPa 下降到 1.56MPa。因此，水泥黏土浆不宜作为加固注浆材料，适用于充填注浆材料。

（4）超细水泥浆材

普通水泥的最大粒径在 $44\sim100\mu m$ 范围内，由其配置的浆液难以注入渗透系数小于 $5\times10^{-2}cm/s$ 的粗砂土层或宽度小于 $200\mu m$ 的岩体裂隙中；而超细水泥浆材由极细的水泥颗粒组成，其平均粒径为 $4\mu m$，最大粒径约为 $10\mu m$，比表面积在 $8000cm^2/g$ 以上，具有良好的稳定性和可灌性，能灌入渗透系数为 $10^{-4}\sim10^{-3}cm/s$ 的细砂，而且能较好地凝结硬化，具有较高的早期和后期强度（大大高于化学浆液），且对地下水和环境无污染。

（5）水玻璃浆材

水玻璃（$Na_2\cdot nSiO_2$）在酸性固化剂作用下可瞬时产生凝胶，因此可作为注浆材料，它既可作为主剂使用，也可用作外加剂来改善其他类型浆液（如水泥浆液）的性能。由于水玻璃浆材具有无毒、价廉和可灌性好等优点，欧美国家将其列为首选的化学浆材，目前用量占所有化学浆液的 90％以上。几种实用且性能较好的水玻璃类浆液如表 7-1 所示。

水玻璃类浆液组成、性能及主要用途　　　　　　　表 7-1

浆液	原料	规格要求	用量（体积比）	凝胶时间	注入方式	抗压强度（MPa）	主要用途	备注
水玻璃氯化钙浆液	水玻璃	模数 2.5～3.0 浓度 43～45°Bé	45％	瞬间	单管或双管	＜3.0	地基加固	注浆效果受操作技术影响较大
	氯化钙	密度 1.26～1.28 浓度 30～32°Bé	55％					
水玻璃铝酸钠浆液	水玻璃	模数 2.3～3.4 浓度 40°Bé	1	几十秒～几十分	双管	＜3.0	堵水或地基加固	改变水玻璃模数、浓度、铝酸钠含铝量和温度可调节凝胶时间，铝酸钠含铝量影响抗压强度
	铝酸钠	含铝量 0.01～0.19kg/L	1					
水玻璃硅氟酸浆液	水玻璃	模数 2.3～3.4 浓度 30～45°Bé	1	几秒～几十分	双管	＜1.0	堵水或地基加固	两液等体积注入，硅氟酸不足部分加水补充。两液相遇有絮状物产生
	硅氟酸	浓度 28％～30％	0.1～0.4					

（6）有机类化学浆材

聚氨酯类浆材以多异氰酸酯和聚醚树脂等作为主要原材料，掺入外加剂（如增塑剂、稀释剂、表面活性剂、催化剂等）配制而成。由于浆液中含有未反应的多异氰基团，注入地层后遇水发生化学反应，生成不溶于水的聚合体，起到加固地基和防渗堵水作用。

丙烯酰胺类浆材国外称 AM-9，国内则称丙凝，由主剂丙烯酰胺、引发剂过硫酸铵（简称 AP）、促进剂 β-二甲氨基丙腈（简称 DAP）和缓凝剂铁氰化钾（简称 KFe）等组成。丙凝浆材有一定的毒性，为此，美国于 1980 年用 10％的丙烯酸盐水溶液为主剂，研制成名为 AC-400 的无毒浆材。1982 年中国水利水电科学研究院也研制成类似的无毒浆材

AC-MS。这类浆材的毒性仅为丙凝的 1%，但其特性和功能都与 AM-9 相似。

木质素类浆材是以纸浆废液为主剂，加入一定量的固化剂所组成的浆液。目前仅有重铬酸钠和过硫酸铵两种固化剂能使纸浆废液固化，因此只有铬木素浆材和硫木素浆材两种。木质素类浆材属于"三废利用"，原材料丰富，价格低廉，具有很好的发展前景。

改性环氧树脂既保留环氧树脂强度高、黏结力强、收缩性小、化学稳定性好，并能在常温下固化等优点，又克服了环氧树脂黏度大、可灌性差等缺点，特别适用于混凝土裂缝及软弱岩基特殊部位的灌浆处理。

7.1.2 灌浆理论

1. 渗透灌浆

渗透灌浆是指采用不足以破坏地层岩土体结构的灌浆压力（即不产生水力劈裂），把浆液灌入土中的孔隙和岩石中的裂隙，排出并取代其中的自由水和气体的灌浆方法。它所采用的灌浆压力相对较小，基本上不改变原状土的结构和体积，一般只适用于中砂以上的砂性土和有裂隙的岩石地基处理。

渗透灌浆理论有：球形扩散理论、柱形扩散理论和袖套管法理论。

（1）球形扩散理论

Maag（1938）假定：①被灌砂土是均质和各向同性的，②浆液为牛顿体，③浆液从注浆管底端注入地基土内，④浆液在地层中呈球状扩散（图 7-3）。由此推导出浆液在砂层中的扩散半径 r_1 与灌浆时间 t 的关系式为：

$$r_1 = \sqrt[3]{\frac{3kh_1r_0t}{\beta \cdot n}} \qquad (7-1)$$

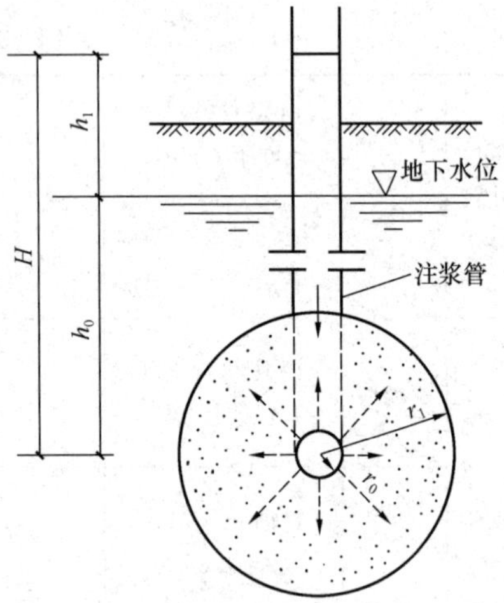

图 7-3 注浆管底端浆液呈球形扩散

h_0—注浆点以上的地下水压头（cm）；H—地下水压头和灌浆压力水头之和（cm）

式中　k——砂土的渗透系数（cm/s）；

　　　β——浆液黏度对水的黏度比；

　　　r_0——灌浆管半径（cm）；

　　　t——灌浆时间（s）；

　　　n——砂土的孔隙率（%）；

　　　h_1——灌浆压力水头（cm）。

Maag 公式简单实用，适用于中粗砂地层浆液扩散半径估算。除此之外，还有：

Karol 公式：
$$r_1 = \sqrt{3n\beta kh_1t} \qquad (7-2)$$

Raffle 公式：

$$t = \frac{nr_0^2}{3kh_1}\left[\frac{\beta}{3}\left(\frac{r_1^3}{r_0^3}-1\right) - \frac{\beta-1}{2}\left(\frac{r_1^2}{r_0^2}-1\right)\right] \qquad (7-3)$$

（2）柱形扩散理论

当牛顿流体作柱形扩散时（图 7-4），浆液扩散半径 r_1 有如下关系：

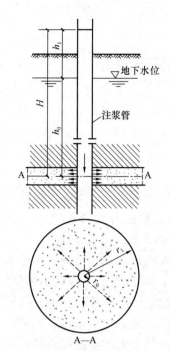

图 7-4　浆液柱状扩散

$$r_1 = \sqrt{\dfrac{2kh_1t}{n\beta\ln\dfrac{r_1}{r_0}}} \tag{7-4}$$

（3）袖套管法理论

假定浆液在砂砾石中作紊流运动，则其扩散半径 r_1 为：

$$r_1 = 2\sqrt{\dfrac{t}{n}\sqrt{\dfrac{kvh_1r_0}{d_e}}} \tag{7-5}$$

式中　d_e——被灌土体的有效粒径（cm）；

　　　　v——浆液的运动黏滞系数（m²/s）。

2. 劈裂灌浆

劈裂灌浆是指在压力作用下，浆液克服地层的初始应力和抗拉强度，岩土体沿垂直于小主应力的平面发生劈裂，使地层中原有的裂隙或孔隙张开并形成新的裂隙，从而使浆液的可灌性和扩散距离增大。

（1）砂和砂砾石地层

在砂和砂砾石地层中，随灌浆压力增加，有效应力减小（图 7-5）。当地层中的有效应力达到极限平衡状态（即图 7-5 中莫尔圆与强度破坏包线相切）时，则可根据有效应力的摩尔-库仑强度准则，导出致使地层某深度处岩土体劈裂的有效灌浆压力 p_e 为：

$$p_e = \frac{(\gamma h - \gamma_w h_w)(1+K)}{2} - \frac{(\gamma h - \gamma_w h_w)(1-K)}{2\sin\varphi'} + c'\cdot\cot\varphi' \tag{7-6}$$

式中　γ——砂或砂砾石的重度（kN/m³）；

　　　γ_w——水的重度（kN/m³）；

　　　h——灌浆段深度（m）；

　　　h_w——地下水位高度（m）；

　　　φ'——有效内摩擦角（°）；

　　　c'——有效黏聚力（kPa）；

　　　K——地层灌浆段的有效小主应力 σ_3'（$\sigma_3' = \sigma_3 - \gamma_w h_w$，$\sigma_3$ 为总小主应力）与有效大主应力 σ_1'（$\sigma_1' = \sigma_1 - \gamma_w h_w$，$\sigma_1$ 为总大主应力）之比，即 $K = \sigma_3'/\sigma_1'$。

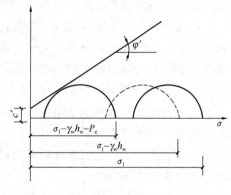

图 7-5　假想的水力劈裂破坏机理

（2）黏性土地层

在黏性土地层中，水力劈裂将引起土体固结及挤出等现象。在只有固结作用时，可用下式计算灌入浆液的体积 V：

$$V = \int_0^{r_1} q\cdot m_v\cdot 4\pi r^2 \mathrm{d}r = \int_0^{r_1}(p_0 - u)m_v\cdot 4\pi r^2 \mathrm{d}r \tag{7-7}$$

式中　r_1——浆液扩散半径；

　　　q——单位土体所需的浆液量；

　　　p_0——灌浆压力；

u——孔隙水压力；

m_v——地层体积压缩系数。

在存在多种劈裂现象的条件下，则可用下式确定土层被固结的程度 C：

$$C = \frac{(1-V_c)(n_0-n_1)}{(1-n_0)} \times 100\% \qquad (7\text{-}8)$$

式中　V_c——灌入地层中的水泥结石总体积；

n_0、n_1——分别为灌浆前后地层的天然孔隙率。

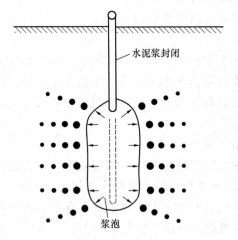

图 7-6　压密灌浆原理示意图

3. 压密灌浆

压密灌浆是通过钻孔向地层中灌入极浓的浆液，在注浆点形成浆泡并使邻近土体压密（图 7-6），以实现置换和压密地基土体。

在均匀土中的浆泡形状相当规则，一般为球形或圆柱形，但在非匀质土中则很不规则。浆泡的最后尺寸取决于很多因素，如土的密度、湿度、力学性质、地表约束条件、灌浆压力和注浆速率等。有时浆泡的横截面直径可达1m 或更大，实践证明，离浆泡界面 0.3～2.0m 内的土体都能受到明显的加密。

当浆泡的直径较小时，灌浆压力基本上沿钻孔的径向扩展。随着浆泡尺寸的逐渐增大，将产生较大的上抬力而使地面抬动，可利用此特性使下沉的建筑物抬升纠偏。

压密灌浆常用于中砂地基和具有较好排水条件的黏土地基处理，如果遇到排水困难而可能在土体中引起高孔隙水压力时，就必须采用很低的注浆速率。压密灌浆也可用于非饱和土地基不均匀沉降调整和基础托换，以及在大开挖或隧道开挖时加固邻近土体。

4. 电动化学灌浆

电动化学灌浆法是基于电渗排水和灌浆法而发展起来的地基处理方法。该法将注浆管作为阳极，滤水管作为阴极，并通以直流电（两电极间电压梯度一般为 0.3～1.0V/cm），在电渗作用下，土中孔隙水从阳极流向阴极，注浆管压出的浆液随即流入孔隙水腾出的空隙中，并在土中硬结。

电动化学灌浆可注入渗透系数 $k < 10^{-4}$ cm/s 的地层，但应注意因电渗排水作用而引起邻近既有建筑基础的附加下沉。

7.1.3　设计计算

1. 灌浆方案的选择

灌浆方案的选择就是根据灌浆的目的和地层等情况确定出合适的浆材和灌浆方法。当灌浆目的是提高地基强度和变形模量时，可选用水泥浆材（比如纯水泥浆、水泥砂浆、水泥水玻璃浆等）或者高强度化学浆材（比如环氧树脂、聚氨酯以及以有机物为固化剂的硅酸盐浆材等）；而若为了防渗堵漏，则可选用黏土水泥浆、黏土水玻璃浆、水泥粉煤灰混合物、丙凝、AC-MS、铬木素以及无机试剂的硅酸盐浆液等。同样，不同地层（灌浆对象）采用的浆材和灌浆方法也有所不同。表 7-2 是不同灌浆对象和目的的灌浆方案。

不同灌浆对象和目的的灌浆方案 表 7-2

编号	灌浆对象	适用的灌浆原理	适用的灌浆方法	常用灌浆材料	
				防渗灌浆	加固灌浆
1	卵砾石	渗透灌浆	袖阀管法最好，也可用自上而下分段钻灌法	黏土水泥浆或粉煤灰水泥浆	水泥浆或硅粉水泥浆
2	砂	渗透灌浆、劈裂灌浆	袖阀管法最好，也可用自上而下分段钻灌法	酸性水玻璃、丙凝、单宁水泥系浆材	酸性水玻璃、单宁水泥浆或硅粉水泥浆
3	黏性土	劈裂灌浆、压密灌浆	袖阀管法最好，也可用自上而下分段钻灌法	水泥黏土浆或粉煤灰水泥浆	水泥浆、硅粉水泥浆、水玻璃水泥浆
4	岩层	渗透灌浆、劈裂灌浆	小口径孔口封闭自上而下分段钻灌法	水泥浆或粉煤灰水泥浆	水泥浆或硅粉水泥浆
5	断层破碎带	渗透灌浆、劈裂灌浆	小口径孔口封闭自上而下分段钻灌法	水泥浆或先灌水泥浆后灌化学浆	水泥浆或先灌水泥浆后灌改性环氧树脂或聚氨酯
6	混凝土内微裂缝	渗透灌浆	小口径孔口封闭自上而下分段钻灌法	改性环氧树脂或聚氨酯浆材	改性环氧树脂浆材
7	动水封堵	采用水泥水玻璃等快凝材料，必要时在浆液中掺入砂等粗料，在流速特大的情况下，尚可采取特殊措施，例如在水中预填石块或级配砂石后再灌浆			

2. 灌浆标准

灌浆标准是指地基灌浆后应达到的质量指标。由于灌浆的目的和要求不同，灌浆对象千差万别，目前很难有一个比较统一的标准，只能根据具体情况作出具体的规定。通常灌浆标准越高，灌浆难度越大，造价也越高。

（1）防渗标准

防渗标准是防渗堵漏工程灌浆后应达到的质量指标。防渗标准多采用地层的渗透系数 k（用于砂或砂砾石地层）或者压水透水率 q（用于岩石地基，即在 1MPa 水压力作用下，每分钟压入每米孔段的水量，单位为 Lu）来表示，渗透系数 k 和压水透水率 q 越小，表明灌浆质量越好。对重要的防渗工程，多要求将地基土的渗透系数降低至 $10^{-5} \sim 10^{-4}$ cm/s 以下。我国《混凝土重力坝设计规范》SL 319—2018 规定：坝高大于 100m 时，防渗标准取 1～3Lu；坝高 50～100m 时取 3～5Lu；坝高 50m 以下取 5Lu。

（2）强度和变形标准

强度和变形标准是指经灌浆处理加固后的地基及岩土体应达到的有关承载能力、物理力学性质和变形性能等方面的指标。这些指标包括地基的承载力、变形模量、压缩系数，以及岩土体的抗压强度、抗拉强度、抗剪强度、黏结强度等。

（3）施工控制标准

施工控制标准是指为保证灌浆工程质量而在施工过程中应达到的质量控制指标，通常采用预估的理论灌浆量和耗浆量降低率指标来进行控制。

3. 浆材及配方设计原则

灌浆工程中浆材的选配应根据工程实际要求进行，并使其尽可能具备以下特性：

（1）浆液的稳定性好。在常温常压下，长期存放不改变性质，不发生化学反应。

（2）浆液黏度低，流动性好，可灌性强，能灌注到细小裂缝或粉细砂层中。比如，在砂砾石地层中，采用粒状浆材（悬浊液）时，一般要求砂砾土中含量为 15% 的颗粒尺寸 d_{15} 与浆材中含量为 85% 的颗粒尺寸 d_{85} 之比（称为可灌比）N 不小于 10~15。

（3）浆液凝胶时间在一定范围内可调，并能准确地控制。

（4）浆液无毒无臭，不污染环境，对人体无害，属非易燃易爆物品。

（5）浆液应对注浆设备、管路、混凝土结构物、橡胶制品等无腐蚀性，并容易清洗。

（6）浆液固化时无收缩现象，固化后与岩土体、混凝土等有一定黏结性。

（7）结石体有一定抗压强度和抗拉强度，不龟裂，抗渗性能和防冲刷性能好。

（8）结石体耐久性好，能长期耐酸、碱、盐、生物细菌等腐蚀并不受温度湿度影响。

（9）材料的来源丰富、价格低廉，浆液的配制方便、操作容易。

4. 浆液有效扩散半径

浆液有效扩散半径 r 是指符合设计要求的浆液扩散距离，是一个极为重要的设计参数。对于较简单的工程，浆液扩散半径可根据理论公式估算，或按工程经验类比确定；对于复杂或重要工程，则应根据现场灌浆试验确定。但是，地基土的构造和渗透性多数是不均匀的，尤其在深度方向上，因而无论是理论计算还是现场灌浆试验，都难求得一个适用于整个地层的具有代表性的 r 值。然而由于某些原因，实际工程中又往往只能采用均匀布孔的方法，为了克服这一矛盾，设计时应注意以下几点：

（1）在进行现场灌浆试验时，要选择不同特点的地基，最好用不同的方法灌浆，以求得不同条件下浆液的 r 值；

（2）所谓扩散半径，并非最远距离，而是符合设计要求的扩散距离；

（3）在确定设计扩散半径时，要选取多数条件下可以达到的数值，而不取平均值；

（4）当有些地层因渗透性较小而不能达到设计 r 值时，可提高灌浆压力或浆液的流动性，必要时还可在局部地区增加钻孔以缩小孔距。

5. 孔位布置

对于防渗堵漏工程，灌浆体应相互搭接以形成连续的灌浆体帷幕。

若采用单排灌浆孔（图 7-7），则灌浆体厚度 B_1 与孔距 l_1 有如下关系：

$$B_1 = \sqrt{4r^2 - l_1^2} \tag{7-9}$$

式中　r——浆液有效扩散半径。

若灌浆体厚度 B_1 不能满足设计灌浆帷幕厚度要求，则应采用多排灌浆孔。灌浆孔的最优布置应使灌浆体搭接区既不留空白又不产生过多搭接，如图 7-8 所示。由此，可推导出多排孔最大有效灌浆厚度 B_m 为：

$$B_m = \begin{cases} (m-1)r + (m+1)\sqrt{r^2 - \dfrac{l_m^2}{4}} & m = 3,5,7,\cdots \\ m\left(r + \sqrt{r^2 - \dfrac{l_m^2}{4}}\right) & m = 2,4,6,\cdots \end{cases} \tag{7-10}$$

式中　m——灌浆孔排数；

l_m——最优搭接灌浆孔间距。

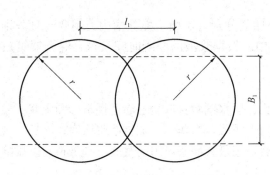

图 7-7　单排灌浆孔的布置图

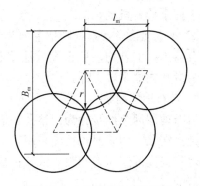

图 7-8　多排灌浆孔最优布置

6. 灌浆压力

灌浆压力是指不破坏地层结构，或仅发生局部的和少量的破坏但不对邻近建（构）筑物产生影响条件下可能采用的最大压力。通常，较高的灌浆压力能使一些微细孔隙张开，地层的透水性和可灌性得到提高，浆液扩散距离增大，从而可在保证灌浆质量的前提下，使钻孔数减少。此外，高灌浆压力还有助于挤出浆液中的多余水分，使浆液结石的强度提高。但当灌浆压力超过地层的压重和强度时，将可能导致地基及其上部结构的破坏。

灌浆压力值与地层土的密度、强度和初始应力、钻孔深度、位置及灌浆次序等因素有关，而这些因素又难于准确预知，因而宜通过现场灌浆试验来确定。若无试验资料，则可根据工程经验确定。一般认为，对于劈裂灌浆，砂土中灌浆压力宜取 0.2～0.5MPa；黏性土中宜取 0.2～0.3MPa；对于压密注浆，采用水泥砂浆浆液时，坍落度在 25～75mm 之间，注浆压力应为 1～7MPa，坍落度较小时，注浆压力可取上限值，如采用水泥水玻璃双液快凝浆液，则注浆压力应小于 1MPa。

7. 灌浆量

灌浆所需的浆液总用量 Q 可参照下式计算：

$$Q = 1000KVn \qquad (7\text{-}11)$$

式中　Q——浆液总用量（L）；

　　　V——注浆对象的土量（m^3）；

　　　n——土的孔隙率（%）；

　　　K——经验系数，软土、黏性土和细砂中 $K=0.3～0.5$，中粗砂中 $K=0.5～0.7$，砾砂中 $K=0.7～1.0$，湿陷性黄土中 $K=0.5～0.8$。

一般情况下，黏性土地基中的浆液灌入率为 15%～20%。

7.1.4　施工方法

1. 灌浆施工设备

灌浆用的最主要施工设备是造孔用的钻机、配浆用的制浆机和搅拌机、灌浆用的灌浆泵，除此之外，通常还有输浆管、阻塞器、观测仪器仪表等辅助设备。

当灌注黏土水泥浆等粒状浆液时，国内多采用活塞式注浆泵或泥浆泵，浆中掺砂时则采用专门的砂浆泵。若进行化学注浆，则按单液法和双液法分为两类设备系统：

① 单液灌浆设备系统适用于灌注凝固时间较长的浆液。灌浆时将浆液的各种成分直

接置于同一搅拌槽内搅拌，然后用一台注浆泵灌入孔内。如果灌浆压力和耗浆量不大，也可用手摇泵代替机动泵。

② 双液灌浆设备系统则把主剂和外加剂分别盛于两个搅拌槽内，用两台泵分别压送至混合器内，混合均匀后再灌入注浆孔中。根据浆液的胶凝时间长短，混合器可放在孔外，或者孔内灌浆段上部。

2. 岩石地层灌浆

岩石地层灌浆的步骤为：钻孔、清孔、压水试验获取岩层渗透性指标和灌浆。浆材一般为纯水泥浆。灌浆时，首先采用较稀的水泥浆，以防细裂隙被浓浆堵塞；然后，视具体情况逐步提高灌浆压力和浆液浓度；最后，用最大灌浆压力闭浆 30～60min，以排除裂隙中浆液的多余水分。

岩层灌浆多采用下述 3 种方法：

(1) 自上而下孔口封闭分段灌浆法（图 7-9a）。此法的优点是，全部孔段均能自行复灌，利于加固上部比较软弱的岩层，而且免去了取下柱塞的工序，节省时间。

(2) 自下而上柱塞分段灌浆法（图 7-9b）。此法虽然工序简单，工效较高，但缺点较多，比如灌浆前的压力资料不精确，在裂隙发育和较软弱的岩层中容易造成串浆、冒浆和地层上抬等事故，因而此方法仅适用于裂隙不很发育和比较坚硬的岩层。

(3) 自上而下柱塞分段灌浆（图 7-9c）。柱塞易于堵塞严密，压水资料比较准确，并能自上而下逐段加固岩层和减少浆液串冒和岩层上抬等事故。在地质条件较差的岩层中多采用此方法。

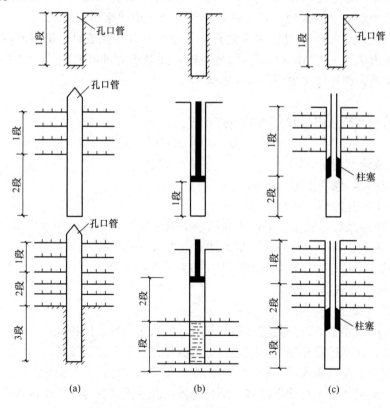

图 7-9　岩石地层灌浆方法

3. 土层灌浆

(1) 打花管灌浆法

首先在地层中打入一个下部带尖头的花管（图 7-10a），然后冲洗进入管中的砂土（图 7-10b），最后自下而上分段拔管灌浆（图 7-10c）。

(2) 套管护壁灌浆法

边钻孔边打入护壁套管，直至设计的灌浆深度（图 7-11a），再下灌浆管（图 7-11b），然后拔套管灌注第一注浆段（图 7-11c），再拔套管灌注第二段（图 7-11d），如此边拔边灌直至孔顶。

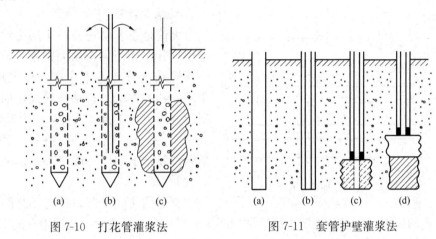

图 7-10　打花管灌浆法　　　　图 7-11　套管护壁灌浆法

(3) 边钻边灌法

仅在地表埋设护壁管，无需在孔中打入套管，自上而下钻完一段灌注一段，直至设计深度为止。钻孔时需用泥浆固壁或较稀的浆液护壁。该法除了钻灌工序合一、无需埋全长护壁管的优点外，还可在自上而下分段灌浆时，全孔同时受压，对各灌浆段都起到多次复灌作用，有利于排出灌浆体内的多余水分，提高浆液结石的密实度。

(4) 袖阀管法

袖阀管法由法国 Soletanche 公司首创（又称索列丹斯法），20 世纪 50 年代在国外被广泛用于解决砂砾石和黏性土的灌浆问题，20 世纪 80 年代末我国逐步将其用于砂砾层渗透灌浆、软土层劈裂灌浆（SRF 工法）和深层土体（超过 30m）劈裂灌浆。该方法的主要设备和钻孔构造如图 7-12 所示，其施工工艺如下：

1) 钻孔。通常用优质泥浆（例如膨润土浆）进行固壁，很少用套管护壁。

2) 插入袖阀管。为使套壳料的厚度均匀，应设法使袖阀管位于钻孔的中心。

3) 浇筑套壳料。将用黏土与水泥浆配置的套壳料置换孔内泥浆，浇筑时应避免套壳料进入袖阀

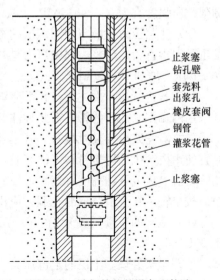

止浆塞
钻孔壁
套壳料
出浆孔
橡皮套阀
钢管
灌浆花管

止浆塞

图 7-12　袖阀管法的设备和构造

管内，并严防孔内泥浆混入套壳料中。

4）灌浆，待套壳料具有一定强度后，在袖阀管内放入带双塞的灌浆管进行灌浆。

袖阀管法的主要优点有：可根据需要灌注任何一个灌浆段，还可以进行重复灌浆；可使用较高的灌浆压力，灌浆时冒浆和串浆的可能性小；钻孔和灌浆作业可以分开，提高钻机的利用率。

同时，袖阀管法的缺点主要有：袖阀管被具有一定强度的套壳料所胶结，因而难于拔出重复使用，耗费的管材较多；每个灌浆段长度固定为 $30\sim50$cm，不能根据地层的实际情况调整灌浆段长度。

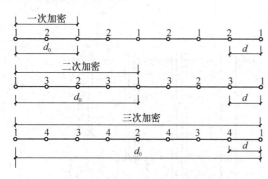

图 7-13　灌浆孔加密次序

4. 灌浆次序

无论是在岩层还是在土层中灌浆，都应根据分序逐渐加密的原则施工，亦即把一排灌浆孔分成若干次序，按先疏后密、中间插孔的方法进行钻孔灌浆，如图 7-13 所示。图中 d_0 为起始孔距，d 为最终孔距，数字1、2、3、4代表第 i 序孔。若根据地质条件及施工期限等因素决定加密次数为 n，则有 $d_0 = 2^n d$。

有多排孔的情况，排与排之间也要遵循逐渐加密的原则，一般是先灌边排后灌中间排。当只有两排孔，且地层中有地下水流动或有水头压力的情况下，最好先灌下游排后灌上游排。

5. 灌浆施工的注意事项

（1）注浆孔的钻孔孔径一般为 $70\sim110$mm，垂直偏差应小于 1%。注浆孔有设计角度时应预先调节钻杆角度，倾角偏差不得大于 $20''$。

（2）当钻孔钻至设计深度后，必须通过钻杆注入封闭泥浆，直到孔口溢出泥浆方可提杆。当提杆至中间深度时，应再次注入封闭泥浆，最后完全提出钻杆。封闭泥浆的 7d 无侧限抗压强度宜为 $0.3\sim0.5$MPa，浆液黏度为 $80\sim90$s。

（3）注浆压力一般与加固深度的覆盖压力、建筑物的荷载、浆液黏度、灌注速度和灌浆量等因素有关。注浆过程中压力是变化的，初始压力小，最终压力高，在一般情况下每深 1m 压力增加 $20\sim50$kPa。

（4）若进行第二次注浆，化学浆液的黏度应较小，不宜采用自行密封式密封圈装置，宜采用两端用水加压的膨胀密封型注浆芯管。

（5）灌完浆后要及时拔管，若不及时拔管，浆液会把管子凝住而增加拔管难度。拔管时宜使用拔管机。用塑料阀管注浆时，注浆芯管每次上拔高度应为 330mm；花管注浆时，花管每次上拔或下钻高度宜为 500mm。拔出管后，及时刷洗注浆管等，以便保持通畅洁净。拔出管后在土中留下的孔洞，应用水泥砂浆或土料填塞。

（6）灌浆的流量一般为 $7\sim10$L/min。对充填型灌浆，流量可适当加大，但也不宜大于 20L/min。

（7）冒浆处理。土层的上部压力小，下部压力大，浆液就有向上抬高的趋势。灌注深度大，上抬不明显，而灌注深度浅，浆液上抬较多，甚至会溢到地面上来，此时可采用间歇灌注法，亦即让一定数量的浆液灌入上层孔隙大的土中后，暂停工作，让浆液凝固，反复几次，就可把上抬的通道堵死。或者加快浆液的凝固时间，使浆液出注浆管就凝固。工作实践证明，需加固的土层之上，应有不少于 1m 厚的土层，否则应采取措施防止浆液上冒。

7.1.5 灌浆质量与效果检验

灌浆质量与灌浆效果的概念不完全相同。灌浆质量一般是指灌浆施工是否严格按设计和施工规范进行，例如灌浆材料的品种规格、浆液的性能、钻孔角度、灌浆压力等，是否都符合规范的要求，若不符合规范要求则应根据具体情况采取适当的补充措施；灌浆效果则指灌浆后能将地基土的物理力学性质提高的程度。灌浆质量高不等于灌浆效果就好。因此，设计和施工中，除应明确规定某些质量指标外，还应规定所要达到的灌浆效果及检查方法。

灌浆效果的检验，通常在注浆结束后 28d 才可进行，检验方法如下：

1. 统计计算灌浆量。可利用灌浆过程中的流量和压力自动曲线进行分析，从而判断灌浆效果。

2. 利用静力触探测试加固前后土体力学指标的变化，用以了解加固效果。

3. 在现场进行抽水试验，测定加固土体的渗透系数。

4. 采用现场静载荷试验测定加固土体的承载力和变形模量。

5. 采用钻孔弹性波试验测定加固土体的动弹性模量和剪切模量。

6. 采用标准贯入试验或轻便触探等动力触探方法测定加固土体的力学性质，此方法可直接得到灌浆前后原位土的强度，以便进行对比。

7. 室内试验。通过室内加固前后土的物理力学指标的对比试验，判断加固效果。

8. 采用 γ 射线密度计法。它属于物理探测方法的一种，可在现场测定土的密度，用以说明灌浆效果。

9. 使用电阻率法。将灌浆前后对土所测定的电阻率进行比较，根据电阻率差说明土体孔隙中浆液的存在情况。

在以上方法中，动力触探试验和静力触探试验最为简便实用。检验点一般为灌浆孔数的 2%～5%，如果检验点的不合格率等于或大于 20%，或虽然小于 20% 但检验点的平均值达不到设计要求，在确认设计原则正确后应对不合格的注浆区实施重复注浆。

7.2 高压喷射注浆法

7.2.1 概述

20 世纪 60 年代末期，日本将高压水射流技术应用到灌浆工程中，创造出高压喷射注浆法。1972 年，中国铁道科学研究院率先开发此项技术。1975 年，我国冶金、水电、煤炭、建工等部门和部分高校，也相继进行了相关试验和施工，现已将其成功应用于已有建筑和新建工程的地基处理、深基坑地下工程的支挡和护底、构造地下防水帷幕等。并已将其列入《建筑地基处理技术规范》JGJ 79—2012、《建筑地基基础工程施工质量验收标准》GB 50202—2018 中。

如图 7-14 所示，高压喷射注浆法（Jet Grouting）是用高压浆液（如水泥浆）通过钻

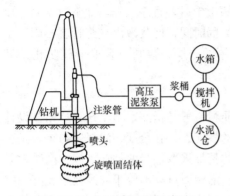

图 7-14 单管旋喷注浆示意图

杆由水平方向的喷嘴喷出，形成喷射流，切割土体并与土拌合形成水泥土加固体的地基改良技术，适用于处理淤泥，淤泥质土，流塑、软塑或可塑黏性土，粉土，砂土，黄土，素填土和碎石土等地层。对于硬黏性土、含较多块石或大量植物根茎的地层，因喷射流可能受到阻挡或削弱，切削范围小，影响处理效果，因此不宜采用。

按注浆管类型，高压喷射注浆法分为单管法（浆液管）、双管法（浆液管和气管）、三重管法（浆液管、气管和水管）和多重管法（水管、气管、浆液管和抽泥浆管等）；按加固形状可分为柱状、壁状、条状和块状；按喷射方向和形成固结体的形状可分为旋转喷射（旋喷）、定向喷射（定喷）和摆动喷射（摆喷）3 种，如图 7-15 所示。旋转喷射时，喷嘴边喷射、边旋转和提升，固结体呈圆柱状，主要用于提高土的抗剪强度、改善地基的变形性质，从而加固地基；定向喷射时，喷嘴边喷射边提升，喷射方向固定不变，固结体呈壁状或板状；摆动喷射时，喷嘴边喷射边小角度来回摆动，固结体呈扇状墙，两种方式常用于基坑防渗和边坡稳定等工程。图 7-16 是 1989 年长沙浏阳河大堤某段采用三重管摆喷形成的防渗固结体，其喷嘴直径 1.8mm，摆动角度 30°，水、气压力分别为 25～30MPa、0.6～0.7MPa。

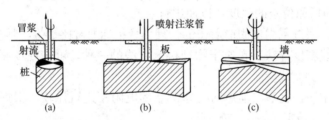

图 7-15 高压喷射注浆法的 3 种方式
(a) 旋喷；(b) 定喷；(c) 摆喷

图 7-16 三重管摆喷形成的固结体

7.2.2 加固机理

1. 高压喷射流性质与分类

高压喷射流是通过高压发生设备获得巨大的能量后，从一定形状的喷嘴用特定的流体运动方式高速连续喷射出来的、能量高度集中的一股液流，其速度和功率与喷射流的压力关系如表 7-3 所示。根据不同的使用要求，喷射流有单管喷射流、双管喷射流、三管喷射流和多管喷射流 4 种类型。

高压喷射流的速度和功率

表 7-3

喷嘴压力 p_a（MPa）	出口直径 d_0（cm）	流速系数 φ	流量系数 μ	流速 v_0（m/s）	功率 N（kW）
10				136	8.5
20				192	24.1
30	0.30	0.963	0.946	243	44.4
40				280	68.3
50				313	95.4

注：流量系数和流速系数为收敛圆锥 $13°24'$ 角喷嘴的水力试验值。

单管喷射流为高压水泥浆液喷射流。它是利用钻机等设备，把安装在注浆管底部侧面的特殊喷嘴，置入土层预定的深度后，用高压泥浆泵等装置以 20MPa 左右的压力，把浆液从喷嘴射出，破坏土体，并使浆液和土体搅拌混合，经过一段时间凝固后，便在土中形成一定形状的固结体。在日本将其简称为 CCP 工法（Chemical Churning Pile）。

双管喷射流为复合式高压喷射流。它是在浆液（20MPa 左右）的外部环绕压缩空气（0.7MPa 左右），同时破坏土体，能量增大，固结体直径增加。

三管喷射流也是复合式高压喷射流。它是由高压水（20MPa 左右）和外部环绕的压缩空气（0.7MP 左右）同轴喷射，再由浆液（2~5MPa）填充。

多管喷射流为高压水喷射流（40MPa 左右），通过多重管填充孔洞。

2. 高压喷射流的构造

根据构造，高压喷射流可分为单液高压喷射流和水（浆）、气同轴喷射流两种类型。

（1）单液高压喷射流构造

高压喷射流的几何形状如图 7-17 所示。沿着喷射流中心轴，高压喷射流的结构分为初期区域（保持喷嘴出口压力 p_0）、主要区域（发生紊流）和终期区域（形成不连续喷射流）。

初期区域包括喷流核和迁移段。在整个喷射流中，速度均匀部分称为喷射核，在喷射核末端有一个过渡段，喷射流的扩散宽度稍有增加，轴向动压有所减小，这个过渡段称为迁移区。在喷嘴出口处，流速分布均匀，轴向动压是常数，高速均匀

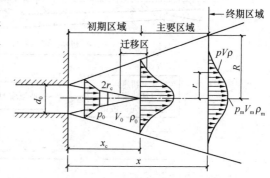

图 7-17　单液高压喷射流构造

p_0—喷射流在喷嘴处的喷射流密度；

p_m—喷射流中心轴上距离喷嘴 x 处的喷射流密度

向下游延伸，速度逐渐减小，射流宽度逐渐增加，当达到某一位置后，断面上的速度不再均匀。由于喷射流的射流作用，不断和周围介质发生动量交换，周围空气进入喷射流中，使接近边界部分的喷射流速度逐渐降低。初期区域在喷射流中心轴的长度 x_c 是喷射流的

一个重要参数，可以据此判断破碎土体和搅拌的效果。

主要区域轴向动压陡然减弱，流速降低。它的扩散率为常数，扩散宽度和距离的平方根成正比。土中喷射时，喷射流与土在主要区域内搅拌混合。

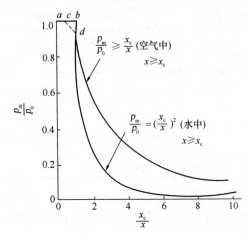

图 7-18 喷射流在中心轴上的压力分布曲线

终期区域内能量衰竭，射流宽度很大，雾化度高，水滴呈雾化状与空气混合在一起消散到大气中。

简言之，随着离开喷嘴距离 x 的增加，喷射流可划分为水流、水滴和雾状流体 3 个部分，在一定的射程内保持很高的速度和动压力，而随着离开喷嘴距离的增加，速度和压力均逐渐减小。

在空气中和水中喷射得到的压力 p 与距离 x 的关系曲线如图 7-18 所示（图中 p_m 为喷射流中心轴上距离喷嘴 x 处的压力）。在一定的范围内（b 点以内）压力没有衰减，即所谓存在的射流核。但是实际上，如图中虚线所示，自 c 点开始压力就有所降低，并在 d 点与曲线相重合。

（2）水（浆）、气同轴喷射流构造

二重管旋喷注浆的浆、气同轴喷射流与三重管旋喷注浆的水、气同轴喷射流都是在喷射流的外围同轴喷射圆筒状气流，两者的构造基本相同。如图 7-19 所示，水、气同轴喷射流分为初期区域、迁移区域和主要区域 3 部分。

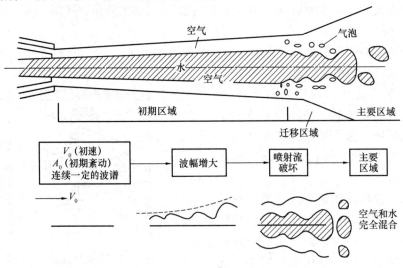

图 7-19 水、气同轴喷射流构造

在初期区域，射流速度为喷嘴出口速度。喷射水和空气相撞以及喷嘴内部表面不够光滑，致使从喷嘴喷射出的水流比较紊乱，再加上空气和水流的相互作用，在高压喷射水流中形成气泡，喷射流受到干扰。在初期区域的末端，气泡与水喷射流的宽度一样。初期区域长度可按下式计算：

$$x_c = 0.048V_0 \tag{7-12}$$

式中 x_c——初期区域长度（m）；

V_0——喷嘴出口处流速（m/s）。

旋喷时，若水（浆）、气同轴喷射流的喷嘴出口处流速为 20m/s，则初期区域长度为 0.1m，而单独喷射时的初期区域长度为 0.015m，可见，水（浆）、气同轴喷射的初期区域长度增加了近 6 倍。

在迁移区域内，射流开始与空气混合，出现较多的气泡。

在主要区域内，射流开始衰减，内部含有大量气泡，气泡逐渐分裂破坏后成为不连续的细水滴，同轴喷射流的宽度也迅速扩大。

3. 加固地基的机理

（1）高压喷射流对土体的破坏作用

射流冲击土体时，能量集中在很小区域，土体会受到很大的压应力。当外力超过土粒间的临界破坏值时，土体就发生破坏。破坏土体结构强度的最主要因素是喷射动压，按下式计算：

$$P = \rho QV_m = \rho AV_m^2 \tag{7-13}$$

式中 P——破坏力（kg·m/s²）；

ρ——喷射流密度（kg/m³）；

Q——喷射流流量（m³/s），$Q = V_m \cdot A$；

V_m——喷射流的平均速度（m/s）；

A——喷嘴截面面积（m²）。

为了获得更大的破坏力，需要增加射流的平均速度，也就是需要增加喷射压力。一般要求喷射压力在 20MPa 以上，使喷射流有较大的破坏力，使土与浆液搅拌均匀，形成密度均匀和强度较高的固结体。

（2）水（浆）、气同轴喷射流对土的破坏作用

图 7-20 为射流轴上动水压力与距离的关系图。水、气同时喷射时，空气流使水（浆）的高压喷射流在破坏的土体上将土粒迅速吹散，阻力减小，能量消耗降低，增加了破坏力，形成的旋喷固结体的直径较大。

水射流破土效果随着介质的物理力学性质不同而变化。当喷射初始时，被破坏土体处于三向受压状态，在水射流冲击点表面，土体被水射流冲压产生凹陷变形，如图 7-21 所示。

射流作用在土体表面时，将产生 2 种作用力：一是在距喷嘴较近处，射流作用面积很小，压力远远大于土体的自重应力，在土体中产生一个剪切力；二是在距喷嘴较远处，射流压力不能使土体发生破坏，但可压密土体并将部分射流液体挤入土体中，在土体中产生一个挤压力。对于无黏性土，渗透作用

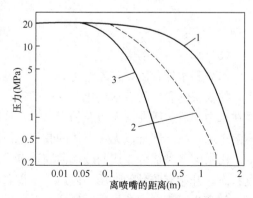

图 7-20 射流轴上动水压力与距离的关系比较图
1—高压喷射流在空中单独喷射；2—水、气同轴喷射流在水中喷射；3—高压喷射流在水中单独喷射

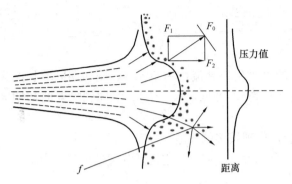

图 7-21　水射流破土示意图

F_1—压力 F_0 垂直于喷射流中心轴方向的分力；F_2—压力 F_0
平行于喷射流中心轴方向的分力

占主导地位；对于黏性土，压密起主要作用。

水射流移动进入土粒之间时，土体因被切割而破坏。由于土质的不均匀性，水射流首先进入大孔隙中产生侧向挤压力，以裂隙为边界，大块土体被冲刷下来，翻滚到射流压力较小处而停止。因此，该处射流压力较小，土块不会再发生破坏，这就是喷射桩体内存在块状土的原因。

旋喷时，高压喷射流将土体切削破坏，加固范围为以喷射距离加上渗透部分或挤压部分的长度为半径的圆柱体。剥落下来的一部分细小颗粒被喷射的浆液所替换，随着液流被带到地面上，其余的则与浆液搅拌混合。在喷射动压、离心力和重力的作用下，在横断面上，土粒按质量大小有规律地排列起来，小颗粒躲在中部，大颗粒多在外侧和边缘，如图 7-22 所示。以砂土为例，中部形成浆液主体部分，外层为土粒密集部分（搅拌混合部分、浆液渗透部分）。形成的固结体中心强度低、边缘强度高。

定喷时，喷嘴不旋转，只作水平的固定方向喷射，并逐渐向上提升，便在土中冲成一条沟槽，把浆液灌进槽中，最后形成一个板状固结体。固结体在砂性土中有部分渗透层，而黏性土却无渗透层。

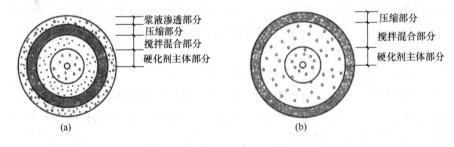

图 7-22　旋喷固结体横断面示意图

（a）砂性土旋喷固结体横断面；（b）黏性土旋喷固结体横断面

（3）水泥与土的固结

水泥和水拌合后，首先产生铝酸三钙水化物和氢氧化钙，它们溶于水，但溶解度不大，故很快饱和。随着这种化学反应的进行，析出一种胶质物体。这种胶质物体一部分悬浮在水中，后包围在水泥微粒的表面，形成一层胶凝薄膜。所生成的硅酸二钙水化物几乎不溶于水，故一部分以无定形体的胶质包围在水泥微粒的表层，一部分渗入水中。

由水泥各种成分生成的胶凝薄膜逐渐发展联结起来形成凝胶体，此时表现为水泥的初凝状态，开始有胶黏的性质。此后，水泥各部分在水量充足的情况下，连续不断发展、增强，就产生了下列现象：胶凝体增大并吸收水分，凝固加速、结合更密；结晶核（微晶）形成结晶体，结晶体与胶凝体相互包围渗透并达到一稳定状态，开始硬化；水化作用继续渗透到水泥微粒内部，直到完全没有水分以及胶质凝固和结晶充盈为止，不过这个过程很难将微粒内核全部水化，故水化过程较长。

4. 加固土的基本性状

（1）直径较大

旋喷固结体直径与土的种类和密实度关系密切。对于黏性土，单管加固体直径为
0.3～0.8m，双管加固体直径为0.6～1.2m，三管加固体直径可达0.7～1.8m；对于砂性
土，单管加固体直径为0.4～1.0m，双管加固体直径为0.8～1.4m，三管加固体直径可达
0.9～2.0m。定喷和摆喷的有效长度约为旋喷桩直径的1.0倍。

（2）固结体的形状多样

因喷射参数、土质和施工工艺不同，固结体有圆柱状、圆盘状、板墙状和扇形状等形
状。在均匀土中，固结体较均匀；在不均匀土或有裂隙土中，固结体不均匀，甚至在周围
长出翼片。由于喷射压力或提升速度不均匀，固结体的外表很粗糙，三重管旋喷中，固结
体受气流影响，外表更加粗糙。

（3）质量轻

由于土粒少且含有一定数量的气泡，固结体质量较轻，密度小于或者接近原状土的密
度。黏性土固结体比原状土轻约10%。

（4）渗透性差

固结体内虽有一定的空隙，但空隙之间并不贯通，而且固结体有一层致密的硬壳，使
其渗透系数很小，具有一定的防渗性能。

（5）固结强度高

喷射后，土粒重新排列，水泥含量大。一般外侧土颗粒直径大，数量多，浆液成分也
多，所以，在横断面上中心强度低，外侧强度高，与土交接的边缘处有一圈坚硬的外壳。

强度的影响因素有：原地基土质、水质；浆液材料及水灰比；注浆管的类型和提升速
度；单位时间的灌浆量等。但其主要因素是土质和浆材，即便是同一配方的浆材，软黏土
的固结强度也将成倍地小于砂土固结强度。一般黏土中形成的固结体抗压强度为5～
10MPa，砂类土或砂砾层中的固结体抗压强度可达5～20MPa，固结体的抗拉强度一般为
抗压强度的1/10～1/5。

（6）单桩承载力

旋喷固结体有较高的强度，外形凹凸不平，施工桩径一般比设计桩径偏大。固结体直
径越大，承载力越高。

（7）耐久性

固结体的化学稳定性较好，有较强的抗冻和抗干湿循环作用的能力。

7.2.3　设计计算

1. 设计前的准备工作

（1）岩土工程勘察

根据《岩土工程勘察规范》GB 50021—2001（2009年版）要求，掌握所在区域的工
程地质、水文地质条件及环境条件等。

（2）室内试验和现场试验

为了解固结体可能具有的强度，决定浆液合理的配合比，应现场取样，按不同含水量
和配合比进行室内配方试验，优选配方。对规模较大、较重要的工程，要在现场进行成桩

试验，确定喷射固结体的强度和直径，验证设计的可靠性和安全度。

2. 固结体尺寸的确定

固结体尺寸主要与土类、密实度、注浆管类型、喷射技术参数（喷射压力与流量、喷嘴直径与个数、空气压力、流量及喷嘴间距，注浆管的提升、旋转和摆动的速度）等因素有关，一般可按表7-4估算。必要时，可通过现场喷射试验后开挖确定。

旋喷桩的设计直径（m）   表7-4

土类	标准贯入击数 N	单管法	双管法	三重管法
黏性土	0＜N＜5	0.5～0.8	0.8～1.2	1.2～1.8
	6＜N＜10	0.4～0.7	0.7～1.1	1.0～1.6
	11＜N＜20	0.3～0.6	0.6～0.9	0.7～1.2
砂性土	0＜N＜10	0.6～1.0	1.0～1.4	1.5～2.0
	11＜N＜20	0.5～0.9	0.9～1.3	1.2～1.8
	21＜N＜30	0.4～0.8	0.8～1.2	0.9～1.5

3. 固结体强度的设计

影响高压喷射注浆体强度的因素有地基土质、水质、浆液材料及水灰比、注浆管的类型和提升速度、单位时间的灌浆量等。

固结体强度应根据固结体的尺寸和总桩数来确定。当注浆材料为水泥浆时，可参考表7-5初步设定；若为大型工程，需通过现场喷射试验确定。

固结体抗压强度（MPa）   表7-5

土质	单管法	双管法	三重管法
砂性土	3～7	4～10	5～15
黏性土	1.5～5	1.5～5	1～5

4. 浆量计算

浆量计算方法有体积法和喷量法，取两者中大者作为设计值。根据设计的水灰比和算出的喷浆量，确定水泥用量。

（1）体积法

$$Q = \frac{\pi}{4}D_e^2 K_1 h_1 (1+\beta) + \frac{\pi}{4}D_0^2 K_2 h_2 \tag{7-14}$$

式中　Q——需要的浆量（m³）；

　　　D_e——旋喷体直径（m）；

　　　D_0——注浆管直径（m）；

　　　K_1——填充率（0.75～0.9）；

　　　h_1——旋喷长度（m）；

　　　K_2——未旋喷范围土的填充率（0.5～0.75）；

　　　h_2——未旋喷长度（m）；

　　　β——损失系数（0.1～0.2）。

（2）喷量法

以单位时间喷射的浆量及喷射持续时间计算出浆量，计算公式为：

$$Q = \frac{H}{v}q(1+\beta) \tag{7-15}$$

式中　v——提升速度（m/min）；

　　　H——喷射长度（m）；

　　　q——单位时间喷射浆量（m^3/min）；

　　　β——损失系数（0.1～0.2）。

5. 浆液材料的选择

浆液材料应具备以下特征：

（1）良好的可喷性

目前我国通常采用水泥浆为主剂，并掺入少量外加剂。水灰比一般采用1∶1～1.5∶1。浆液的可喷性可用流动度或黏度来评定。

（2）足够的稳定性

浆液的稳定性直接影响固结体质量。以水泥浆为例，如果初凝前析水率小、水泥的沉降速度慢、分散性好、浆液混合后经高压喷射而不改变其物理化学性质，掺入少量外加剂能明显提高浆液的稳定性，则稳定性良好。浆液的稳定性可用析水率评定。

（3）气泡少

气泡少则固结体硬化后气孔少，固结体的密度、强度和抗渗性得到提高。

（4）胶凝时间要合适

胶凝时间是指从浆液配置开始，到土体混合后逐渐失去其流动性为止的这段时间，由浆液的配方、外加剂的掺量、水灰比和外界温度而定，一般从几分钟到几小时。可根据注浆工艺和设备来选择合适的胶凝时间。

（5）较高的结石率

固结体具有一定黏性，能牢固地与土颗粒相黏结。要求固结体耐久性好，能长期耐酸、碱、盐以及生物细菌等腐蚀，并不受温度、湿度影响。

（6）对环境的影响

浆液对环境无污染、对人体无害，对注浆设备无腐蚀且易清洗，凝胶体不溶且非易燃易爆物品。

浆液的主要材料是水泥。根据不同的工程目的，旋喷浆液可分为以下几类：①普通型：无任何外加剂，浆液材料为纯水泥浆，用于强度和抗渗要求一般的工程。②速凝早强型：加入速凝早强剂，浆液的早期强度可比普通型浆液提高2倍以上，用于地下水丰富的地层。③高强型：使用高强度等级水泥或高效能的扩散剂，如 Na_2SiO_3 等，凝固体的平均抗压强度可达 20MPa 以上。④充填型：在浆液中加入粉煤灰，有效降低工程造价，用于对旋喷固结体的强度要求很低，仅要求充填地层或岩层空隙的工程。⑤抗冻型：在浆液中加入抗冻添加剂。土中自由水在达到其冰点时就会冻结固化，并引起体积膨胀，土体结构发生变化，地温回升时发生融降，使地基下沉，承载力降低。⑥抗渗型。⑦改良型。

6. 作为复合地基的计算

（1）加固范围确定

应根据上部建筑结构特征、基础形式及尺寸大小、荷载条件及工程地质条件而定。地基的加固宽度一般不小于基础宽度的 1.2 倍，而且基础外缘每边放宽不应少于 1~3 排桩。对于有抗液化要求的地基，外缘每边放宽不宜小于处理深度的 1/2，并不小于 5m，当可液化层上覆盖有厚度大于 3m 的非液化层时，基础外缘每边放宽不宜小于液化层厚度的 1/2，并不小于 3m，一般在基础外缘放宽 2~4 排桩。

（2）布桩形式、间距与深度确定

依据基础形式确定布桩形式，各旋喷桩不必交圈。对大面积满堂处理，桩位宜采用等边三角形布置；对独立基础或条形基础，桩位宜采用正方形、矩形或等腰三角形布置；对于圆形基础或环形基础，宜采用放射形布置。桩间距可取桩径的 2~3 倍，然后进行承载力验算。加固深度由地质条件确定，并验算沉降。

（3）承载力特征值确定

旋喷桩单桩竖向承载力和复合地基承载力特征值应通过现场载荷试验确定。初步设计时可按下式估算复合地基承载力特征值：

$$f_{spk} = m\frac{R_a}{A_p} + \beta(1-m)f_{sk} \tag{7-16}$$

式中 f_{spk}——复合地基承载力特征值（kPa）；

m——面积置换率；

R_a——单桩竖向承载力特征值（kN）；

A_p——桩的截面面积（m²）；

β——桩间土承载力折减系数，可根据工程经验确定，当无试验资料或当地经验时，可取 0~0.5，承载力较低时取低值；

f_{sk}——处理后桩间土承载力特征值（kPa）。

单桩竖向承载力特征值可按下列两式估算，取其较小值：

$$R_a = \eta f_{cu} A_p \tag{7-17}$$

$$R_a = u_p \sum_{i=1}^{n} q_{si} l_i + q_p A_p \tag{7-18}$$

式中 f_{cu}——与旋喷桩桩身配比相同的室内加固土试块在标准养护条件下 28d 龄期的立方体（边长为 70.7mm）抗压强度平均值（kPa）；

η——桩身强度折减系数，可取 0.33；

u_p——桩周长（m）；

n——桩长范围内所划分的土层数；

l_i——桩长范围内第 i 层土的厚度（m）；

q_{si}——桩周第 i 层土的侧阻力特征值（kPa），可按《建筑地基基础设计规范》GB 50007—2011 的有关规定确定；

q_p——桩端地基土未经修正的承载力特征值（kPa），可按《建筑地基基础设计规范》GB 50007—2011 的有关规定确定。

（4）地基变形确定

旋喷桩复合地基变形计算理论有待发展和完善，目前还无法精确计算其应力场，故难以为变形计算提供合理的模式。工程中，往往把复合地基变形分为加固区变形量 s_1 和下卧

层变形量 s_2 两部分。s_1 常采用复合模量法确定，s_2 常采用分层总和法确定。

7. 作为防渗体的计算

(1) 旋喷桩防渗堵水

此时宜按正三角形布置旋喷桩，以形成连续的防渗帷幕，间距应为 $0.866D$（D 为旋喷桩的设计直径），排距为 $0.75D$ 时最为经济，如图 7-23（a）所示。若增加每排旋喷桩的交圈厚度 e，可按式（7-19）缩小孔距，如图 7-23（b）所示。

$$L = \sqrt{D^2 - e^2} \tag{7-19}$$

(2) 定喷与摆喷防渗堵水

定（摆）喷固结体薄而长，防渗堵水成本比旋喷桩低，整体连续性较高。相邻定（摆）喷孔的连接形式如图 7-24、图 7-25 所示。

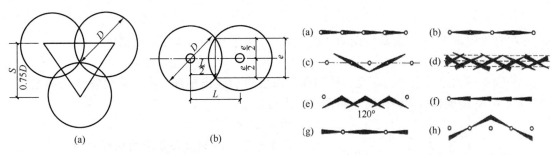

图 7-23　旋喷桩防渗堵水布孔示意图

（a）旋喷桩帷幕的孔距与排距；（b）旋喷桩的交圈厚度

图 7-24　定喷帷幕形式示意图

（a）单喷嘴单墙首尾连接；（b）双喷嘴单墙前后对接；（c）双喷嘴单墙折线连接；（d）双喷嘴双墙折线连接；（e）双喷嘴夹角单墙连接；（f）单喷嘴扇形单墙首尾连接；（g）双喷嘴扇形单墙前后连接；（h）双喷嘴扇形单墙折线连接

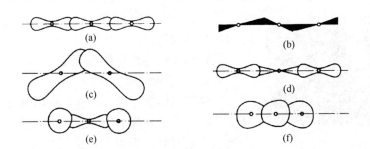

图 7-25　摆喷帷幕形式示意图

（a）直摆型（摆喷）；（b）微摆型；（c）折摆型；（d）摆定型；（e）柱墙型；（f）柱列型

7.2.4　施工方法

单重管、二重管、三重管和多重管喷射注浆法所注入的介质种类和数量各不相同，然而施工程序基本一致（图 7-26）。

(1) 钻机就位

将钻机安装在设计孔位，并校正，保证钻杆轴线垂直对准孔位的中心，旋喷管的允许倾斜度不得大于 1.5%。钻孔位置偏差不得大于 50mm。

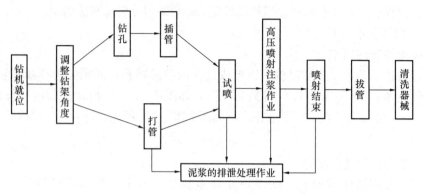

图 7-26　高压喷射注浆施工流程示意图

（2）钻孔

单管旋喷常采用 76 型旋转振动钻机，双（三）管旋喷常采用地质钻机。

（3）插管

将喷管插入地层预定的深度。钻到预定深度以后拔出钻杆，换上旋喷管插入预定深度。使用 76 型旋转振动钻机时，插管与钻孔同时完成。

图 7-27　旋喷法冲洗现场

（4）喷射作业

由下而上喷射，时刻检查浆液的初凝时间、注浆流量、风量、压力、旋转提升速度等参数是否符合设计要求，并随时做好施工记录。

（5）冲洗

喷射完成以后，冲洗注浆管，一般把浆液换成水，在地面上喷射，以便把泥浆泵、注浆管和软管内的浆液全部排净，如图 7-27 所示。

（6）移动机具

把钻机等机具设备移到新孔位上。

7.2.5　质量检验

旋喷固结体属于隐蔽工程，难以直接观察到旋喷桩体的质量。质量检测的内容应包括固结体的整体性、均匀性、有效直径、垂直度、强度特性（桩的轴向压力、水平推力、抗酸碱性、抗冻性和抗渗性等）、溶蚀和耐久性。质量检查宜在注浆结束 28d 后进行，检查方法主要有开挖检查、钻芯、标准贯入试验、载荷试验或围井试验等，并结合工程测试、观测资料及实际效果综合评价加固效果。检验点应布置在有代表性部位、施工异常部位和可能影响质量的部位，数量为孔数的 1％并不少于 3 点。

（1）开挖检查

旋喷完毕，待凝固具有一定强度后，即可开挖。这种检查方法，因开挖工作量较大，限于浅层开挖。固结体完全暴露出来，能比较全面地检查喷射固结体的质量，也是检查固结体垂直度和固结形状的良好方法。

（2）钻孔检查

① 钻取岩芯，观察判断其固结整体性，并将所取岩芯做成标准试件进行试验，以求得其强度特性，鉴定其是否符合设计要求。

② 渗透试验是在现场测定其抗渗能力，如图 7-28、图 7-29 所示。

③ 标准贯入试验在距固结体中心 0.15～0.20m 处进行。

（3）载荷试验

《建筑地基处理技术规范》JGJ 79—2012 强制规定竖向承载旋喷桩地基竣工验收时，承载力检测应采用复

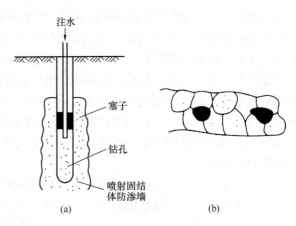

图 7-28　钻孔压力注水渗透试验
(a) 断面图；(b) 平面图

合地基载荷试验和单桩载荷试验。载荷试验宜在 28d 龄期后进行，检验数量为桩总数的 0.5%～1%，且每个场地不得少于 3 点。若试验值不符合设计要求，则应增加检验孔的数量。

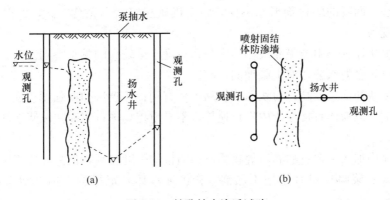

图 7-29　钻孔抽水渗透试验
(a) 断面图；(b) 平面图

7.3　水 泥 土 搅 拌 法

7.3.1　概述

水泥土搅拌法是美国在第二次世界大战后研制成功的，称之为就地搅拌法（Mixed-in-Place Pile，简称 MIP 法）。这种方法是从不断回旋的中空轴端部向周围已被搅松的土中喷出水泥浆，经叶片搅拌而形成水泥土桩。国内 1977 年由冶金工业部建筑研究总院和交通部水运规划设计院进行了室内试验和机械研制工作，于 1978 年底制造出国内第一台 SJB-1 型双搅拌轴中心管输浆的搅拌机械，并由江阴市江阴振冲器厂成批生产（目前 SJB-2 型加固深度可达 18m）。

该方法适用于处理正常固结的淤泥与淤泥质土、粉土、饱和黄土、素填土、黏性土以及无流动地下水的饱和松散砂土等。当土的天然含水量小于 30%（黄土含水量小于

25%)、大于70%或地下水的pH值小于4时不宜采用此方法。冬期施工时，应注意负温对处理效果的影响。室内试验表明，有些软土的加固效果较好，而有的不够理想。一般情况下，含有高岭石、蒙脱石等黏土矿物的软土加固效果较好，而含有伊利石、氯化物等矿物的黏性土以及有机质含量高、酸碱度较低的黏性土加固效果较差。《建筑地基处理技术规范》JGJ 79—2012强制规定，水泥土搅拌法用于处理泥炭土、有机质土、塑性指数 I_p 大于25的黏土、地下水具有腐蚀性时以及无工程经验的地区，必须通过现场试验确定其适用性。在国内，搅拌的最大深度达30m，形成的柱体直径为500~850mm。水泥土搅拌法独特的优点如下：

(1) 固化剂和原软土就地搅拌混合，最大限度地利用了原土；

(2) 搅拌时不会使地基侧向挤出，所以对周围原有建筑物的影响很小；

(3) 按照地基土的性质及工程要求，可以合理选择固化剂及其配方；

(4) 施工时无振动、无噪声、无污染，可在市区和密集建筑群中施工；

(5) 土体加固后重度基本不变，对软弱下卧层不致产生附加沉降；

(6) 与钢筋混凝土桩基相比，节省了大量的钢材，并降低了造价；

(7) 可灵活地采用柱状、壁状、格栅状和块状等加固形式。

水泥土搅拌法有湿法（水泥浆液）和干法（干水泥粉）两种，其施工方法也即分为粉喷法和浆喷法。两者的固化剂形态不同，施工机械和控制不完全一致，使得二者出现差异，具体表现为：

(1) 粉喷法在软土中能吸收较多的水分，对含水量较高的黏土特别适用；浆喷法则要从浆液中带进较多的水分，对地基加固不利。

(2) 粉喷法初期强度高，对快速填筑路堤较有利；浆喷法初期强度较低。

(3) 粉喷法以粉体直接在土中进行搅拌，不易搅拌均匀；浆喷法以浆液注入土中，容易搅拌均匀。

(4) 水泥中加入一定量的石膏等物质对粉喷桩的强度有利，但是在施工中加入另一种粉体比较困难；浆喷法很容易把添加剂（粉体或液体）定量倒入搅拌池合成浆液掺入土中。

(5) 浆喷法的浆液搅拌比较均匀，打到深部时挤压泵能自动调整压力，在一般情况下都能将浆液注入软土中，所以，浆喷桩下部质量一般比粉喷桩好。

(6) 粉喷桩的工程造价一般较浆喷桩低。因为粉喷桩较浆喷桩而言，输入到土中的加固剂数量要少一些。

(7) 因为粉喷桩施工机械简单，所以其施工操作、移位等较容易。

7.3.2 加固机理

水泥土和混凝土的硬化机理不同。在混凝土中，水泥在粗填充料（比表面积小、活性弱）中进行水解和水化反应，凝结速度较快。在水泥土中，水泥在土（比表面积大、有一定活性）中进行水解和水化反应，且水泥掺量很小，凝结速度缓慢且作用复杂。机械的切削搅拌作用不可避免地会留下一些未被粉碎的大小土团，出现水泥浆包裹土团的现象，土团之间的大孔隙基本上已被水泥颗粒填满。所以，水泥土中有一些水泥较多的微区，在大小土团内部则没有水泥。经过较长的时间，土团内的土颗粒在水泥水解产物渗透作用下，逐渐改变其性质。因此，在水泥土中不可避免地会产生强度较大且水稳定性较好的水泥石区和强度较低的土块区。两者在空间相互交替，形成一种独特的水泥土结构。强制搅拌越充分，土块被粉碎得越小，水泥分布到土中越均匀，水泥土强度的离散性就越小，其总体强度也就越高。

1. 水泥的水解和水化反应

普通硅酸盐水泥的主要成分有氧化钙、二氧化硅、三氧化二铝和三氧化二铁，它们通常占95%以上，其余5%以下的成分有氧化镁、氧化硫等，由这些不同的氧化物分别组成了不同的水泥矿物：铝酸三钙、硅酸三钙、硅酸二钙、硫酸三钙、铁铝酸四钙、硫酸钙等。

水泥土发生物理化学反应使水泥土固化。加固软土时，水泥颗粒表面的矿物很快与土中的水发生水解和水化作用，生成氢氧化钙、含水硅酸钙、含水铝酸钙及含水铁酸钙等化合物。

各自的反应过程如下：

（1）硅酸三钙（$3CaO \cdot SiO_2$）在水泥中含量约占总重的50%，是决定强度的主要因素。

$$2(3CaO \cdot SiO_2) + 6H_2O \rightarrow 3CaO \cdot 2SiO_2 \cdot 3H_2O + 3Ca(OH)_2$$

（2）硅酸二钙（$2CaO \cdot SiO_2$）在水泥中的含量较高（占25%左右），它主要产生后期强度。

$$2(2CaO \cdot SiO_2) + 4H_2O \rightarrow 3CaO \cdot 2SiO_2 \cdot 3H_2O + Ca(OH)_2$$

（3）铝酸三钙（$3CaO \cdot Al_2O_3$）占水泥重量的10%，水化速度最快，促进早凝。

$$3CaO \cdot Al_2O_3 + 6H_2O \rightarrow 3CaO \cdot Al_2O_3 \cdot 6H_2O$$

（4）铁铝酸三钙（$4CaO \cdot Al_2O_3 \cdot Fe_2O_3$）占水泥重量的10%左右，能促进早期强度。

$$4CaO \cdot Al_2O_3 \cdot Fe_2O_3 + 2Ca(OH)_2 + 10H_2O \rightarrow 3CaO \cdot Al_2O_3 \cdot 6H_2O + 3CaO \cdot Fe_2O_3 \cdot 6H_2O$$

上述一系列反应过程生成的氢氧化钙、含水硅酸钙能迅速溶于水中，使水泥颗粒表面重新暴露出来，再与水发生反应，周围的水溶液逐渐达到饱和。当溶液达到饱和后，水分子虽然继续深入颗粒内部，但新生成物已不能再溶解，只能以细分散状态的胶体析出，悬浮于溶液中，形成胶体。

（5）硫酸钙（$CaSO_4$）虽然在水泥中的含量仅占3%左右，但它与铝酸三钙一起与水发生反应，生成一种被称为"水泥杆菌"的化合物：

$$3CaSO_4 + 3CaO \cdot Al_2O_3 + 32H_2O \rightarrow 3CaO \cdot Al_2O_3 \cdot 3CaSO_4 \cdot 32H_2O$$

根据电子显微镜的观察，水泥杆菌最初以针状结晶的形式在较短时间内析出，其生成量随着水泥掺入量的多少和龄期的长短而异。由X射线衍射分析可知，这种反应迅速，把大量的自由水以结晶水的形式固定下来，这对于高含水量的软黏土的强度增长有特殊意义，使土中自由水的减少量约为水泥杆菌生成重量的46%。硫酸钙的掺量不能过多，否则这种由32个水分子固化成的水泥杆菌针状结晶会使水泥土发生膨胀而遭到破坏。也可利用这种膨胀来增加地基加固效果。

当水泥的各种水化物生成后，有的自身继续硬化，形成水泥石骨架；有的则与其周围具有一定活性的黏土颗粒发生反应。

2. 黏土颗粒与水泥水化物的作用

（1）离子交换和团粒化作用

软土和水结合时表现出一般的胶体特征，例如土中含量最多的二氧化硅遇水后，形成硅酸胶体微粒，其表面带有钠离子（Na^+）或钾离子（K^+），它们能和水泥水化生成的氢氧化钙中的钙离子 Ca^{2+} 进行当量吸附交换，使较小的土粒形成较大的土团粒，从而提高土体强度。

水泥水化生成的凝胶粒子的比表面积约比原水泥颗粒大 1000 倍，产生很大的表面能，有强烈的吸附性，能使较大的土团粒进一步结合起来，形成水泥土的团粒结构，并封闭各土团之间的空隙，形成坚固的联结，使水泥土的强度大大提高。

（2）凝硬反应

随着水泥水化反应的深入，溶液中析出大量的钙离子，当其数量超过上述离子交换的需要量后，在碱性的环境下，能使组成黏土矿物的二氧化硅及三氧化铝的一部分或大部分与钙离子进行化学反应。随着反应的深入，逐渐生成不溶于水的、稳定的结晶化合物：

$$SiO_2 + Ca(OH)_2 + nH_2O \rightarrow CaO \cdot SiO_2 \cdot (n+1)H_2O$$
$$Al_2O_3 + Ca(OH)_2 + nH_2O \rightarrow CaO \cdot Al_2O_3 \cdot (n+1)H_2O$$

这些新生成的化合物在水和空气中逐渐硬化，增大了水泥土的强度。其结构比较紧密，水分不易侵入，使水泥土具有足够的水稳定性。

从扫描电子显微镜的观察可见，天然软土的各种原生矿物颗粒间无任何有机的联系，孔隙很多。拌入水泥 7d 时，土颗粒周围充满了水泥凝胶体，并有少量水泥水化物结晶的萌芽。一个月后，水泥土中生成大量纤维状结晶，并不断延伸充填到颗粒间的孔隙中，形成网状构造。到 5 个月时，纤维状结晶辐射向外伸展，产生分叉，并相互连接成空间网状结构，水泥的形状和土颗粒的形状不能分辨出来。

3. 碳酸化作用

水泥水化物中游离的氢氧化钙能吸收软土中的水和土孔隙中的二氧化碳，发生碳酸化反应，生成不溶于水的碳酸钙。

$$Ca(OH)_2 + CO_2 \rightarrow CaCO_3 \downarrow + H_2O$$

这种反应能使水泥土强度增加，但增长的速度较慢，幅度也很小。

土中 CO_2 含量很少，且反应缓慢，碳酸化作用在实际工程中可以不予考虑。

7.3.3 水泥土的基本性质

水泥土的基本性质包括物理性质、力学性质和抗冻性能等。

1. 水泥土的物理性质

（1）含水量

水泥土在凝硬过程中，由于水泥水化等反应，部分自由水以结晶水的形式固定下来。水泥土含水量比原土样含水量减少 0.5%～0.7%，且随着水泥掺入比的增加而减少。

（2）重度

水泥浆的重度与软土相近，水泥土的重度与天然软土的重度相差不大，仅比天然软土增加 0.5%～3.0%。

（3）相对密度

水泥的相对密度为 3.1，一般软土的相对密度为 2.65～2.75，故水泥土的相对密度比天然软土稍大。

（4）渗透系数

随水泥掺入比的增加和养护龄期的增长，水泥土的渗透系数减小，一般可达 $10^{-8} \sim 10^{-5} \mathrm{cm/s}$ 数量级。

2. 水泥土的力学性质

（1）无侧限抗压强度

水泥土无侧限抗压强度一般为 $300 \sim 4000 \mathrm{kPa}$，即比天然软土大几十倍至数百倍，其变形特征随强度不同而介于脆性体与弹塑性体之间。水泥土受力开始阶段，应力与应变关系基本上符合胡克定律。当外力达到极限强度的 $70\% \sim 80\%$ 时，试块的应力和应变关系不再继续保持直线关系。当外力达到极限强度时，对于强度大于 $2000 \mathrm{kPa}$ 的水泥土则表现为脆性破坏，破坏后残余强度很小，此时的轴向应变为 $0.8\% \sim 1.2\%$（如图 7-30 中的 A_{20}、A_{25} 试件）；对强度小于 $2000 \mathrm{kPa}$ 的水泥土则表现为塑性破坏（如图 7-30 的 A_5、A_{10} 和 A_{15} 试件）。

1）水泥掺入比 a_w 对强度的影响

水泥土的强度 f_{cu} 随着水泥掺入比 a_w 的增加而增大（图 7-31）。当 $a_w < 5\%$ 时，由于水泥与土的反应过弱，水泥土固化程度低，强度离散性也较大，故在水泥土搅拌法的实际施工中，选用的水泥掺入比必须大于 10%。

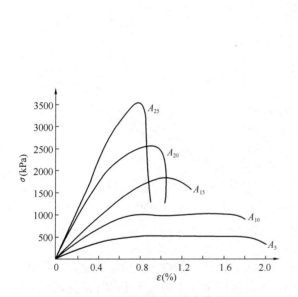

图 7-30　水泥土的应力应变曲线图
注：A_5 表示水泥掺入比 $a_w = 5\%$，依此类推。

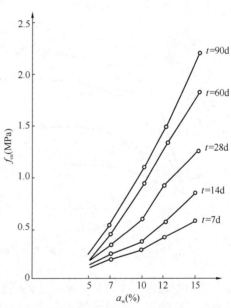

图 7-31　水泥土 f_{cu} 与 a_w 和 t 的关系曲线

试验发现，当其他条件相同时，某水泥掺入比 a_w 的强度 f_{cuc} 与水泥掺入比 $a_w = 12\%$ 的强度 f_{cu12} 的比值与水泥掺入比 a_w 呈幂函数关系，其关系式如下：

$$\frac{f_{cuc}}{f_{cu12}} = 41.582 a_w^{1.7695} \tag{7-20}$$

在其他条件相同的前提下，两个不同掺入比的水泥土的无侧限抗压强度之比随水泥掺入比之比的增大而增大。经回归分析得到两者呈幂函数关系，其经验方程式如下：

$$\frac{f_{cu1}}{f_{cu2}} = \left(\frac{a_{w1}}{a_{w2}}\right)^{1.7736} \tag{7-21}$$

式中　f_{cu1}——水泥掺入比为 a_{w1} 时的无侧限抗压强度（MPa）；

　　　f_{cu2}——水泥掺入比为 a_{w2} 时的无侧限抗压强度（MPa）。

2）龄期对强度的影响

水泥土的强度随着龄期的增长而提高。一般在龄期超过 28d 后仍有明显增长（图 7-32）。试验发现，在其他条件相同时，不同龄期的水泥土无侧限抗压强度间大致呈线性关系（图 7-33），这些关系式如下：

$$f_{cu7} = (0.47\sim0.63) f_{cu28}$$
$$f_{cu14} = (0.62\sim0.80) f_{cu28}$$
$$f_{cu60} = (1.15\sim1.46) f_{cu28}$$
$$f_{cu90} = (1.43\sim1.80) f_{cu28}$$
$$f_{cu90} = (2.37\sim3.73) f_{cu7}$$
$$f_{cu90} = (1.73\sim2.82) f_{cu14}$$

式中　f_{cu7}、f_{cu14}、f_{cu28}、f_{cu60}、f_{cu90}——分别为 7d、14d、28d、60d 和 90d 龄期的水泥土无侧限抗压强度。

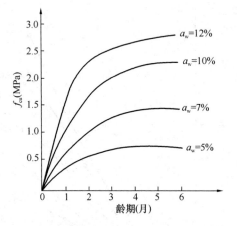

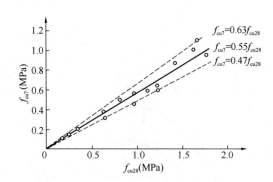

图 7-32　水泥土掺入比、龄期与强度的关系曲线　　图 7-33　水泥土的 f_{cu7} 和 f_{cu28} 的关系曲线

当龄期超过 3 个月后，水泥土的强度增长减缓。同样，据电子显微镜观察，水泥和土的硬凝反应约需 3 个月才能充分完成。选用 3 个月龄期强度作为水泥土的标准强度较为适宜。回归分析还发现，在其他条件相同时，某个龄期（T）的无侧限抗压强度 f_{cuT} 与 28d 龄期的无侧限抗压强度 f_{cu28} 的比值与龄期 T 的关系具有较好的归一化性质，且大致呈幂函数关系。其关系式如下：

$$\frac{f_{cuT}}{f_{cu28}} = 0.2414 T^{0.4197} \tag{7-22}$$

在其他条件相同时，两个不同龄期的水泥土的无侧限抗压强度之比随龄期之比的增大而增大。经回归分析得到两者呈幂函数关系，其经验方程式为：

$$\frac{f_{cuT_1}}{f_{cuT_2}} = \left(\frac{T_1}{T_2}\right)^{0.4182} \tag{7-23}$$

式中 f_{cuT_1} ——龄期为 T_1 的无侧限抗压强度（MPa）；

$\quad\quad f_{cuT_2}$ ——龄期为 T_2 的无侧限抗压强度（MPa）。

综合考虑水泥掺入比与龄期的影响，经回归分析得到如下经验关系式：

$$\frac{f_{cu1}}{f_{cu2}} = \left(\frac{a_{w1}}{a_{w2}}\right)^{1.8095} \left(\frac{T_1}{T_2}\right)^{0.4119} \tag{7-24}$$

式中 f_{cu1} ——水泥掺入比 a_{w1}、龄期为 T_1 的无侧限抗压强度（MPa）；

$\quad\quad f_{cu2}$ ——水泥掺入比 a_{w2}、龄期为 T_2 的无侧限抗压强度（MPa）。

3）水泥强度等级对强度的影响

水泥土的强度随水泥强度等级的提高而增加。水泥的强度提高 10MPa，水泥土的强度约增大 50%～90%。如果要求水泥土达到相同强度，水泥的强度提高 10MPa，可降低水泥掺入比 2%～3%。

4）土样含水量对强度的影响

水泥土的无侧限抗压强度 f_{cu} 随着土样含水量的降低而增大。一般情况下，土样含水量每降低 10%，则强度可增加 10%～50%。

5）土样中有机质含量对强度的影响

有机质含量少的水泥土强度比有机质含量高的水泥土强度大。由于有机质使得土体具有较大的水溶性、塑性和膨胀性以及低渗透性，并使土具有酸性，这些因素都阻碍水泥水化反应的进行。因此，有机质含量高的软土，单纯用水泥加固的效果较差。

6）外掺剂对强度的影响

不同的外掺剂对水泥土强度有着不同的影响，选择合适的外掺剂可提高水泥土强度和节约水泥用量。如木质素磺酸钙对水泥土强度的增长影响不大，主要起减水作用。石膏、三乙醇胺对水泥土强度有增强作用，而其增强效果对不同土样和不同水泥土掺入比又有所不同。

一般早强剂可选用三乙醇胺、氯化钙、碳酸钠或水玻璃等材料，其掺入量宜分别取水泥重量的 0.05%、2%、0.5% 和 2%；减水剂可选用木质素磺酸钙，其掺入量可取水泥重量的 0.2%；石膏兼有缓凝和早强的双重作用，其掺入量可取水泥重量的 2%。

掺粉煤灰后，强度有所增长。不同水泥掺入比的水泥土，当掺入与水泥等量的粉煤灰后，强度均比不掺粉煤灰的提高 10%。

7）养护方法对强度的影响

养护方法对水泥土强度的影响主要表现在养护环境的湿度和温度对其的影响。养护方法对短龄期水泥土强度的影响很大，随着时间的增长，不同养护方法下的无侧限抗压强度趋于一致，说明养护方法对水泥土后期强度的影响较小。

（2）抗拉强度

水泥土抗拉强度 σ_1 随无侧限抗压强度 f_{cu} 增长而提高。抗拉强度与抗压强度之比随抗压强度的增加而减小。水泥土抗拉强度 σ_1 与其无侧限抗压强度 f_{cu} 有幂函数关系：

$$\sigma_1 = 0.0787 f_{cu}^{0.8111} \tag{7-25}$$

（3）抗剪强度

水泥土的抗剪强度随抗压强度的增加而提高。水泥土在三轴剪切试验中受剪切破坏时，试件有清楚而平整的剪切面，剪切面与最大主应力面夹角约为 60°。当垂直应力 σ 在

0.3～1.0MPa 范围内，采用直接快剪、三轴不排水剪和三轴固结不排水剪 3 种剪切试验方法求得的抗剪强度 τ 相差不大，最大差值不超过 20%。在 σ 较小的情况下，直接快剪试验求得的抗剪强度低于其他试验求得的抗剪强度，采用直接快剪所得的抗剪强度指标进行设计计算的安全度相对较高。由于直接快剪试验操作简单，因此，对于荷重不大的工程，采用直接快剪抗剪试验所得的强度指标进行设计计算是适宜的。水泥土的黏聚力 c 与其无侧限抗压强度 f_{cu} 大致呈幂函数关系，其关系式如下：

$$c = 0.2813 f_{cu}^{0.7078} \tag{7-26}$$

（4）变形模量

当垂直应力达到无侧限抗压强度的 50% 时，水泥土的应力与应变的比值，称为水泥土的变形模量 E_{50}。E_{50} 与 f_{cu} 大致呈正比关系，它们的关系式为：

$$E_{50} = 126 f_{cu} \tag{7-27}$$

（5）压缩系数和压缩模量

水泥土的压缩系数为 $(2.0～3.5) \times 10^{-5} kPa^{-1}$，其相应的压缩模量 $E_s = 60～100MPa$。

3. 水泥土的抗冻性能

自然冰冻不会造成水泥土深部的结构破坏。水泥土试件在自然负温下进行的抗冻试验表明，其外观无显著变化，仅少数试块表面出现裂隙，并有局部微膨胀或出现片状剥落及边角脱落，但深度及面积不大。

水泥土试块经长期冰冻后的强度与冰冻前的强度相比几乎没有增长。但恢复正温后其强度能继续提高，冻后正常养护 90d 的强度与标准强度很接近，抗冻系数达 0.9 以上。

在自然温度不低于 −15℃ 的条件下，冰冻对水泥土结构损害甚微。在负温下，由于水泥与黏土间的反应减弱，水泥土强度增长缓慢，正温后随着水泥水化等反应的继续深入，水泥土的强度可接近标准强度。因此，只要地温不低于 −10℃，就可以进行水泥土搅拌法的冬期施工。

7.3.4 设计计算

1. 方案拟定

设计前，应进行岩土工程勘察、了解施工机具设备的性能。在地质方面，应了解土层厚度、分布以及相关土层的物理、力学性质指标，特别是地下水的埋藏深度、酸碱度、硫酸盐含量、可溶盐含量和有机质含量、总烧失量等。在设备方面，应了解搅拌机架平面尺寸和高度、运行方式和最大钻搅深度，搅拌轴数量、转速、搅拌翼直径、搅拌头的叶片个数和提升速度，水泥粉（浆液）输送设备（送粉压力、每分钟输浆量等）等。

（1）加固形式的选择

1）柱状。以一定间距打设搅拌桩，成为柱状加固形式。适用于单层工业厂房的独立基础、设备基础、构筑物基础、多层房屋条形基础下的地基加固。

2）壁状和格栅状。搅拌桩部分重叠搭接，成为壁状或格栅状布桩形式。一般用作开挖深基坑时的围护结构，可防止边坡坍塌和岸壁滑动。软土深厚或土层分布不均匀场地，上部结构的长宽比或长高比大、刚度小及对不均匀沉降敏感的基础，采用格栅状加固形式可提高整体刚度和抵抗不均匀沉降的能力。

3）块状。搅拌桩全部重叠搭接，成为块状布桩形式。它适用于上部结构单位面积荷载大、对不均匀沉降要求较为严格的建（构）筑物地基处理。

（2）加固范围的确定

搅拌桩是介于刚性桩和柔性桩间的一种桩型，但其承载性能又与刚性桩相近。设计搅拌桩时，可仅在上部结构基础范围内布桩，不必设置保护桩。

2. 水泥土搅拌桩的计算

（1）柱状布置

1）单桩竖向承载力特征值的确定

单桩竖向承载力特征值应通过现场单桩载荷试验确定。初步设计时也可按式（7-28）估算，并应同时满足式（7-29）的要求，应使由桩身材料强度确定的单桩承载力大于或等于由桩周（端）土抵抗力所提供的单桩承载力：

$$R_a = u_p \times \sum_{i=1}^{n} q_{si} \times l_i + \alpha \times q_p \times A_p \qquad (7-28)$$

$$R_a = \eta \times f_{cu} \times A_p \qquad (7-29)$$

式中 f_{cu}——与搅拌桩桩身水泥土配比相同的室内加固土试块（边长 70.7mm 的立方体，也可采用边长为 50mm 的立方体）在标准养护条件下 90d 龄期的立方体抗压强度平均值（kPa）；

A_p——桩的截面面积（m²）；

η——桩身强度折减系数，干法可取 0.20～0.30，湿法可取 0.25～0.33；

u_p——桩的周长（m）；

n——桩长范围内所划分的土层数；

q_{si}——桩周第 i 层土的侧阻力特征值，对淤泥可取 4～7kPa；对淤泥质土可取 6～12kPa；对软塑状态的黏性土可取 10～15kPa；对可塑状态的黏性土可取 12～18kPa；

l_i——桩长范围内第 i 层土的厚度（m）；

q_p——桩端地基土未经修正的承载力特征值（kPa），可按《建筑地基基础设计规范》GB 50007—2011 的有关规定确定；

α——桩端天然地基土的承载力折减系数，可取 0.4～0.6，承载力高时取低值。

2）搅拌桩复合地基承载力特征值的确定

搅拌桩复合地基承载力特征值应通过现场载荷试验确定，也可按下式估算：

$$f_{spk} = m \frac{R_a}{A_p} + \beta(1-m) f_{sk} \qquad (7-30)$$

式中 f_{spk}——复合地基承载力特征值（kPa）；

m——面积置换率；

R_a——单桩竖向承载力特征值（kN）；

A_p——桩的截面面积（m²）；

β——桩间土承载力折减系数，当桩端土未经修正的承载力特征值大于桩周土承载力特征值的平均值时，可取 0.1～0.4，差值大时取低值；反之，取 0.5～0.9，差值大时或设置褥垫层时均取高值；

f_{sk}——处理后桩间土承载力特征值（kPa），可取天然地基承载力特征值。

根据设计要求的单桩竖向承载力特征值 R_a 和复合地基承载力特征值 f_{spk} 计算搅拌桩的置换率 m 和总桩数 n'：

$$m = \frac{f_{spk} - \beta \cdot f_{sk}}{\dfrac{R_a}{A_p} - \beta \cdot f_{sk}} \tag{7-31}$$

$$n' = \frac{m \cdot A}{A_p} \tag{7-32}$$

式中 A——地基加固的面积（m^2）。

根据求得的总桩数进行搅拌桩的平面布置，柱状加固可采用正方形、等边三角形等布桩形式。布桩时要考虑充分发挥桩的摩阻力和便于施工。

3）水泥土搅拌桩复合地基沉降计算

水泥土搅拌桩复合地基沉降包括搅拌桩加固区的压缩变形 s_1 和桩端下未加固土层的压缩变形 s_2 两部分。s_1 的计算方法一般有复合模量法、应力修正法和桩身压缩量法 3 种，s_2 的计算方法一般有应力扩散法、等效实体法和 Mindlin-Geddes 方法 3 种。

4）水泥土搅拌桩复合地基设计思路

在满足强度要求的条件下以沉降进行控制设计，设计思路参考如下：

① 由地质条件和建筑物对变形的要求确定加固深度，即选择施工桩长；

② 根据土质条件、固化剂掺量、室内配比试验资料和现场工程经验选择桩身强度和水泥掺入量及有关施工参数。根据上海地区的工程经验，当水泥掺入比为 12% 左右时，桩身强度一般可达 1.0～1.2MPa；

③ 根据桩身强度及桩的断面尺寸，由式（7-29）计算单桩承载力；

④ 根据单桩承载力及土质条件，由式（7-28）计算有效桩长；

⑤ 根据单桩承载力、有效桩长和上部结构要求达到的复合地基承载力，由式（7-31）计算桩土面积置换率；

⑥ 根据桩土面积置换率和基础形式进行布桩。

（2）壁状布置

壁状布置多用于支护工程。施工时，将相邻桩连续搭接，在平面上组成格栅形。设计时，基于重力式挡土墙理论，进行抗滑、抗倾覆、抗渗、抗隆起和整体滑动验算。格栅形布桩限制了格栅中软土的变形，大大减少了竖向沉降，并且增加了支护的整体刚度、保证桩和土在横向力作用下共同工作。

7.3.5 施工方法

1. 水泥浆搅拌法

（1）搅拌设备与喷浆方式

搅拌机由电动机、中心管、输浆管、搅拌轴和搅拌头组成，并有灰浆搅拌机、灰浆泵等配套设备。搅拌机可配有单搅头、双搅头或多搅头（图 7-34），加固深度达 30m，形成的桩柱体直径达 60～80cm（双搅头形成"8"字形桩柱体）。

国内搅拌机喷浆有中心管喷浆和叶

图 7-34 三轴水泥搅拌机

片喷浆两种方式。中心管喷浆方式中的水泥浆液是从两根搅拌轴间的另一中心管输出，这对于叶片直径在 1m 以下时，并不影响搅拌均匀度，而且它可适用于多种固化剂，除了纯水泥浆外，还可用水泥砂浆，甚至掺入工业废料等粗粒固化剂。叶片喷浆方式是使水泥浆从叶片上若干个小孔喷出，使水泥浆与土体混合较均匀，对大直径叶片和连续搅拌是合适的，但因喷浆孔小易被浆液堵塞，它只能使用纯水泥浆而不能采用其他固化剂，且加工制造较为复杂。

（2）施工工序

水泥浆搅拌法的施工工艺流程，如图 7-35 所示。

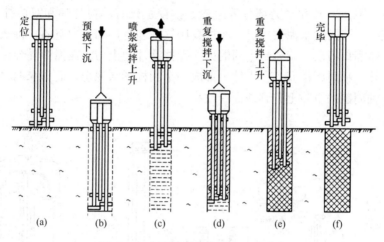

定位　预搅下沉　喷浆搅拌上升　重复搅拌下沉　重复搅拌上升　完毕

　　　(a)　　　(b)　　　(c)　　　(d)　　　(e)　　　(f)

图 7-35　水泥土搅拌法施工工艺流程

1）定位

起重机或塔架悬吊搅拌机到达指定桩位，对中。当地面起伏不平时，应使起吊设备保持水平。

2）预搅下沉

待搅拌机的冷却水循环正常后，启动电机，放松起重机钢丝绳，使搅拌机沿导向架搅拌切土下沉，下沉的速度可由电机的电流监测表控制。工作电流不应大于 70A。如果下沉速度太慢，可从输浆系统补给清水以利于钻进。

3）喷浆搅拌上升

待搅拌机下沉到一定深度时，即开始按设计确定的配合比拌制水泥浆，压浆前将水泥浆倒入集料中。当水泥浆液到达出浆口后，应喷浆搅拌 30s，在水泥浆与桩端土充分搅拌后，再开始提升搅拌头。

4）重复搅拌下沉、上升

搅拌机提升至设计加固深度的顶面标高时，集料斗中的水泥浆应正好排空。为使软土和水泥浆搅拌均匀，可再次将搅拌机边旋转边沉入土中，至设计加固深度后再将搅拌机提出地面。搅拌桩顶部与基础或承台接触部分受力较大，通常还可对桩顶 1.0～1.5m 范围内增加一次输浆，以提高其强度。

5）清洗

向集料斗中注入适量清水，开启灰浆泵，清洗全部管路中残存的水泥浆，并将黏附在搅拌头上的软土清洗干净。

6）移位

重复以上步骤，再进行下一根桩的施工。

控制施工质量的主要指标为：水泥用量、提升速度、喷浆的均匀性和连续性以及施工机械性能。

2. 粉体喷射搅拌法

（1）搅拌设备与喷粉方式

如图 7-36 所示，粉体喷射搅拌机械一般由搅拌主机、粉体固化材料供给机、空气压缩机、搅拌头（图 7-37）和动力部分等组成。搅拌主机有单搅拌轴和双搅拌轴两种，它们都是利用压缩空气通过水泥供给机，经过高压软管和搅拌轴（中空的）将水泥粉输送到搅拌叶片背后喷嘴口喷出，旋转到半周的另一搅拌叶片把土与水泥搅拌混合在一起。这样周而复始的搅拌、喷射、提升，在土体内形成一个圆柱形水泥土，而与水泥材料分离出的空气通过搅拌轴周围的空隙上升到地面释放。

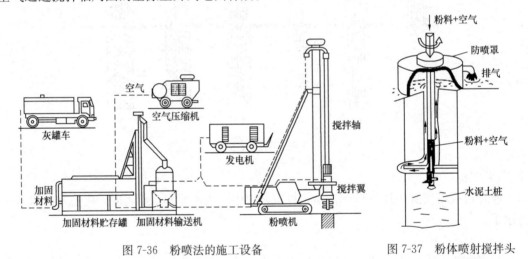

图 7-36　粉喷法的施工设备　　　　图 7-37　粉体喷射搅拌头

（2）施工工序

粉体喷射搅拌法的施工工序如图 7-38 所示，图 7-39 为开挖的水泥粉喷桩。

1）搅拌机对准桩位

先放样定位，后移动钻进，准确对孔。对孔误差不得大于 50mm。利用支腿油缸调平钻机，钻机主轴垂直度误差应不大于 1%。

2）下钻

启动主电动机，根据施工要求，以Ⅰ、Ⅱ、Ⅲ档逐级加速，正转预搅下沉。

3）钻进结束

钻至接近设计深度时，应用低速慢钻，钻机应原位钻进 1～2min。为保持钻杆中间送风通道的干燥，从预搅下沉开始直至喷粉为止，应在轴杆内连续输送压缩空气。当搅拌头下沉至设计桩底以上 1.5m 时，应立即开启喷粉机，提前进行喷粉作业直到设计桩底。

4）提升喷射搅拌

搅拌头旋转一周，提升高度不得超过 16mm。提升喷灰过程中，须有自动计量装置。

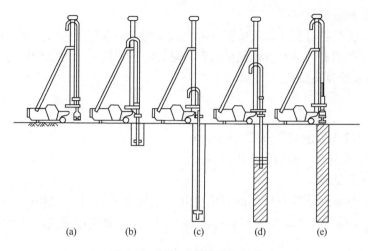

图 7-38　粉体喷射搅拌法工序

（a）搅拌机对准桩位；（b）下钻；（c）钻进结束；（d）提升喷射搅拌；（e）提升结束

图 7-39　开挖的水泥粉喷桩

该装置为控制和检验喷粉桩的关键。

5）提升结束

当提升到设计停灰标高后，应慢速原地搅拌 1～2min。为保证粉体搅拌均匀，有时须再次将搅拌头下沉至设计深度。钻具提升至地面后，钻机移位对孔，按上述步骤进行下一根桩的施工。

7.3.6　质量检验

质量控制贯穿于施工全过程。施工中必须随时检查施工和计量记录，逐桩评定。检查重点是：水泥用量、桩长、搅拌头转数和提升速度、复搅次数和复搅深度、停浆处理方法等。施工质量可采用以下方法检验：

（1）轻便触探或标准贯入试验

成桩后 3d 内，可用轻型动力触探（N_{10}）检查桩身的均匀性。检验数量为施工总桩数的 1‰，且不少于 3 根。用轻便触探器中附带的勺钻，在水泥土桩桩身钻孔，取出水泥土桩芯，观察其颜色是否一致、是否存在水泥浆液富集的结核或未被搅拌均匀的土团。也可用轻便触探击数判断桩身强度。

标准贯入试验可通过贯入阻抗估算水泥土的物理力学指标，检验不同龄期的桩体强度变化和均匀性。用锤击数估算桩体强度需积累足够的工程资料，可借鉴同类工程，或采用 Terzaghi 和 Peck 的经验公式：

$$f_{cu} = \frac{N}{80} \tag{7-33}$$

式中　f_{cu}——桩体无侧限抗压强度（MPa）；

　　　N——标准贯入试验的贯入击数（击）。

（2）静力触探试验

静力触探试验可连续检查桩体的强度变化。用比贯入阻力 p_s（MPa）估算桩体强度 f_{cu}（MPa）须有足够的工程试验资料，可借鉴同类工程经验或用下式估算桩体无侧限抗压强度。

$$f_{cu} = \frac{1}{10} p_s \tag{7-34}$$

用静力触探试验测试桩身强度沿深度的分布图，并与原始地基的静力触探曲线比较，可得到桩身强度的增长幅度，并能测得断浆（粉）、少浆（粉）的位置和桩长。粉喷桩中心普遍存在 5～10cm 的软芯，而直径只有 50cm，检测时，触探杆不易保持垂直，容易偏移至强度较低部位。

（3）开挖试验

成桩 7d 后，采用浅部开挖桩头（深度宜超过停浆面下 0.5m），检查搅拌均匀性，量测成桩直径。检查量为总桩数的 5%。

（4）截取桩段做抗压强度试验

在桩体上部不同深度现场挖取 50cm 桩段，上、下截面用水泥砂浆整平，装入压力架后用千斤顶加压，即可测得桩身抗压强度及桩身变形模量。

（5）小应变动测方法

在 28d 龄期后，宜采用小应变动测方法检测桩身完整性，检验数量不少于桩总数的 10%。

（6）静载荷试验

《建筑地基处理技术规范》JGJ 79—2012 强制规定，竖向承载水泥土搅拌桩地基竣工验收时，承载力检测应采用复合地基载荷试验和单桩载荷试验。对于单桩复合地基载荷试验，静载板面积应为一根桩所承担的处理面积，否则，应予修正。试验标高应与基础底面设计标高相同。对单桩静载荷试验，在板顶上要做一个桩帽，以便受力均匀。

载荷试验宜在 28d 龄期后进行，检验数量为桩总数的 0.5%～1%，且每个场地不得少于 3 点。若试验值不符合设计要求，应增加检验孔的数量。

应当注意的是，设计时的参数均以 90d 标准选取，其承载力对于龄期的换算关系完全不同于室内水泥强度的换算关系。根据经验及资料分析，一般认为由 28d 龄期的单桩承载力推算 90d 龄期的单桩承载力可以乘以 1.2～1.3 的系数（主要与单桩试验的破坏模式有关），由 28d 龄期的单桩复合地基承载力推算 90d 龄期的单桩复合地基承载力可以乘以 1.1 左右的系数（主要与桩土模量比例等因素有关）。

（7）取芯检验

钻芯法可直观地检验桩体强度和搅拌的均匀性。取芯通常用 $\phi108$ 双管单动取样器，并做无侧限抗压强度试验。钻芯法应有良好的取芯设备和技术，确保桩芯的完整性和原状强度。进行无侧限强度试验时，可视取样时对桩芯的损害程度，将设计强度指标乘以 $0.7\sim0.9$ 的折减系数。钻芯法应在 28d 龄期后进行，检验数量为桩总数的 0.5%，且每个场地不少于 3 根。

（8）沉降观测

建筑物竣工后，尚应观测沉降、侧向位移等，这是最为直观的方法。沉降观察资料的积累，对设计计算方法的进一步完善有着重要的指导价值。

（9）围护水泥土搅拌桩检验内容

检验内容包括墙面渗漏水情况，桩墙的垂直和整齐度情况，桩体的裂缝、缺损和漏桩情况，桩体强度和均匀性，桩顶水平位移量，坑底渗漏和隆起情况等。

复 习 与 思 考 题

7-1 试述灌浆法的种类及其适用范围。

7-2 简述浆材的种类、特点及其适用条件。

7-3 试述浆液和固结体的主要性质以及工程上注浆材料的选择要求。

7-4 简述渗透灌浆、劈裂灌浆、挤密灌浆和电动化学灌浆的基本原理。

7-5 试述浆液扩散半径的影响因素及确定方法。

7-6 简述确定工程灌浆标准的原则和方法。

7-7 简述灌浆施工方法的分类及其施工工艺。

7-8 某水库坝基灌浆帷幕工程，要求灌浆帷幕厚度达到 2.5m，现通过现场试验确定出浆液有效扩散半径为 0.5m，试合理确定出灌浆孔间距和排数。

7-9 高压喷射注浆法加固地基的机理是什么？

7-10 高压喷射注浆法抗渗和加固地基时，有哪些设计要点？

7-11 高压喷射注浆法的质量检查一般有哪些方法？

7-12 砂性土和黏性土的旋喷固结体横断面构成有何差异？

7-13 粉喷法和浆喷法形成水泥土的差异有哪些？

7-14 水泥土的固化机理是什么？

7-15 水泥土无侧限抗压强度的影响因素有哪些？如何影响？

7-16 如何确定水泥土桩复合地基的置换率？

7-17 水泥土桩的质量检验方法有哪些？现行规范有哪些具体规定？

第8章 其他地基处理方法

8.1 土工合成材料及其应用

8.1.1 概述

1. 土工合成材料的含义

土工合成材料（Geosynthetics，1983 年由 J. E. Fluet 提出）是一种新型的岩土工程材料。它以人工合成的聚合物，如塑料、化纤、合成橡胶等为原料，制成各种类型的产品，置于土体的内部、表面或各层土体之间，发挥加强、保护土体等作用。

土工合成材料应用于土建工程始于 20 世纪 30 年代，人们在游泳池中使用聚氯乙烯薄膜防渗。到目前为止，全世界十多万项各类工程中已铺设了数亿平方米的土工合成材料。20 世纪 60 年代土工合成材料开始在我国应用，首先用于渠道防渗；1976 年在长江的一些护岸工程中用聚丙烯编织布，结合聚氯乙烯绳网和混凝土块压重，组成软排体，防止河岸冲刷；1981 年在天津新港试用了塑料排水板；1998 年在特大洪水中使用了大量土工合成材料。在三峡水电工程、京杭大运河等工程中土工合成材料也得到广泛应用。

土工合成材料的生产和应用技术也在迅速发展，逐渐形成一门新的边缘性学科，它以岩土力学为基础，与石油化学工程和纺织工程有密切的联系，由于土工合成材料具有优良的力学、水理及抗腐蚀等性能，在岩土工程软弱地基处理中得到较广泛的应用。

2. 土工合成材料的分类

目前尚无统一的准则，土工合成材料界将土工合成材料分为如下 6 类。

（1）土工织物（透水性土工合成材料）

1）编型土工纤维：由单股线或多股线编织而成。

2）织型土工纤维即机织物：它是由相互正交的纤维织成，其特点是孔径均匀，沿经纬线方向的强度大，而斜交方向强度低，拉断的延伸率较低。

3）非织造（无纺）型土工织物：它由合成纤维原料加工的连续长丝以不规则的排列联结而成。这类土工纤维抗拉强度各向一致。与织造物相比抗拉强度略低，但延伸率较大，孔径不很均匀，是当前世界上应用最广的一种土工织物。

（2）土工膜

分沥青和聚合物两大类，主要特点是透水性低。

（3）土工格栅

经过拉伸形成的具有方形或矩形格栅的聚合物板材，常用作加筋土结构的筋材。

（4）土工网

由合成材料条带、粗股条编织或合成树脂压制的具有较大孔眼、刚度较大的平面结构或三维网状结构的网状土工合成材料，用于软基加固垫层、坡面防护等。

（5）土工排水材料

以无纺土工织物和土工网、土工膜或不同形状的土工合成材料组成的土工应用的排水材料，如塑料排水板。

（6）土工复合材料

上述各种材料复合而成。

8.1.2 土工合成材料的作用及原理

土工合成材料应用在工程上，概括起来为以下 6 种作用。

1. 过滤作用

把土工织物置于土体表面或相邻土层之间，可以有效地阻止土颗粒通过，从而防止由于土颗粒的过量流失而造成土体的破坏，同时允许土中的水或气体穿过织物自由排出，以免由于孔隙中的水压力升高造成土体的失稳等不利后果（图 8-1）。

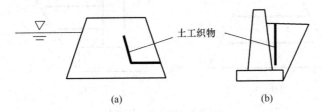

图 8-1　过滤作用应用

（a）土石坝内排水体的滤层；（b）挡土墙回填土中排水系统的滤层

2. 排水作用

具有一定厚度的土工织物具有良好的三维透水特性，可以在土体中形成排水通道，把土中的水汇集起来，沿着材料的平面排出。较厚的针刺型无纺织物和某些具有较多孔隙的复合型土工合成材料都可以起排水作用（图 8-2）。

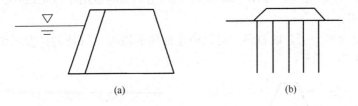

图 8-2　排水作用应用

（a）土石坝护面下的排水；（b）软基处理中垂直排水

3. 隔离作用

有些土工合成材料能够把两种不同粒径的土、砂、石料，或把土、砂、石料与地基或其他建筑物隔离开来，以免相互混杂，失去各种材料和结构的完整性，或发生土粒流失现象（图 8-3）。

4. 加筋作用

土工合成材料埋在土体中，可以改变土中的应力状态，增加土体的模量，限制土体侧向位移；还可以增加土体和其他材料之间的摩阻力，提高土体及相关建筑物的稳定性（图 8-4）。

（1）用于加固土坡和堤坝（图 8-4a）。高强度的土工合成材料在路堤工程中起加筋作用，可使边坡变陡，节省占地面积；防止滑动圆弧通过路堤和地基土；防止路堤下面因承

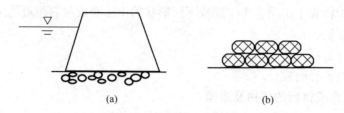

图 8-3 隔离作用应用

（a）坝体与地基间的隔离层；（b）石笼、砂袋与地基之间的隔离层

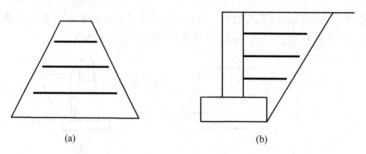

图 8-4 加筋作用应用

（a）加强堆土或边坡稳定性；（b）挡土墙回填土中的加筋

载力不足而产生破坏；跨越可能的沉陷区等。

（2）用于加筋土挡墙（图 8-4b）。在挡土结构的土体中，每隔一定距离铺设起加固作用的土工合成材料，可作为拉筋起到加筋作用。土工合成材料作为拉筋时一般要求有一定的刚度，土工格栅能很好地与土结合。与金属筋材相比，土工合成材料不会因腐蚀而失效，所以它能在桥台、挡墙、海岸和码头等支挡建筑物的应用中获得成功。

5. 防渗作用

土工膜和复合型土工合成材料，可以防止液体的渗漏、气体的挥发，保护环境和建筑物的安全（图 8-5）。

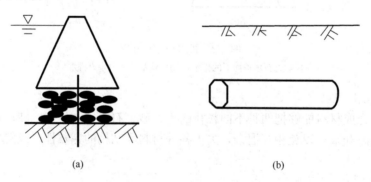

图 8-5 防渗作用应用

（a）坝基下垂直防渗墙；（b）灌区内的低压输水管道

6. 防护作用

土工合成材料对土体或水面可以起防护作用（图 8-6）。

上述 6 种土工合成材料的基本功能，有的含意较明确，有的易混淆。例如"过滤"与

"隔离"两种功能十分相似。实际上"过滤"与"水"是分不开的。起"过滤"作用的土工合成材料，不但要阻止土颗粒的通过，同时还要允许水分通过，而"隔离"作用是防止两种材料混在一起。再如"排水"与"过滤"也容易混淆。实际上起排水作用的土工合成材料本身就是一个排水通道，土中的水分主要靠它来排出，对于"过滤"则不一定要求本身是排水通道。只有掌握各种功能的特点和彼此的区别，才能选用合适的土工合成材料。

有时一种土工合成材料用于某项工程中同时具备几种功能，但重要程度不一。例如在公路的碎石基层与地基之间铺放土工织物，同时具备"隔离""过滤""加筋"和"排水"等多种作用。在一般情况下，"隔离"是主要的，"过滤"和"加筋"是次要的，"排水"则不甚重要。设计者不能只考虑主要功能，而忽略次要功能，在上例中，如果只考虑对"隔离"的要求，不考虑对"过滤"和"加筋"的要求，而采用光滑的土工膜来代替土工织物，则可能引起路基中孔隙水压力的升高，甚至造成路基的滑动和失稳。尤其在软弱路基上修路，"加筋"可起控制作用。

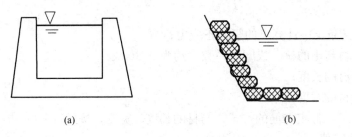

图 8-6　防护作用应用

（a）防止水蒸发或空气中的灰尘污染水面；（b）防止海岸或河岸被冲刷

8.1.3　土工合成材料加固路堤时的设计计算

以土工合成材料加固路堤时的稳定性为例来说明。

1. 设计所需的基本资料

（1）设计要求：堤高、堤长、堤宽、边坡及各项外荷载。

（2）地基土特性：地层剖面、地下水位、重度、不排水及排水抗剪强度、固结指标和土中的化学成分。

（3）填土特性：颗粒的粒径分布、塑性指标、压实指标及强度等。

2. 厚层软基上的加筋路堤

深厚软土层堤坝，破坏常为圆弧滑动，填土加筋层和地基都可能产生破坏，且滑动受最大拉力点控制。

（1）设计原理

土工合成材料加筋相当于在地基与填土之间或填土中增加一个抗拉力（筋材克服摩擦阻力产生），采用简化的 Bishop 条分法计算

$$K_s = \frac{\sum[C_i l_i + (W_i - u_i l_i)\tan\varphi_i]/m_i + \sum T_i \cos\alpha_i/F_i}{\sum W_i \sin\alpha_i} \tag{8-1}$$

$$m_i = \cos\alpha_i + \frac{\sin\alpha_i \cdot \tan\varphi_i}{K_s} \tag{8-2}$$

式中　C_i——第 i 条土的有效黏聚力；

φ_i——第 i 条土的内摩擦角；

l_i——第 i 条土的宽度；

W_i——第 i 条土的重量；

u_i——第 i 条土的孔隙水压力；

T_i——第 i 条土的筋材容许抗拉强度；

F_i——第 i 条土的加筋摩擦阻力发挥程度系数，大于 1.5；

α_i——第 i 条土的滑动面切线与水平面夹角。

（2）筋材确定

根据需求的安全系数 K_s，可以求出所需筋材的抗拉强度、加筋长度和宽度。

1）假定不加筋时，不考虑 $\sum T_i \cos\alpha_i / F_i$ 项，求得最小的安全系数 K_{s0}。

2）已知 K_s，则二者差为 $\Delta K_s = K_s - K_{s0}$，即

$$\Delta K_s = \frac{\sum T_i \cos\alpha_i / F_i}{\sum W_i \sin\alpha_i} \tag{8-3}$$

$$T_i = \frac{2\sigma_i \cdot f \cdot L_i \cdot B_i}{F} \tag{8-4}$$

式中　σ_i——第 i 条土中计算点的竖向正应力；

　　　f——筋材与土的拉、拔摩擦系数，约为 $0.8\tan\varphi_i$；

　　　L_i——筋材的长度；

　　　B_i——筋材的宽度。

一般采用试算：假定加筋的位置、筋材的长度、宽度，按式（8-4）求 T_i；按式（8-3）验算是否满足 ΔK_s 值。

3）T_i 应满足 $[T_a] \geqslant T_i$，T_a 为筋材允许的抗拉强度。

（3）浅层软基土上的加筋路堤

当地基软土层不厚时，产生圆弧滑动的可能性很小。土堤将以下列形式之一失稳。应分别计算、校核。

1）沿下卧硬层顶面滑动（图 8-7a）

抗滑安全系数 K_s 为

$$K_s = \frac{P_p + \tau_B + T_r}{P_a} \geqslant 1.5 \quad (8\text{-}5)$$

式中　P_a——ab 面上主动土压力，$P_a = \frac{1}{2}\gamma h^2 K_a$，$\gamma$ 为坡土与地基土的平均重度，h 为硬层以上至坡顶的高度，K_a 为主动土压力系数，$K_a = \tan^2\left(45° - \dfrac{\varphi}{2}\right)$，$\varphi$ 为坡土与地基土的平均内摩擦角；

　　　T_r——筋材的抗拉力（摩擦力）；

　　　τ_B——硬层顶面抗滑力，$\tau_B = C \cdot \overline{bc}$，$C$ 为硬层顶面处的黏聚力；

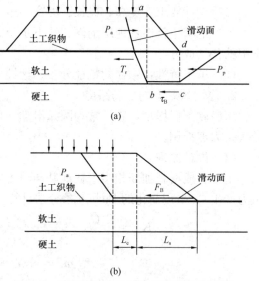

图 8-7　浅层软基上加筋路堤的稳定性核算

（a）沿硬层顶面滑动；（b）沿筋材顶面滑动

P_p——cd 面上的被动土压力（为安全计以静止土压力 P_0 代替）

$$P_0 = \frac{1}{2}\gamma_f h_f^2 \cdot K_0 \qquad (8\text{-}6)$$

式中　γ_f——地基土的重度；

　　　h_f——地表面至硬层顶的厚度；

　　　K_0——静止土压力系数，$K_0 = 1 - \sin\varphi'$，φ' 为地基土的有效内摩擦角。

2) 沿筋材顶面滑动（图 8-7b）

抗滑安全系数 K_s 为

$$K_s = \frac{F_B}{P_a} \geqslant 1.5 \qquad (8\text{-}7)$$

式中　P_a——主动土压力，$P_a = \frac{1}{2}\gamma_f' h_f^2 K_a$，$K_a$ 为主动土压力系数，$K_a = \tan^2\left(45° - \dfrac{\varphi'}{2}\right)$，

　　　γ_f'、φ' 为堤土的重度和内摩擦角，h_f 为堤土的高度；

　　　F_B——滑楔底面上的抗滑力，与筋材和填料等有关：

① 当堤土为无黏性土，编织土工织物时

$$F_B = \gamma_f' h_f \left(\frac{1}{2}L_s + L_c\right)\tan\varphi_{sg} \qquad (8\text{-}8)$$

式中　L_c、L_s——计算长度（图 8-7b）；

　　　φ_{sg}——土与土工织物间摩擦角。

② 当堤土为黏性土，编织土工织物时

$$F_B = \gamma_f' h_f \left(\frac{1}{2}L_s + L_c\right)\tan\varphi_{sg} + (L_s + L_c)C_g \qquad (8\text{-}9)$$

式中　C_g——土与土工织物间黏聚力。

③ 当堤土为无黏性土，大开孔土工网时

$$F_B = \gamma_f' h_f \left(\frac{1}{2}L_s + L_c\right)\tan\varphi_{sg} \cdot A_0 \qquad (8\text{-}10)$$

式中　A_0——筋材网的开孔百分率。

④ 当堤土为黏性土，大开孔土工网时

$$F_B = \gamma_f' h_f \left(\frac{1}{2}L_s + L_c\right)\tan\varphi_{sg} \cdot A_0 + (L_s + L_c)C_g A_0 \qquad (8\text{-}11)$$

（4）有软弱薄夹层的加筋路堤

当地基中有软弱薄夹层时，受上部堤坝重量的作用，软土在侧向土压力作用下很可能产生侧向挤出破坏。地基土抗挤出破坏核算如图 8-8 所示。

采用极限平衡法，软土体 $abcd$，ab 上受主动土压力 P_a 和 cd 上受被动土压力 P_p 的作用，其抗挤出安全系数 K_s 为

$$K_s = \frac{P_p + \tau_r + \tau_B}{P_a} \qquad (8\text{-}12)$$

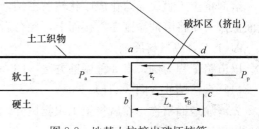

图 8-8　地基土抗挤出破坏核算

式中 τ_r——软土体 $abcd$ 顶面的抗滑力；

$\quad\quad$ τ_B——软土体 $abcd$ 底面的抗滑力。

τ_r 和 τ_B 可按下式计算：

$$\tau_r = L_s(C_{sg} + \sigma_{v1}\tan\varphi_{sg})$$
$$\tau_B = L_s(C + \sigma_{v2}\tan\varphi)$$

式中 C_{sg}——软土和加筋材相互作用的黏聚力；

$\quad\quad$ φ_{sg}——软土和加筋材相互作用的内摩擦角；

$\quad\quad$ C——软土的黏聚力；

$\quad\quad$ φ——软土的内摩擦角；

σ_{v1}、σ_{v2}——由于路堤重量而作用于 ad 面和 bc 面上的法向应力。

8.1.4 施工技术

1. 土工合成材料的连接方法

（1）搭接法

将一片土工织物的末端自由地压在另一片的始端上。搭接的宽度为 $750\sim1500$mm，地层越软，搭接宽度越大。搭接法耗费土工织物较多。

（2）缝接法

用手提缝纫机将两片土工织物缝起来，其搭接量一般小于 250mm，各种缝接法如图 8-9 所示。

（3）胶接法

将适用于不同土工膜的胶粘剂，如聚氯乙烯胶及聚氨酯类胶等，涂抹在被砂纸打毛揩净的土工膜搭接部位，压紧、固化 24h 后，便黏合牢固。

（4）电热锲焊接法

电热锲夹在两层被焊土工膜之间将膜加热，热锲向前移动时，其后的两辊轮一起向前移动将两膜压合（图 8-10）。

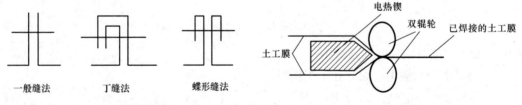

图 8-9 土工织物缝接方法　　　　　　　图 8-10 电热锲焊接示意图

（5）溶剂焊接

溶剂将土工膜表面溶化成胶状然后黏结，例如 THF 溶剂，两膜搭接 $80\sim100$mm，搭接面擦拭干净将溶剂涂刷在搭接面上，黏合后用滚筒滚压固化。

2. 土工合成材料展铺

以道路工程为例，有 3 种展铺方法（图 8-11）。

（1）直接铺放（图 8-11a）

先清除地面植物，然后将土工织物展开。并用木桩标出土工织物相对于道路中心线的边，以保证摊铺位置正确。

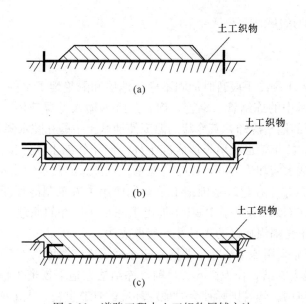

(a)

(b)

(c)

图 8-11　道路工程中土工织物展铺方法

（a）直接铺放；（b）在有垂直壁的路槽内铺放；（c）摊铺于路槽内用粒料嵌固

（2）在有垂直壁的路槽内铺放（图 8-11b）

土工织物横越路槽成段展开，无须采取特殊措施。土工织物上折的端部与路槽边垂直。

（3）摊铺于路槽内用粒料嵌固（图 8-11c）

土工织物横越路槽展开，两端嵌固长度由侧边粒料护道覆盖，然后土工织物折回护道上，再用第 2 层基层材料嵌固。

3. 填土

以在软地基上加筋路堤为例（图 8-12）。

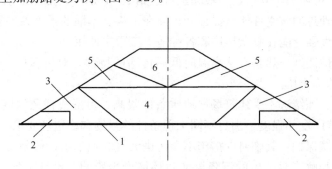

图 8-12　在软土地基上填筑加筋堤的顺序

1—横向铺土工合成材料，并将其缝接；2—后卸式卡车筑交通道（戗台）；

3—填两侧土，将土工织物铺定；4—填内部土；5—填中间土；6—填最后中间部分

8.2　热　力　学　法

通过冻结土体，或焙烧、加热地基土改变土体物理力学性质以达到地基处理的目的。

下面介绍冻结法和热熔法。

8.2.1 冻结法

1. 概述

冻结法是借助人工制冷手段暂时加固不稳定地层和隔绝地下水的一种特殊施工方法。其做法是向埋在地基中的冻结管（钢管）内，连续地输入低温液体（盐水或液化低温气体），使冻结管周围的地基冷却，其冷却的温度使地基土中的孔隙水降至零度以下结成冰，并以冻结管为中心，按年轮形状增长形成冻土柱，使相邻冻土柱连接，形成连续冻土墙，作为工程中的临时截水墙和受力墙，此时的地基具有理想的截水性能和良好的力学强度。

1862 年英国南威尔士在建筑基础施工中首先使用了人工制冷加固土壤。德国采矿工程师 F. H. Poetsch（波茨舒）于 1880 年提出了冻结法凿井的原理，1883 年首次应用冻结法开凿了阿尔巴里得褐煤矿区的 IX 号井，获得成功。

我国 1955 年开始采用冻结法施工井筒，至今最大冻结深度为 435m，穿过冲积层的最大厚度为 384m，最大冻结直径为 20m。目前，冻结法在地下铁道工程、市政、桥墩工程等基础施工中得到应用。随着国际社会对地球环境的日益重视，人工冻结技术逐渐被用于环境保护中，如化学、生物和放射性污染物的掩埋隔绝处理等。冻土墙不透水，密封性、热稳定性和化学稳定性好，可以原位修复，使人工土冻结法成为目前最有效的隔绝处理技术。J. G. Dash 对不同污染物在冰和冻土内的分子扩散计算表明冻土分子扩散泄漏速度非常缓慢，这是低温下冻土内未冻水膜变薄和分子扩散系数降低的缘故。并提出土的含水量在 $14\%\sim18\%$，冻土的中心最低温度在 $-37℃$ 和 $-35℃$ 之间为最佳。美国能源部对该项处理技术进行了室内试验和野外试点，该项技术在美国已获得专利，被称作 CRYO-CELLTM，并被美国能源部指定为十大补救技术之一。

（1）冻结法加固岩土的特点

1）冻土具有很高的力学强度。如无侧限抗压强度只有 0.3MPa 的软土，变成 $-10℃$ 的冻土时，其强度可增加 130 倍，一般冻土可达到 $2\sim10$MPa，加固地基效果好。

2）冻土具有理想的截水性能。保证开挖面在不渗、不漏的无水条件下工作。

3）地层适应性强。能在复杂地层和各种地下工程中使用。

4）整体支护性能好。热具有从高温向低温传递的特性，对由多种土构成的地基，也同样能形成均匀的冻土块。

5）灵活性强。冻结法不受建筑场地地质条件限制，可形成任意深度和任意形状的冻土墙；控制冻土墙厚度和强度，满足不同工程条件的强度和稳定性要求。

6）有利于环境保护。其临时性措施不会污染大气和地下水，低公害。

7）冻结膨胀和解冻时产生的沉降可能对环境产生影响，设计和施工时应予以注意。此外造价较高。

（2）冻结方法

使冻结管冷却的方法有两种。

1）低温盐水法

利用冻结设备使盐水不冻液（$CaCl_2$ 或 $MgCl_2$ 溶液，相对密度 1.286，冻结温度 $-55℃$）冷却至 $-30\sim-20℃$，作为传递冷量的媒介（冷媒），用盐水循环泵将其送入冻结管使盐水从地基中吸热，并流回冻结设备进行冷却。低温盐水冻结的三大循环系统如图 8-13 所示。

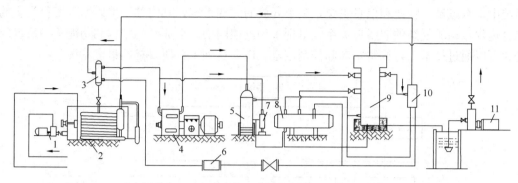

图 8-13　低温盐水冻结法的三大循环系统

1—盐水泵；2—蒸发器；3—氨液分离器；4—氨压缩机；5—氨油分离器；6—节流阀

7—集油泵；8—氨液储罐；9—冷凝器；10—空气分离器；11—冷凝水泵

2）液氮法

将液态 CO_2、氮（沸点 $-196℃$）等冷冻剂直接流入冻结管中，利用汽化热使地基冷却，汽化后的气体或回收或排入大气。该方法适用于冻土量为 $200m^3$ 以下的小规模工程（图 8-14）。

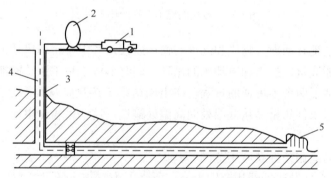

图 8-14　液氮法冻结土体示意图

1—液氮槽车；2—液氮储藏；3—液氮输送管；

4—气体排出管；5—冻结器

上述两种方法既可独立使用，也可组合应用，达到快速和经济的施工效果。其比较如表 8-1 所示。

低温盐水法与液氮法进行冻结施工的比较　　　　　　　　　　　表 8-1

方法	介质温度	设备器材	现场用电	冷冻速度	操作管理	费用
低温盐水法	$-30\sim-20℃$	全套冷冻设备	上百千瓦	常为 2~3 个月	较复杂	以电费为主
液氮法	$-196℃$	液氮储罐及运输车	几天或稍长	几乎不用电	较简单	消耗液氮费用高于低温盐水法

（3）冻结法的热工系统

冻结法施工是一个大的热工系统，其中包含了土冻结和制冷两个子系统，而这两个子系统又可相继分出各自的低级次的子系统，详细系统结构如图 8-15 所示。在这一总热工系统中，有能量、物质和信息贯穿，是个开放的时变系统，其内部发生以物理变化为主的综合过程，构成复杂的非线性关系，呈现多种反馈网络，形成新的结构和功能。各系统的变化可以通过技术工艺调整定向和控制定量，以期达到工程所要求的最优状况。

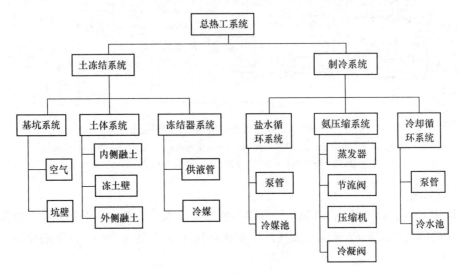

图 8-15　冻结法施工工程的热工系统

冻结法热工系统有动力、物质和能量的输运途径，其中有压缩机动力、盐水泵和冷却水泵动力，以保证液氨、盐水和冷却水的循环，同时形成了热工系统的能量输运条件和环境。能量输运包括了两个不可逆的过程，在土冻结系统热量是从高温处向低温处的耗散，在制冷系统靠动力条件热量是从低温处向高温处输送，这一过程是电能—机械能—热能的耗散。

（4）冻结法的适用条件及应用范围

1）适用条件：冻结法的适用范围十分广泛，因为它与土的渗透系数几乎无关，土的天然含水量一般大于 10%，足以采用冻结法。冻结法既适用于松散不稳定的冲积层和裂隙含水层，也适用于淤泥、松软泥岩以及一些含盐地层。对低温盐水冻结法形成冻土墙结构，地下水的流速应小于 0.05~0.1m/h；液氮法应小于 0.4m/h。

2）应用范围：矿山井巷工程、地下铁道、桥墩、港口、大容积地下硐室及深基础工程等。

2．岩土冻结原理

（1）冻土的形成和组成

土体是一个多相和多成分混合体系，由水、各种矿物和化合物颗粒、气体等组成，而土中的水又可有自由水、结合水、结晶水 3 种形态。当降到负温时，土体中的自由水结冰并将土体颗粒胶结在一起形成整体。冻土的形成是一个物理过程，土中水结冰的过程可划分为 5 个过程（图 8-16）。

1）冷却段，向土体供冷初期，土体逐渐降温到冰点；

2）过冷段，土体降温到 0℃ 以下时，自由水尚不结冰，呈现过冷现象；

3）突变段，水过冷后，一旦结晶就立即放出结冰潜热出现升温过程；

4）冻结段，温度上升到接近 0℃时稳定下来，土体中的水便产生结冰过程，矿物颗粒胶结在一体形成冻土；

5）冻土继续冷却，冻土的强度逐渐增大。

（2）地下水对冻结的影响

1）水质对冻结的影响：水中含有一定的盐分时，水溶液的结冰温度就要降

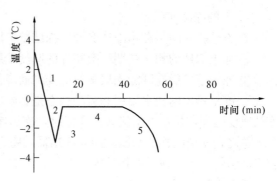

图 8-16　土中水结冰过程曲线图

低。当地层含盐或受到盐水侵害时都会降低结冰的冰点，其程度与溶解物质的数量成正比例关系。盐水溶液在一定的浓度和温度下凝结成一种均匀的物质时，这种盐水溶液的浓度和温度称为低融冰盐共晶点。

2）水的动态对冻结的影响：土中水的性态与土质结构有关，土体有原状和非原状土之分，原状土中砂层，砾卵石土层中水的渗透速度较大，非原状土如回填土要看回填土质和固结情况，较为复杂。土中水流速度对土的冻结速度有较大影响，常规的土层冻结的水流速度如前所述。水流速度与地层的渗透系数和压差成正比。

（3）温度场和冻结速度

1）冻结地层的温度场：地层冻结是通过一个个的冻结器向地层输送冷量的结果。这样在每个冻结器的周围形成以冻结管为中心的降温区，分为冻土区、融土降温区、常温土层区。地层中温度曲线呈对数曲线分布，可用下列公式表示：

冻土区：

$$t = \frac{t_y \ln \dfrac{r_2}{r}}{\ln \dfrac{r_2}{r_1}} \tag{8-13}$$

式中　t——土体中任一点温度分布；

　　　t_y——冻结管外壁温度；

　　　r——冻结柱内任意一点距冻结管中心的距离；

　　　r_2——冻结柱的半径；

　　　r_1——冻结管的外半径。

降温区：

$$t = \frac{2t_0}{\sqrt{4\pi}} \int_0^{\frac{x}{\sqrt{4\pi}}} \mathrm{e}^{-\frac{x^2}{4a\tau}} \mathrm{d}\left(\frac{x}{4a\tau}\right) \tag{8-14}$$

式中　t_0——土的初始温度；

　　　x——距 0℃面的距离；

　　　a——导温系数；

　　　τ——冻结时间。

2）土的冻结速度：

① 冻结孔间距是影响冻柱交圈和冻结壁扩展速度的主要因素。

② 冻土圆柱的相交初期，交圈界的厚度发展较快，很快能赶上其他部位厚度。

③ 冻结壁扩展速度随土层颗粒的变细而降低，砂层的冻结速度比黏土高。

④ 冻结器内的盐水温度和流动状态是影响冻土扩展速度的重要因素。盐水温度降低，冻结速度提高，盐水由层流转向紊流时，冻结速度提高 $20\%\sim30\%$。

总之，冻结圆柱的交圈时间与冻结器间距、盐水温度、盐水流量和流动状态、土层性质、冻结管直径、地层原始地温等有关，影响因素较多，解析理论计算较复杂，一般按经验公式推算。

（4）冻胀和融沉

土体冻结时有时会出现冻胀的现象，土体融化时会出现融沉现象，其原因是水结冰时体积要增大 9.0%，并有水分迁移现象。当土体变形受到约束时就要显现冻胀压力。目前人们把土冻结膨胀的体积与冻结前体积之比称为冻胀率，显然冻胀力和冻胀率与约束条件有关系，把无约束情况下冻土的膨胀率称为"自由冻胀率"，把不使冻土产生体积变形时的冻胀力称为"最大冻胀力"。我们把开始产生冻胀的最小含水量称为"临界冻胀含水量"。并不是所有的土在任何条件下都能产生冻胀，而是要具备以下几个条件：

1）具有冻胀敏感性的土；

2）初始水分和外界水分的供给；

3）适宜的冻结条件和时间。

像砂土、砾石这样的动水地层，一般不会出现冻胀现象。而对含有 $20\mu m$ 以下细颗粒成分的粉土、黏土等多少都存在着冻结膨胀的问题，在设计中应充分考虑。

（5）冻胀防治措施

1）钻孔充填。在钻好的钻孔中充填可塑性护孔材料（泥浆或其他材料），在冻土冻胀的发展过程中，可塑性护孔材料发生变形，吸收冻胀变形，使得总的冻胀量减少。

2）取芯。在冻土墙内进行钻进取芯，钻孔的空间可以吸收冻胀的变形。

3）预留孔套管拔除法。在稳定性差的土层或水平孔中，维护钻孔空间比较困难，可以采用套管护孔，通过温度监测，当冻土发展到预留孔位置时，及时拔除护孔的套管，留下钻孔空间吸收冻胀变形。

4）设置卸压孔。定期打开卸压孔进行卸压，减少水分向冻结锋面迁移，达到抑制冻胀的目的。

3. 人工冻土的力学特性

（1）冻土的蠕变性

冻土是一种非弹性材料，在外荷载作用下，应力-应变关系随时间发生变化，其变化有明显的流变特性——蠕变：即在外荷载不变的情况下，冻土材料的变形随时间而发展；松弛：即维持一定的变形量所需要的应力随时间而减小；强度降低：即随着荷载的作用时间的增加，材料抵抗破坏的能力降低。

试验表明，冻土的应力-应变曲线是一系列随时间变化而彼此相似的曲线，不同时刻的应力-应变曲线可以用幂函数方程表示，冻土在不同恒荷载作用下变形随时间的发展典型蠕变曲线，如图 8-17 所示。

由图 8-17 可以看出，当荷载作用时，首先产生初始的标准瞬时变形（OA 段），随后变形速率逐渐减小，进入非稳定的第一蠕变阶段（AB 段），在衰减的蠕变过程中，变形速率逐渐降到最小值，变成一常数而进入第二蠕变阶段，即稳定的蠕变阶段（BC 段），随着变形的发展，变形速率增加进入第三蠕变阶段，渐进流阶段（凹段），最后以土体的破坏而告终。

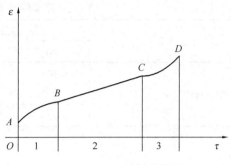

图 8-17　冻土蠕变曲线图

（2）冻土强度

冻土强度是指导致破坏和稳定性丧失的某一应力标准。由于冻土是一种非均质、各向异性的非弹性材料，有其特殊的受力特征。冻土的破坏形式有塑性破坏和脆性破坏两种，其影响因素主要有：

1）颗粒成分。一般来说，砂性土多呈脆性断裂，黏性冻土多呈塑性断裂，除砾石土外，土的颗粒越粗，冻土的强度越大。

2）土温。土温高多呈塑性破坏，土温低多呈脆性破坏，温度是控制冻土强度的主要因素，无论是砂土、砂砾石土，还是黏性土，其抗压强度都随温度的降低呈线性增大。

3）含水量。对于典型冻土，随着含水量的增加通常由脆性破坏过渡到塑性破坏，含水量进一步增加时，则由塑性破坏过渡到脆性破坏，含土冰多呈脆性破坏，砂的含水率为 17% 时，冻结的强度最大。

评价冻土蠕变强度一般有两个有意义的强度指标，一是冻土的瞬时强度，它表征土体抗迅速破坏的能力，它共有 3 个指标，即瞬时抗压强度、瞬时抗拉强度、瞬时抗剪强度；二是冻土的长期强度极限（或称持久强度），即超过它才能发生蠕变破坏的最小的应力，它包括持久抗压强度、持久抗拉强度、持久抗剪强度。在设计时使用的是冻土的持久强度。冻土持久抗压强度约为瞬时抗压强度的 $1/2.5 \sim 1/2$。冻土持久抗剪强度一般为瞬时抗剪强度的 $1/6 \sim 1/3$（表 8-2、表 8-3）。

冻土瞬时极限抗压强度参考值（MPa）　表 8-2

温度	砂	砂土	黏土
−2℃	4.8	3.8	1.7
−4℃	7.8	6.8	2.7
−6℃	10.0	9.0	3.6
−8℃	12.0	11.0	4.5
−10℃	13.8	12.5	5.4
−12℃	15.1	13.8	
−14℃	16.0		

（3）冻结压力

冻结压力是指冻结井筒掘砌过程中作用于井壁上的外压力。它是一种临时性的施工荷载，存在于筑壁后和冻结壁彻底化冻前，根据实测冻结压力分析得出：

冻土瞬时极限抗拉强度参考值

表 8-3

含水		土壤的组成（g）		冻土极限抗拉强度（MPa）		
		水	砂	−10℃	−15℃	−20℃
水的饱和度	100%	165	1000	2.0	3.9	5.2
	75%	125	1000	1.5	2.2	4.3
	50%	83	1000	0.7	2.0	3.3

$$P_d = P_y + P_w \tag{8-15}$$

式中　P_d——冻结压力；

　　　P_y——极限平衡区的原始土压力；

　　　P_w——极限平衡区的温度应力。

$$P_y = \gamma H K \tag{8-16}$$

式中　γ——覆盖土层的平均重度；

　　　H——土层的埋藏深度；

　　　K——冻土的土压力系数：黏土层取 0.4～0.6，砂质黏土层取 0.35～0.6，砂砾层取 0.3～0.6。

$$P_w = -\mu t_c \tag{8-17}$$

式中　μ——温度应力系数，主要与土层性质及支护方式有关。采用现浇混凝土井壁时，黏土层取 0.4～0.6，砂质黏土层取 0.4～0.5，土质砂层取 0.2～0.4，砂层取 0.1～0.2，砂砾层取 0；

　　　t_c——冻结管布置圈至井帮内的土的平均温度。与冻结时间、盐水温度等有关，可采用实测值或经验值。

4. 冻结技术设计

无论何种冻土墙，其设计内容应包括：冻土墙温度、深度和厚度设计，冻结孔布置、制冷能力计算和冻结时间确定等。

（1）冻土墙设计及钻孔布置

1）冻土墙平均温度：冻土墙平均温度是按冻土墙主面平均温度与界面平均温度之和的一半计算，主要与冻结孔间距、冻土墙厚度、冻结盐水温度以及外部的温度等因素有关。

2）冻土墙的厚度

① 土压力计算：用于围护坑壁的冻土墙上土压力值介于主动土压力和静止土压力间。为安全起见，宜采用静止土压力值，当邻近建筑物要求地基的沉陷小，即要求冻土墙变形较小时，其冻土墙厚度应按变形条件计算，强度条件校核；当无沉降要求时，按强度条件计算。

② 平面冻土墙厚度设计：平面冻土墙的破坏，往往不是强度不够，而是因变形较大造成失稳，其厚度应按变形条件确定，按强度条件校算。视平面冻土墙的两端为铰支点，墙顶和墙底分别为固定边和自由边，按弹性理论（用冻土长期弹性模量参数）可算得其自由边中点的位移值。

平面冻土墙在实际施工时，为减小冻土墙变形，应设计成一定的起拱，其起拱度为跨

中距基坑线距离 $\delta = L/100 \sim L/50$（L 为墙跨）。

根据冻土墙的受力特点把冻土墙看作一弹性平面薄板，不考虑支撑或锚拉，用弹性理论的能量法求解薄板问题对冻土墙厚度进行计算，最后推导出冻土墙的厚度计算公式：

$$e = \left\{ k_2 \frac{(1-\mu^2)A(T)P_0^B h^4 t^c}{U_{\max}\pi\left[2 + \left(\frac{4}{3}-2\mu\right)\left(\frac{\pi h}{L}\right)^2 + \frac{1}{10}\left(\frac{\pi h}{L}\right)^4\right]} \right\}^{\frac{1}{3}} \tag{8-18}$$

式中　　e——冻土墙厚度（m）；

k_2——系数，墙后均布荷载时取 8，三角形分布荷载取 2；

$U_{\max}$——冻土墙最大的水平位移（m）；

μ——塑性冻土的泊松比，取 0.2～0.3；

h——冻土墙暴露高度，即基坑深度（m）；

L——冻土墙跨度（m）；

P_0——冻土墙后土压力；

t——冻土墙暴露时间（h）；

$A(T)$——温度的蠕变参数；

B——应力的蠕变参数；

C——时间的蠕变参数。

③ 曲面冻土墙厚度设计：整体曲面冻土墙可用于圆形或尺寸较小的矩形基坑施工，按无限长厚壁圆筒计算；而对于大型矩形基坑宜用分段曲面冻土墙，按圆拱失稳方法分析计算。

3）冻土墙深度的确定

确定冻土墙深度的依据为：基坑深度和断面形式及尺寸；地基土的工程性质和水文地质条件；冻土墙结构形式。确定冻土墙深度的原则如下：

① 坑底以下为含水层，且涌水量较大时，为防止坑底涌水，冻土墙应穿过含水层进入不透水层。

② 坑底以下为软弱土层，且厚度不大时，为防止坑底隆起，冻土墙应穿过软弱土层进入下部较好持力层；厚度较大时，冻土墙进入坑底软弱土层的深度视深层剪切破坏的稳定性而定。

③ 基坑以下为不透水的较好持力层（黏土）时，冻土墙应进入较好持力层，进入深度由浅层剪切破坏而定。

计算模拟和试验表明，冻土墙插入深度为基坑深度的（0.5～1）H 时，可以有效减少基坑变形量。

4）钻孔布置

冻结孔的间距和偏斜率是影响冻结孔布置圈直径的主要因素。开孔间距直接影响冻结孔的数量、冻结墙的形成时间及平均温度，而钻孔偏斜率直接影响布置圈直径和终孔直径。冻结孔的开孔间距一般取 0.9～1.2m，钻孔偏斜率取 0.5%。

另外在孔内设水文观测孔，在冻结墙内外设温度观测孔。

（2）制冷系统设计

首先选择相应的冷冻方法，并在具体的冻结工程量下设计管路，计算散热量、冷冻站的需冷量，冻结设备应尽可能设置在冻结区附近。

冻结基坑所需的制冷量可按下式计算：

$$Q = K\pi d_0 N H q_D \tag{8-19}$$

式中　Q——冻结基坑实际所需的制冷能力（kW）；

　　　K——管路冷量损耗系数；

　　　d_0——冻结管直径（m）；

　　　N——冻结管数；

　　　H——墙深（m）；

　　　q_D——冻结管的吸热率，为 $0.26 \sim 0.29 kW/m^2$。

此外，夏季施工时冻土墙暴露面接触大气层热空气，以及雨水对冻土地表冲刷，冷量损耗大，难于降温。为此，应在冻土场附近地表层敷设价廉的矿渣棉保温材料或用珍珠岩与石灰等廉价胶结材料做成保温隔热灰浆喷抹于地表。冻土墙面绝热保温，可用喷射聚氨基甲酸酯泡沫等覆盖于冻土墙表面上。为防止雨水冲刷，在喷射层上加可回收的泡沫塑料板，使冻土墙保温。

（3）冻结墙形成和自然解冻

冻结前，同一深度的地层具有相同的原始温度。冻结开始后，通过冻结管把冷量传给地层，在冻结管周围产生降温区，形成以冻结管为中心的冻结圆柱，并逐步扩大直至相邻的冻结圆柱连接成封闭的冻结圆筒。

冻结墙的交圈时间主要与冻结孔的间距、土层性质、冻结管直径等因素有关，可参照表 8-4。

冻结墙交圈时间参考值　　　　　　　　　　　表 8-4

冻结孔间距（m）	1	1.3	1.5	1.8	2	2.3	2.5
冻结墙交圈时间（d）	10	15	22	35	44	58	67

冻结墙自然解冻时间主要与冻结墙的厚度、地层原始温度、地下水流速以及施工工艺等因素有关。根据国内的实测资料，可参考表 8-5。

不同厚度冻结墙自然解冻时间参考值　　　　　　表 8-5

冻结墙厚度（m）	2	2.5	3	3.5	4	5	6
自然解冻时间（d）	120	143	165	187	206	255	300

（4）辅助系统设计

1）盐水管路设计包括管材直径、壁厚、线路、阀门控制等；

2）清水管路设计包括管材直径、壁厚、线路、阀门控制等；

3）盐水管路的保温设计；

4）地层冻结观测设计包括测温、水文孔布置、设备运行状态观测。

（5）施工计划和劳动组织

1）工序分析及排队；

2）工程量计算；

3）工程网络分析；

4）人员配备和劳动组织。

5. 冻结技术施工

冻结法施工的 3 个阶段包括（图 8-18）：

（1）冻结阶段；

（2）维护阶段；

（3）解冻阶段。

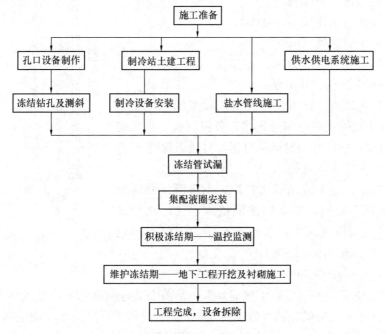

图 8-18　冻结法施工的工艺流程

6. 冻结管的安设、验收与起拔

（1）冻结管的安设

冻结管用无缝钢管制作，规格按设计要求选用，最下端接底锥密封（图 8-19、图 8-20）。冻结管采用丝扣连接，密封要求高。冻结管的下入深度较钻孔深 0.2～0.3m。

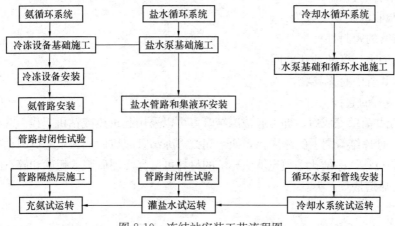

图 8-19　冻结站安装工艺流程图

冻结管与孔壁间环状间隙用黏土充填并捣实。

（2）打压试验

下入孔内的冻结管，必须进行打压试验，确认合格后方可使用。打压值一般按下式计算

$$P = 0.15P_1 + \frac{\rho - 1}{100}H \qquad (8\text{-}20)$$

式中　P——打压值（MPa）；

　　　P_1——盐水泵工作压力（MPa）；

　　　H——冻结管深度（m）；

　　　ρ——盐液相对密度为 $1.25 \sim 1.35$。

可采用两种形式的打压方法：

1）孔外打压试验：该方法应在专门设置的打压试验场地进行，将冻结管按顺序编号连接，分组试验。打压前向管内注满清水，然后开动打压泵打压，打压后保持 $15 \sim 20$min，观察是否降压或泄漏。

2）下管打压：边下冻结管边打压，发现泄漏及时处理。全部冻结管下完后，要立即注满清水，进行动压试漏，向管内打压至设计压力，经 15min 压力下降不超过 50kPa，再延续 15min 压力保持不变。

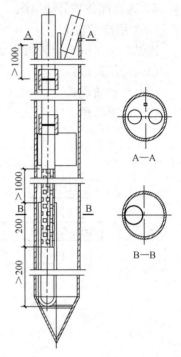

图 8-20　冻结管构造示意图

（3）冻结管的静压试漏

打压试验合格后，还要作静压试漏。方法是向安装好的冻结管内灌入清水，经 $1 \sim 2$d 后，再注入 $30 \sim 40$mm 厚的机油（防止管内水分蒸发而影响测量精度），使油面距管口 $50 \sim 100$mm。注油后稳定 $3 \sim 12$h，即可进行液面降落测量。每隔 24h 观测一次，连续测 $3 \sim 4$ 昼夜，每次测得液面下降小于 1mm 为合格，超过 1mm 需堵漏处理。

（4）冻结管的堵漏方法

根据不同的泄漏情况，可以采用相应的堵漏方法，如氯化钙溶液锈蚀丝扣法、水泥浆循环法和硅胶堵漏法等。

（5）冻结管的验收

冻结管验收的主要内容为：

1）冻结管的密封性；

2）钻孔的垂直度和钻孔的间距；

3）孔深和管内有无异物。

（6）冻结管的起拔

当基坑或井筒壁完成后，即可起拔冻结管。可以采用起重机或钻机起拔。起拔前应首先用热水循环，使冻结管周围的冰融化，便于起拔。冻结管起拔后，为了避免因钻孔留下的孔洞引起地层的位移，冻结孔必须充填。充填的材料可以是水泥砂浆或粗砂和碎石的混合料。

8.2.2　热熔法

1. 概述

岩石破碎有 4 种机理：①熔融和汽化；②热力剥落；③机械破碎；④化学反应。在

20世纪下半叶，仅美国花费在这几种碎岩方法和碎岩装置上的研究费用已超过5000万美元。在有潜力的新方法中，值得重视的是接触热熔法（Melting Rock）。美国、日本、德国、俄罗斯等国家纷纷以较大的力量投入到对接触热熔法的研究中。熔岩过程如图8-21所示。

美国加利福尼亚大学著名的LASL实验室最先于20世纪70年代开始研究，获得了多项研究专利，并在地基处理和巷道掘进中进行了试验研究，取得了大量宝贵的数据资料。日本在20世纪80年代开始了接触热熔法的研究，在室内对一些典型岩石进行了研究，得到了大量的数据。德国与瑞士的公司也与俄罗斯开展过相关合作研究。

处于世界领先水平的俄罗斯圣彼得堡矿业学院从20世纪80年代开始进行热熔法碎岩理论及其应用的研究，至1995年在南极成功地用接触热熔法钻进冰层，创造了孔深达3350m的世界纪录，随后采用接触热熔法和机械法联合钻进了3623m深的钻孔，这是当时一个新的世界纪录，其中机械法主要是为了穿过含有砾石的冰层。

我国吉林大学建设工程学院（原长春科技大学勘察工程系）也率先在国内开始立项研究，并取得初步研究成果，达到世界先进水平。

美国、俄罗斯、日本、中国等国相继开展的接触热熔法主要研究成果涉及了以下几个方面：

（1）确定适宜的热熔器壳体材料。美国、日本等国研究了耐高温的金属材料；而俄罗斯开始是从金属材料起步，但最后集中研究非金属材料，取得了突破性的进展。

（2）对加热电阻的选择比较统一，均采用了热解石墨。但美国、日本等通入惰性气体保护；而俄罗斯和中国的热熔器未作保护。

（3）热能的传递过程：直流电通过加热电阻产生高温——主要是热辐射穿过空气或保护性气体传到外壳—受到热辐射的壳体内壁通过热传导将热能传到外壁—外壁的高温将与之接触的岩石（土）熔化。

（4）研究了热熔器、热熔体、岩石间的热传递问题。

（5）提出了适宜的热熔器外壳形状为流线形，以4次方的抛物线和悬链线为最佳。

（6）研究了热熔体冷却后形成硬壳的机理及性质。

（7）研究了工艺参数对热熔过程的影响。

（8）根据相应的研究成果，研制了不同用途的热熔器，直径为30cm～2m，在矿山巷道的围护及地基处理工程中做了一些试验，取得了宝贵的经验。

2. 热熔体的流动特性及研究方法

热熔体的流动特性：（流动空间小）流速非常缓慢，热熔体的黏性大，雷诺数很小。如图8-21、图8-22所示。

对于接触热熔来说，其物理现象和工艺过程由两个物体来控制：热熔器和被加热的固态物质。国外（俄罗斯）的学者在进行这方面的研究时是把热熔体近似作为边界层来描述，采用边界层状态方程，正确地选择特征参数和尺寸，建立无量纲的数学模型，以相似理论和特征方程来讨论。此外在研究中引入了大压力、小热熔体尺寸（厚度）的情况（这点与实际情况是相符的），其结果是使数学模型中的有关参数较小。但把热熔体的运动视为边界层流动则与边界层建立时的初始条件（流体黏性很小或大的雷诺数）并不相同，所以国内学者认为采用边界层的流体动力学方程来分析研究热熔体的运动值得商榷。

图8-21　热熔法熔岩平面示意图

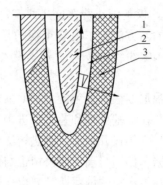

图8-22　热熔体流动示意图
1—热熔器；2—热熔体；3—岩土体

热熔体的流动明显属于不可压缩流体黏性流动。用数学方法求解该流动方程组的主要困难在于 N-S 方程中存在惯性项（非线性项）。当流体质点的流线形状是直线（或同心圆周）时，所有惯性项恰好消失。因此可以预测，若不可压缩流体黏性流动的流线和直线相差很小时，惯性项也将很小，在近似时可以把它全部略去。当流动速度很小时，黏性力将比惯性力大得多（即 $R_c=1$），近似可将惯性力全部略去。这种流动在流体力学中称缓慢流动或爬动（蠕动）。

3. 热能在土体中传递规律的研究

热能从热源开始经过下面的两条路径传导到岩土中。

由图8-23可以看出，热熔器外土体中温度的衰减速度是相当快的，在10cm之外土体中的温度与室温相比已增加得不多了。热熔器内所传出的热能急剧地消耗在热熔器周围的土体中，热能的传递或其影响仅局限于热熔器周围的小范围，在这个范围之外，热能的影响微乎其微。可以确认：

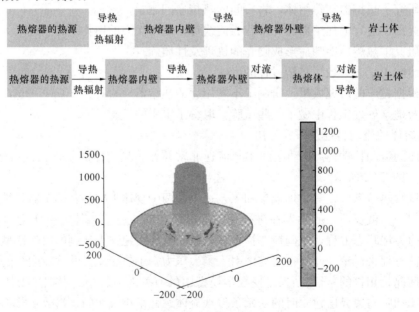

图8-23　热熔器外土体中温度传递规律（单位：℃）

194

首先，使土体温度提高所需的热能是非常大的，我们所提供的热能仅能影响热熔器壳体外的小部分土体；

其次，热能集中消耗在一个小的土体范围，非常经济，正是我们所需要和希望的，因为没有必要增大土体的加热范围；

最后，小范围的热能加热对周围大的土体的影响将非常小，即其对土体环境的影响微乎其微，熔岩完成后周围大的土体的变化也是微乎其微的。

虽然只能测量3个点的温度，且最大为1300℃，但也能得到土体中的温度变化规律，且能说明问题。同样也以砂性土和黏性土为例，由图8-24、图8-25得出，温度值及其温度梯度在所测点2和测点1之间变化较大，实际上温度不可能发生跳跃式变化，所以可以认为距热熔器表面15cm范围内，是热能的主要消耗区域。考虑到热熔器在地层中某一位置停留的时间较短，所以这个值可能还要小些。

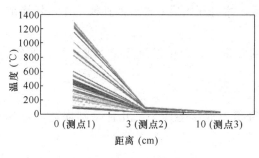

图8-24 半径方向的温度变化规律
（潮湿的砂土层）

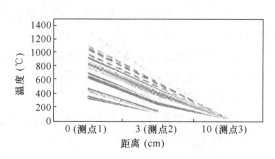

图8-25 温度沿径向的变化规律
（潮湿的黏性土）

8.3 托 换

8.3.1 概述

已有建筑物地基加固技术（基础托换技术）已有几百年的历史，但直到20世纪30年代修建美国纽约地铁时，才得到迅速发展。第二次世界大战后联邦德国在修建地下铁道时，也大量采用了托换技术，积累了许多宝贵的经验。随着我国经济建设的发展，也陆续采用了大量的托换技术。它主要包括基础加宽法、墩式托换法、桩式托换法、地基加固法以及综合加固法等。

1. 托换技术的分类

（1）按使用性质、目的

1）补救性托换；

2）预防性托换；

3）维持性托换。

（2）按使用的加固技术

1）基础加宽技术；

2）坑（墩）式托换技术；

3）桩式托换：静压桩，树根桩；

4）地基加固技术：灌浆法，高压喷射注浆法和其他方法；

5）综合加固技术。

2．托换技术的特点

（1）建筑技术难度较大——高度综合性技术；

（2）建筑费用较贵；

（3）工期较长，需要一年半载，甚至几年的时间；

（4）施工过程中及时监测并对观测结果进行分析十分重要。

3．托换技术施工要点

（1）根据工程实际需要，或对建筑物基础全部或部分加固，或对建筑物全部或部分地基加固。

（2）当建筑物基础下有新建建筑工程时，应将荷载传到新建的地下工程中上部。

（3）不论何种情况，都是在一部分被托换后，才可开始另一部分的托换工作，托换范围由小到大，逐步扩大。

（4）托换施工前，先要论证被托换建筑物的安全，并应记录沉降、水平位移、倾斜、沉降速率、裂缝大小和扩展情况等。

8.3.2 基础加宽技术

通过基础加宽可以扩大基础底面积，有效降低基底接触压力。几种基础加宽示意如图 8-26 所示。

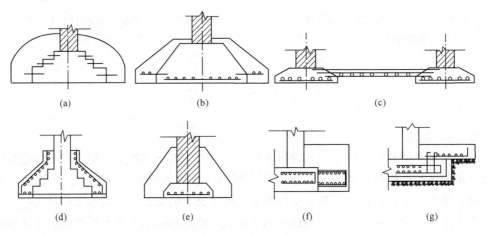

图 8-26　几种基础加宽示意图

（a）刚性条形基础加宽；（b）柔性条形基础加宽；（c）条形基础扩大成片筏基础；（d）柱基加宽；

（e）柔性基础加宽改为刚性基础；（f）片筏基础加宽（一）；（g）片筏基础加宽（二）

基础加宽技术优点为：加宽费用低，施工方便。但其潜在的缺点为：若基础埋置较深，则对环境影响较大；可能增加荷载作用影响深度。

施工重点：

（1）注意加宽部分与原有基础部分的连接（将原有基础凿毛，浇水湿透，使两部分混凝土能较好连成一体）。

（2）刚性基础应满足刚性要求，柔性基础应满足抗弯要求。

8.3.3 墩式托换技术

1. 设计要点

(1) 墩式托换适用于土层易开挖，浅层有较好持力层，开挖深度内无地下水或降水较为方便的情况。建筑物基础最好是条形基础。

(2) 坑内施工的墩可以是间断的或连续的，主要取决于被托换加固结构的荷载和坑下地基土的承载力大小。

(3) 如基础墙为承重的砖石砌体、钢筋混凝土或其他基础梁，其抗弯强度不足以在间断墩之间跨越时，则有必要设置过梁（钢筋混凝土梁，钢梁或混凝土拱的支座），并在原有基础底面下干填。

(4) 对大的桩基基础采用墩式托换时，可将桩基础面积划分成几个单元进行逐步托换。一次托换不宜超过基础支承面积的20%。

2. 施工步骤（图8-27）

(1) 贴近被托换的基础前面，由人工开挖一个长×宽＝1.2m×0.9m的导坑，坑比基础底面深1.5m。

(2) 将导坑横向挖到基础下面，并继续在基础下面挖到要求的持力层标高。

(3) 采用就地浇筑法，在开挖坑内成墩。并在原有基础底面下80mm处停止浇筑，养护一天后，再将1∶1的水泥砂浆填塞进80mm的空隙内，并捣实成内密实的填充层（干填）。

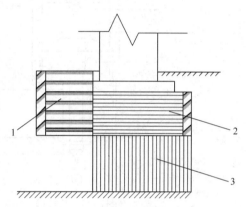

图 8-27 坑式托换技术（剖面）

1—挖导坑；2—导坑——基础下面；3—挖到持力层

(4) 重复 (1)、(2)、(3) 做另一个托换墩，直至全部工程完成。

(5) 在基础下直接开挖小坑，对许多大型建筑物的基础进行托换时，也可没有支撑，局部基础下短时间内没有地基土的支撑可认为是容许的。

坑（墩）式托换的优点是费用低，施工简便，施工期间仍可使用建筑物。缺点是工期长，有一定新的附加沉降。

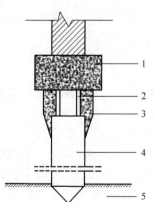

图 8-28 静压桩托换技术

1—钢筋混凝土地梁；2—工字钢柱；3—混凝土保护层；4—桩；5—地基

8.3.4 桩式托换技术

1. 静压桩托换技术（图8-28）

静压桩托换技术自1981年在呼和浩特市使用以来，在太原、宣化、邯郸等地多栋危房加固中获得成功。其施工过程如下：

(1) 在柱或墙基下开挖有关竖坑或横坑的方法如前所述。

(2) 根据设计桩所需承受的荷载，使用直径30～45cm的开口钢管（也可采用0.2m×0.2m的预制钢筋混凝土方桩），用设置在基础底面下的液压千斤顶将钢管压进土层，液压千斤顶的反力由建筑物重量抵消。

(3) 当钢管顶入土中时，每隔一定时间可根据土质的具体情况，用合适的取土工具将土取出。

（4）桩经交替顶进、清孔和接高，直至桩尖到达设计深度。

（5）到达设计深度后，若管内无水，则可直接灌注混凝土；若管内有水，则可下入一个"砂浆塞"加以封闭，待砂浆结硬后，将管中的水抽干，管内灌注混凝土并捣实。

2. 锚杆静压桩托换技术（图 8-29）

锚杆静压桩是锚杆和静力压桩结合形成的一种新的桩基施工工艺。它是通过在基础上埋设锚杆固定压桩架，以建筑物所能发挥的自重荷载作为压桩反力，用千斤顶将桩从基础上预留或开凿的压桩孔内逐段压入土中，再将桩与基础连接在一起，从而达到提高基础承载力和控制沉降的目的。

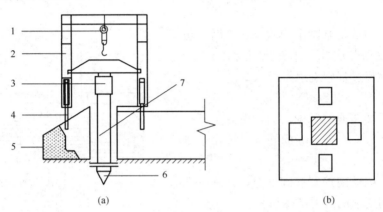

图 8-29　锚杆静压桩装置图和压桩孔和锚杆位置图
1—天车；2—反力架；3—液压油缸；4—锚杆；5—基础；6—桩；7—压桩孔
(a) 锚杆静压桩装置；(b) 压桩孔和锚杆位置

锚杆静压桩适用地层为：粉土、人工填土、黏性土、淤泥质土、黄土等地基土。

锚杆静压施工技术具有轻便灵活，施工方便，作业面小，可在室内施工，无振动，无噪声，无污染，施工时可不停产、不搬迁等优点。

（1）锚杆静压桩加固设计

1）垂直承载力，一般由现场桩的载荷试验确定，也可根据相应规范计算。

$$P_a = \frac{P_p(z)}{K_p} \tag{8-21}$$

式中　P_a——设计单桩承载力特征值（kN）；

　　$P_p(z)$——桩入土深度为 z 时的压桩力（kN）；

　　　K_p——压桩力系数，与土质、桩本身及压桩速度等因素有关。在黏性土中，桩长小于 20m 时，$K_p=1.5$；在黄土或填土中，$K_p=2.0$。

若已知静力触探比贯入阻力曲线 $[P_s(z)\text{-}z]$，则

$$P_p(z) = K_s \cdot P_s(z) \tag{8-22}$$

式中　$P_p(z)$——桩入土深度为 z 处的压桩力（kN）；

　　$P_s(z)$——桩入土深度为 z 处的比贯入阻力（kPa）；

　　　K_s——换算系数，为 $0.06\sim0.07\text{m}^2$。

2）桩身参数：桩截面边长为 $180\sim300\text{mm}$，桩段长度为 $1\sim3\text{m}$。当桩承受水平力或上拔力时，应采用焊接。当桩仅承受垂直压力时，可采用硫黄胶泥接头。边长为 200mm

的方桩，采用不小于 4ϕ10 钢筋；边长为 250mm 的方桩，采用不小于 4ϕ12 钢筋。

3）桩与基础连接构造：桩与基础之间连接如图 8-30 所示。

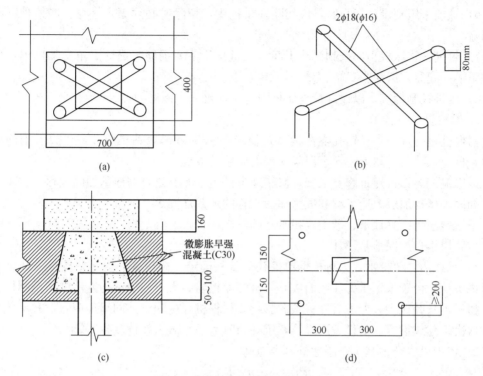

图 8-30　桩与基础之间连接示意图
（a）平面；（b）交叉钢筋与锚杆连接；（c）剖面；（d）锚杆与压桩孔及基础边缘间距

4）锚杆参数及其布置：锚杆可采用光面直杆墩粗螺栓或焊箍螺栓（图 8-31）。压桩力<400kN 时，采用 M24 锚杆；压桩力为 400～500kN，采用 M27 锚杆。硫黄胶泥的重量配合比为硫黄：水泥：砂：聚硫橡胶＝44：11：44：1，浇筑温度不低于 140℃，冷却时间为 4～15min。

硫黄胶泥主要物理力学性能指标：密度 2.28～2.38g/cm³；弹性模量 5×10^4MPa；抗拉强度 4MPa；抗压强度 40MPa；抗弯强度 10MPa。握裹强度：与螺纹钢筋为 11MPa，与螺纹孔混凝土为 4MPa。

（2）施工步骤

1）清除基础面上覆土，并将地下水降低至基础面下。

2）按加固设计图纸放线定位。压桩孔凿成上小下大的棱锥形。锚杆孔根据相应压桩力确定深度。压桩孔上面为 $d+50$，下面为 $d+100$（d 为桩截面宽度）。可采用人力或风动凿岩机凿孔。

3）锚杆孔清渣，由树脂砂浆固定锚杆并养护后，安装反力架。

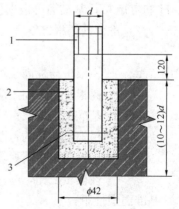

图 8-31　锚杆与基础连接示意图
1—带螺纹锚杆；2—硫黄胶泥；3—钢筋环

4）压桩：中途不能停顿过久，可采用电动或手动葫芦。

5）接桩：采用硫黄胶泥或焊接。

6）桩顶未压到设计标高时，应切除外露桩头，切除时必须固定桩身。严禁悬臂状态下切除。

7）封桩：将压桩顶部杂物清除干净，在桩顶用 $\phi18$ 钢筋与锚杆对角交叉焊牢，然后和桩帽梁一起灌入微膨胀 C30 混凝土，并捣实。

8）压桩控制标准，以设计最终压桩力为主，桩入土深度为辅。

3. 树根桩托换技术

树根桩是一种小直径钻孔灌注桩（直径 100～250mm），钻机成孔后，放入钢筋或钢筋笼，再灌入碎石，然后注入水泥浆或水泥砂浆而成桩。

适用范围为：古建筑修复工程，修建地下铁道，原有建筑物地基加固工程，岩土边坡稳定加固，楼房加层改造工程和危房加固工程的地基加固。

适用地层为：黏性土、砂土、粉土、碎石土。

（1）树根桩加固地基设计

1）承载力：单桩承载力可根据单桩载荷试验确定。树根桩一般是摩擦桩，其桩端阻力考虑不计。由于采用压力注浆而成，其桩侧摩擦阻力大于一般钻孔灌注桩和预制桩。

树根桩长径比大，考虑有效桩长的影响，树根桩与桩间土共同承担荷载，其承载力的发挥取决于建筑物容许的最大沉降值，沉降值越大，承载力发挥度越高。

2）树根桩复合地基——刚性桩复合地基

$$P_f = \alpha \cdot n \cdot P_{pf} + \beta F_s \tag{8-23}$$

式中　P_f——树根桩承台基础极限承载力（kN）；

　　　P_{pf}——树根桩单桩极限承载力（kN）；

　　　n——承台下树根桩桩数；

　　　F_s——承台下地基土极限承载力（kN）；

　　　α、β——树根桩及地基土承载力发挥系数。

3）树根桩承受水平荷载：根据树根桩复合土体计算基准面上作用的垂直力 N、水平力 H 和弯矩 M，基准面可根据预计滑动面位置确定。

计算基准面处树根桩复合土体等值换算面积 A_{rp}：

$$A_{rp} = n \cdot A_p \cdot m + bh \tag{8-24}$$

式中　A_{rp}——树根桩与桩周土等值换算面积；

　　　n——树根桩与桩周土应力比，$n=100$；

　　　m——基准面内桩数；

　　　b、h——树根桩布置的行距与宽度；

　　　A_p——一树根桩等值换算面积；$A_p = (n_1 - 1) A_s + A_c$，其中 n_1 为钢筋与砂浆弹性模量之比，$n_1 = 7\sim10$，A_s 为钢筋截面积，A_c 为树根桩截面积。

基准面惯性矩：

$$I_{rp} = nA_p \sum x_i^2 + \frac{bh^3}{12} \tag{8-25}$$

式中　x_i——基准面内各个树根桩距中轴距离；其他符号意义同前。

最大压应力：

$$\sigma_{\mathrm{rpmax}} = \frac{N}{A_{\mathrm{rp}}} + \frac{M \cdot X}{I_{\mathrm{rp}}} \tag{8-26}$$

式中　N——计算基准面处作用在树根桩复合体上的垂直力；

　　　M——计算基准面处作用在树根桩复合体上的弯矩；

　　　X——计算基准面处中性轴至计算基准面边缘的距离。

要求 $\sigma_{\mathrm{rpmax}} < R$（计算基准面处地基土容许承载力，单位：kPa），同时 σ_{rp} 还应满足树根桩结构强度要求。

树根桩设计长度为 $L = L_1 + L_2$（图 8-32），L_2 可按下式计算：

$$L_2 = \frac{A_{\mathrm{c}} \cdot \sigma_{\mathrm{R}}}{\pi D \cdot f} \tag{8-27}$$

式中　σ_{R}——作用在砂浆上的压应力（kPa）；

　　　D——树根桩直径（m）；

　　　f——树根桩与基准面以下土的摩阻力（kPa）；其他符号意义同前。

树根桩挡土结构作为重力式挡土墙，其抗滑动、抗倾斜、整体稳定等验算可采用常规计算方法，如图 8-32、图 8-33 所示。

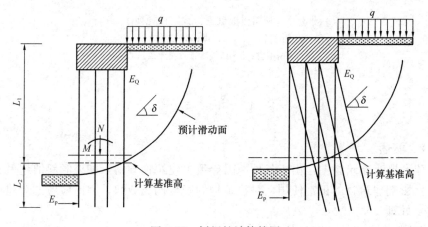

图 8-32　树根桩计算简图

（2）树根桩施工

1）成孔：采用小口径岩心钻机或工程勘察钻机，一般在孔口设 1~2m 套管护壁。

2）置钢筋或钢筋笼：钢筋笼外径小于孔径 40~50mm。

3）放置压浆管置于钢筋笼或钻机孔中心位置：常采用 ϕ20mm 无缝钢管。放入后压入清水清孔。

4）投放细石子：细石子粒径为 5~15mm，拔出套管后补灌细石子。

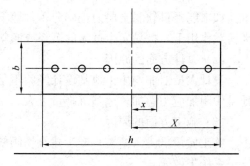

图 8-33　计算基准面示意图

5）注浆：水泥浆从钻孔底部由压浆管压出上返。分段压浆，分段提升注浆管。

水泥：砂：水＝1.0：0.3：0.4。

利用树根桩进行预防性托换，如图 8-34 所示。

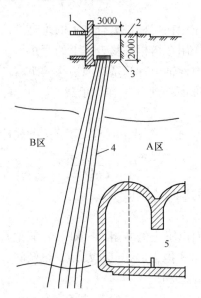

图 8-34 利用树根桩进行预防性托换示意
1—建筑物；2—人行道；3—工作空间；
4—树根桩；5—地铁隧道（排水管道）

8.4 纠　偏

8.4.1 概述

在新建和既有建筑物中，由于各种原因导致了建筑物倾斜，如果倾斜值超过其允许倾斜值，就会影响建筑物的正常使用，对建筑物的安全构成威胁，因此应考虑对建筑物进行纠偏（倾）处理。

1. 建筑物产生不均匀沉降的原因

（1）场地工程地质情况了解不全面——勘察报告不准

如未能提供软弱土层的正确分布，地下暗浜、古河道、古井、古墓等的存在，则在较大荷载作用下，极易发生过大的沉降或倾斜。

（2）设计方面的原因

设计人员对非均质土地基设计经验不足。未能处理好与相邻建筑物基础之间的关系，地基中附加应力叠加，地基沉降量过大。

（3）施工方面的原因

施工质量低劣（断桩）产生建筑物倾斜，降水防范措施失效引起相邻建筑倾斜，基坑支护系统失效等。

（4）建（构）筑物使用过程中失误

如管道漏水或地面积水没有及时清理，造成地基长期浸水、湿陷而发生建筑物倾斜；在已建建筑物附近大量堆载，使地基承受较大的附加压力，引起沉降不均匀。

（5）自然灾害

如地震引起的地基土液化、泥石流、山体滑坡等。

（6）综合原因

2. 建筑物容许倾斜值

采用恰当的纠偏扶正技术措施，使倾斜建筑物完全回倾，或者保留一定容许倾斜值，该倾斜值就是工程上的允许偏差值，它是判断和评价工程从危险状态过渡到安全使用状态的一个重要界限值或标准值。

建筑物的容许倾斜值是一个包含众多复杂因素的界限值，不同结构、不同使用目的、不同材质、不同高度等都会对容许倾斜值造成影响，因而也有不同的容许倾斜值。

建筑物的倾斜值，系指建筑墙体或柱子的水平倾斜值，如图 8-35 所示。

$$S_H = \Delta S \cdot H_g / L \qquad (8-28)$$

式中　S_H——建筑物的倾斜值；

　　　ΔS——相应的设计纠偏量；

　　　H_g——建筑物高度；

　　　L——纠偏方向建筑物的高度。

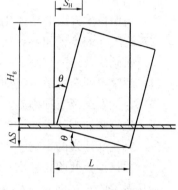

图 8-35　建筑物倾斜计算简图

3. 建筑物纠偏方法的类型

造成建筑物整体倾斜的主要因素是地基中不均匀沉降，而纠偏是利用新的不均匀沉降来调整现存的不均匀沉降，以达到新的平衡和矫正建筑物的倾斜（图 8-36）。

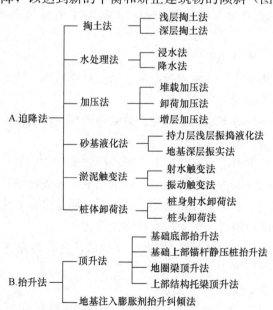

图 8-36　纠偏方法的类型

203

8.4.2 建筑物纠偏技术方案确定

1. 纠偏前应具备的基础资料

（1）原建筑物场地地质资料和新补充的地质资料；

（2）原建筑物发生倾斜的原因分析；

（3）原建筑物检验鉴定结果及纠偏可行性报告；

（4）经过论证和现场试验验证的纠偏可行性技术方案要点；

（5）与纠偏工作有关的各方协议书。

2. 设计内容

（1）纠偏技术方案的具体化内容；

（2）施工详细步骤和要点；

（3）回倾量及速率控制；

（4）观察点的布置及稳定期观察要求；

（5）施工安全及防护措施；

（6）防复倾加固技术的设计及施工方法；

（7）对相邻建筑的影响防护技术及措施；

（8）质量检查及验收标准；

（9）竣工验收文件内容及要求。

3. 纠偏方法的合理选择

（1）尽可能选用抬升法，避免采用迫降法造成室内净空减少，室内外管线标高改变所带来的一系列问题，且可降低工程造价。

（2）因地基浸水而引起的倾斜，可采用浸水法或掏土法。

（3）对饱和软黏土或含水量较高的砂性土地基上的建筑物进行纠偏时，可采用降水法。

（4）软土地基上，可采用软掏土法。

（5）对于粉土、粉质黏土、黏土等地基上的倾斜建筑物，用其他方法难以奏效时，可采用辐射井取土纠倾法。

（6）位于砂土或砂性填土地基上的建筑可采用局部振捣液化使地基发生瞬时液化，造成基础下沉而达到纠偏目的。

（7）建筑物由于自重偏心引起倾斜时，可采用增层（或加载）反压纠偏法。

（8）采用桩基础的建筑物发生倾斜时，可采用桩体卸载法或桩顶卸荷法。

（9）建筑物纠偏时，常常不只是采用一种方法，而是多种方法并用。如锚杆静压桩＋压重法；注水＋掏土法；辐射井法＋压力解除法等。

（10）建筑物纠偏和防止再复倾的加固应分别选择有效的方法同时进行，防复倾可采用双灰桩加固、灌浆加固等。

4. 建筑物纠偏加固的施工技术要点

（1）对整体刚度较差的建筑物，纠偏施工前先进行破损部位或建筑物整体的加固施工，防止建筑物在施工时发生倒塌。

（2）要考虑建筑物地基在纠偏施工时可能产生的附加沉降，并估计纠偏后建筑物地基可能持续的变形（即滞后的回倾量），在纠偏施工时及施工后要加强现场观测，并要采取有效的处理措施。

（3）施工前要对相邻建筑物及地下设施进行一次检查或测量，要与对方协商或签订协议，采取必要的保护措施。

（4）对于纠偏后的复倾可能性，应根据防复倾加固设计，在纠偏施工前或施工后进行加固处理。

（5）纠偏扶正施工前要进行现场试验性施工，以便选定施工参数，验证纠偏扶正的设计方案可行性，进行必要的调整与补充，使其更臻完善。

（6）应当具体安排现场监测方式、监测点、监测内容和手段，布设回倾率的控制装置，以便通过监测，控制回倾速率，调整施工进度与施工方法，掌握纠偏复位结束的时机，预留滞后回倾量。密切观测建筑物裂缝变化情况，根据裂缝变化规律，调整纠偏速率或采用相应的辅助措施。

（7）纠偏施工中的安全防护措施和报警装置，特别是有人居住的建筑物，必须确保纠偏施工安全进行。

（8）纠偏施工结束时应注意对建筑物房心土的回填、夯实、地坪做法以及墙体裂缝处理等的施工质量，以利增加建筑物整体刚度，增加抗倾覆、抗裂损的能力。

（9）施工期间应严密监视相距很近的建筑设施，经常检查对其保护性措施的实施状况，严防出现问题。

（10）在纠偏施工期间，可能会出现原来没有预想到的新情况、新问题，因此，纠偏技术方案应根据现场条件的改变而修正调整，以确保纠偏工程的成功。

（11）纠偏施工竣工的文件应明确包括：纠偏工程设计文件；施工中修改调整措施；施工日记；试验性施工小结；现场监测及裂缝变化记录；相邻建筑物及地下设施情况；工程鉴定和验收结论等，并作为纠偏建筑物的技术档案予以保存。

8.4.3 掏土纠偏技术

1. 纠偏原理

通过在房屋沉降少的一侧掏土，使基底压力重分布，加大沉降量少一侧的基底应力，使之加速下沉。

2. 使用条件

房屋上部结构体型简单，结构完整及整座房屋具有较好的整体高度。

3. 设计

首先测出沉降差，然后以沉降大的一侧为基点，算出该墙另一端应挖数值，进行分层分段掏挖。每层掏挖厚度小于该段距离的 3‰（使结构受力构件符合规范要求），如图 8-37 所示。

$$\frac{\Delta h}{L} \leqslant 3‰ \qquad (8\text{-}29)$$

式中　Δh——沉降差；

　　　L——基础间距离。

（1）室外开沟掏挖法

设原地基承载力特征值为 f，原基础长度为 a，宽度为 b，作用荷载 N，设

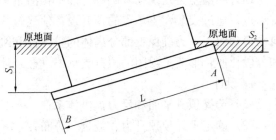

图 8-37　分层掏挖计算高度

沟宽 c，条数为 n，挖沟槽到建筑物基础中轴线（图 8-38）。

$$f < \frac{N}{ab - n \cdot c \cdot \dfrac{b}{2}} \leqslant 1.2f \tag{8-30}$$

（2）截角挖除法——独立基础或桩下条形基础

设原地基承载力特征值为 f，原基础长度为 a，宽度为 b，作用荷载 N，设沟宽 c，条数为 n，挖沟槽到建筑物基础中轴线（图 8-39）。

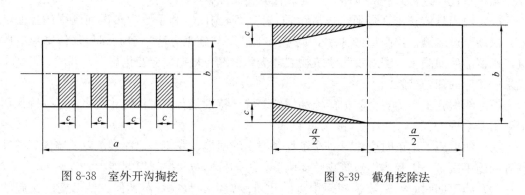

图 8-38　室外开沟掏挖　　　　　图 8-39　截角挖除法

$$f < \frac{N}{ab - \dfrac{1}{2}a \cdot c} \leqslant 1.2f \tag{8-31}$$

（3）穿孔掏挖法

小钢管从基底的两边水平打入地基土内，然后将管拔出，带走管内基土。计算类似于分层掏挖法。

4. 施工步骤

（1）开挖工作坑。工作坑宽 60～70cm，比基底深 10～15cm，以方便挖土为宜。

（2）观测点布置。

基点：设于左右邻房各一个，为主观测点，观测整幢房屋复位情况。

水平观测点：设于房屋外墙的四角或柱的外缘。

竖直观测点：以悬挂垂锤进行观测，设于房屋四角及中间适当位置，不少于 6 个。

（3）掏土开挖——开挖时注意观测。

（4）地基及基础的加固。

8.4.4　顶升纠偏技术

顶升纠偏是将建筑物基础和上部结构沿某一特定位置进行分离，在分离后设置若干个支承点，通过安装在支承点的顶升设备使建筑物沿某一直线（点）作平面转动，使倾斜建筑物得到纠正。为确保上部分离体的整体性和刚度，采用钢筋混凝土加固，通过分段加固和分段托换，形成全封闭的顶升支承梁（柱）体系（图 8-40）。

1. 设计

（1）选择顶升平面和反力提供体系；

（2）确定千斤顶顶升力、数量、分布；

（3）确定顶升框梁的设计，梁的断面尺寸，配筋及施工顺序；

（4）进行各顶升点顶升量的计算。

2. 施工

（1）施工顶升框梁——在上部结构的底层墙体中选定一个平行于楼面的平面。

（2）设置好各顶升点的分次顶升高度标尺，以严格控制各点顶升量，水电管线及附属体与顶升体分离是否妥当。

（3）顶升时统一指挥，均匀协调，千斤顶行程不够时，要有安排地一台台倒程。

（4）顶升到位后将墙体主要受力部位垫牢，进行墙体连接，待连接体段受力以后卸去千斤顶，修复使用（图8-41、图8-42）。

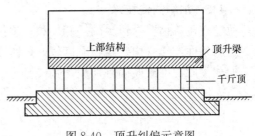

图 8-40　顶升纠偏示意图

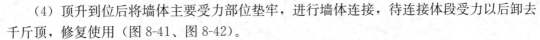

图 8-41　下顶升示意图

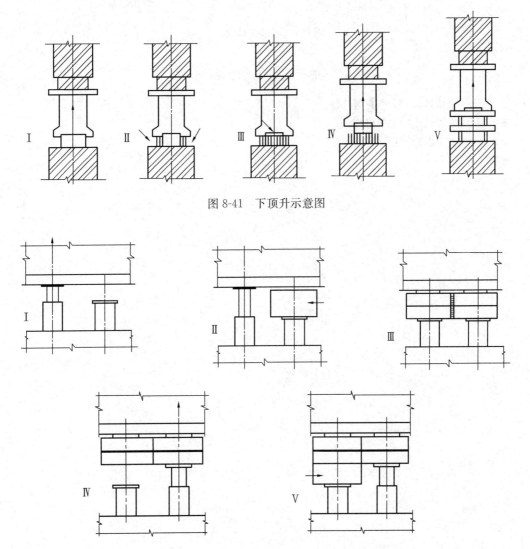

图 8-42　上顶升示意图

8.4.5 加载纠偏技术

通过在建筑物沉降较少的一侧加载，迫使地基土变形产生沉降，达到纠偏目的。

适用条件：建（构）筑物刚度较好，跨度不大，地基为深厚软黏土地基。

加载手段：堆载或锚桩加压（图8-43）。

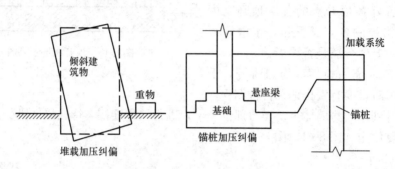

图 8-43　加载纠偏技术

复 习 与 思 考 题

8-1　土工合成材料的分类有哪几种?

8-2　试说明冻结法的工作机理。

8-3　托换技术的使用条件是什么?

参 考 文 献

[1] 陈晨，李欣. 现代地基处理技术[M]. 北京：地质出版社，2011.

[2] 贺建清，雷勇，陈伟. 地基处理(第二版)[M]. 北京：机械工业出版社，2016.

[3] 叶观宝. 地基处理(第四版)[M]. 北京：中国建筑工业出版社，2020.

[4] 刘永红. 地基处理[M]. 北京：科学出版社，2005.

[5] 崔可锐. 地基处理[M]. 北京：化学工业出版社，2009.

[6] 王清标，代国忠，吴晓枫. 地基处理[M]. 北京：机械工业出版社，2013.

[7] 郑俊杰，地基处理技术(第二版)[M]. 武汉：华中科技大学出版社，2009.

[8] 杨晓华，张莎莎. 地基处理[M]. 北京：人民交通出版社股份有限公司，2017.

[9] 邓祥辉. 地基处理[M]. 北京：北京理工大学出版社，2018.

[10] 孙静. 地基处理[M]. 北京：中国质检出版社，2012.

[11] 龚晓南，陶燕丽. 地基处理(第二版)[M]. 北京：中国建筑工业出版社，2016.

[12] 武金坤，张红光. 地基处理[M]. 北京：中国水利水电出版社，2018.

[13] 李广信，张丙印，于玉贞. 土力学(第二版)[M]. 北京：清华大学出版社，2013.

[14] 龚晓南. 复合地基理论及工程应用(第三版)[M]. 北京：中国建筑工业出版社，2018.

[15] 李波. 土力学与地基[M]. 北京：人民交通出版社，2011.

[16] 杨仲元. 软土地基处理技术[M]. 北京：中国电力出版社，2009.

[17] 叶书麟，叶观宝. 地基处理与托换技术(第三版)[M]. 北京：中国建筑工业出版社，2005.

[18] 卢萌盟，谢康和. 复合地基固结理论[M]. 北京：科学出版社，2016.

[19] 林彤. 地基处理[M]. 北京：中国地质大学出版社，2007.

[20] 刘川顺. 水利工程地基处理[M]. 武汉：武汉大学出版社，2004.

[21] 张季超. 地基处理[M]. 北京：高等教育出版社，2009.

[22] 殷宗泽，龚晓南. 地基处理工程实例[M]. 北京：中国水利水电出版社，2000.

[23] 黄梅. 地基处理实用技术与应用[M]. 北京：化学工业出版社，2015.

[24] 刘起霞. 地基处理[M]. 北京：北京大学出版社，2013.

[25] 李彰明. 地基处理理论与工程技术[M]. 北京：中国电力出版社，2014.

[26] 杨绍平，闫胜. 地基处理技术[M]. 北京：中国水利水电出版社，2015.

[27] 赵明华. 土力学与基础工程(第四版)[M]. 武汉：武汉理工大学出版社，2014.

[28] 魏新江. 地基处理[M]. 杭州：浙江大学出版社，2007.

[29] 孙进忠，梁向前. 地基强夯加固质量安全监测理论与方法[M]. 北京：化学工业出版社，2013.

[30] 阎明礼，张东刚. CFG桩复合地基技术及工程实践[M]. 北京：中国水利水电出版社，2001.

[31] 王余庆，辛鸿博，高艳平. 岩土工程抗震[M]. 北京：中国水利水电出版社，2013.

[32] 代国忠，史贵才. 土力学与基础工程(第二版)[M]. 北京：机械工业出版社，2014.

[33] 汪正荣. 建筑地基与基础施工手册(第二版)[M]. 北京：中国建筑工业出版社，2005.

[34] 殷永高，屠筱北. 公路地基处理[M]. 北京：人民交通出版社，2004.

[35] 刘松玉，等. 公路地基处理(第二版)[M]. 南京：东南大学出版社，2009.

[36] 刘玉卓. 公路工程软基处理[M]. 北京：人民交通出版社，2004.

[37] 张季超，陈一平，蓝维，等. 新编地基处理技术与工程实践[M]. 北京：科学出版社，2014.

[38] 刘松玉,等.新型搅拌桩复合地基理论与技术[M].南京:东南大学出版社,2014.

[39] 侍倩.地基处理技术[M].武汉:武汉大学出版社,2011.

[40] 牛志荣.地基处理技术及工程应用[M].北京:中国建材工业出版社,2004.